洞庭湖水系鱼类资源与染色体研究

刘良国　杨春英　杨品红　著

科学出版社

北京

内 容 简 介

本书是自 20 世纪 70 年代末至今较详细的一本关于洞庭湖水系沅水、澧水和资江三大河流的鱼类资源现状、多样性及部分鱼类染色体的专著，是湖南省高校水生生物资源保育与利用科技创新团队成员近 8 年的实地调查与研究成果。全书共分 7 章，第 1 章介绍了湖南及沅水、澧水和资江鱼类资源研究概况；第 2 章至第 4 章分别介绍了洞庭湖水系沅水、澧水和资江干流鱼类资源现状，包括鱼类物种组成与多样性、生态类型、渔获物结构等；第 5 章为沅水、澧水和资江现有 118 种（隶属 8 目 23 科 74 属）鱼类物种介绍，包括地方名、分类地位、形态特征、生活习性、经济价值与采集地等，同时对每一种鱼类配有彩色形态图谱；第 6 章介绍了洞庭湖水系 46 种（系）鱼类的染色体数目、倍性、中期分裂象及组型图谱；第 7 章对洞庭湖水系 22 种（系）常见鱼类的染色体组型进行了分析。

本书可供动物学、鱼类资源保护、水产遗传育种等相关领域的科研人员和管理工作者参考。

图书在版编目（CIP）数据

洞庭湖水系鱼类资源与染色体研究/刘良国，杨春英，杨品红著. —北京：科学出版社，2018.9

ISBN 978-7-03-058862-3

Ⅰ. ①洞… Ⅱ. ①刘… ②杨… ③杨… Ⅲ. ①洞庭湖-鱼类资源-染色体-研究 Ⅳ. ①S93

中国版本图书馆 CIP 数据核字（2018）第 212899 号

责任编辑：刘 丹 韩书云 / 责任校对：严 娜
责任印制：师艳茹 / 封面设计：迷底书装

科 学 出 版 社 出版
北京东黄城根北街 16 号
邮政编码：100717
http://www.sciencep.com

河北鹏润印刷有限公司 印刷
科学出版社发行 各地新华书店经销

*

2018 年 9 月第 一 版 开本：720×1000 1/16
2018 年 9 月第一次印刷 印张：12 1/2 插页：16
字数：252 000
定价：98.00 元
（如有印装质量问题，我社负责调换）

序

  鱼类种质资源是动物多样性、动物进化、动物育种及健康养殖重要的物种基础，也是人类赖以生存的伙伴。近年来，由于人类经济和生产活动、环境变化等因素的影响，鱼类的物种数和资源量明显减少，一些鱼类逐渐变为濒危物种甚至灭绝。开展现有鱼类种质资源及其多样性研究，在鱼类资源保护和利用方面具有重要的意义。

  湖南素以"鱼米之乡"著称，境内河网密布，鱼类资源丰富。以湘江、资江、沅水、澧水为主的四大河流由南向北汇入洞庭湖、长江，形成了一个完整的洞庭湖水系。以前对湖南鱼类资源多样性较为系统的研究主要集中在洞庭湖和湘江的鱼类，而对湖南的另外三大河流（沅水、澧水和资江）的鱼类多样性研究则相对较少或缺乏。

  湖南文理学院刘良国教授领衔的研究团队，对湖南沅水、澧水和资江三大河流的鱼类种类组成、物种多样性、生态类型与分布、渔获物结构等方面开展了近8年的系统调查研究，获得了大量详细的研究结果。《洞庭湖水系鱼类资源与染色体研究》就是该团队对这些研究内容的整理和系统总结，这无疑对湖南鱼类资源研究做出了新的贡献。

  该书中呈现了118种洞庭湖水系鱼类彩色图片，是极其珍贵的原始研究结果，使广大读者对鱼类的认识更加直观。同时，该书还呈现了46种（系）鱼类的染色体中期分裂象及组型图谱，并对22种（系）常见鱼类的染色体组型进行了分析，这对进一步开展鱼类的系统分类、起源与演化、遗传育种等研究具有重要的参考价值。

  总之，该书是一本重要的介绍湖南鱼类种质资源的著作。

刘少军

2018 年 2 月 28 日于湖南师范大学

前　言

　　洞庭湖是我国的第二大淡水湖泊，它蓄纳"四水"（湘江、资江、沅水、澧水）、吞吐长江，历来是长江流域重要的鱼类种质资源库；洞庭湖及其分支水系也是我国鱼类资源重要的产卵场、索饵场和越冬场，对长江流域鱼类资源多样性的维持和补充具有重大作用。

　　湘江、资江、沅水、澧水四大支流是洞庭湖水系的重要组成部分，自 20 世纪 70 年代初以来，湖南省水产科学研究所的科技工作者对湖南的鱼类资源进行了全面、系统的调查研究。由湖南省水产科学研究所编著，1977 年出版、1980 年修订重版的《湖南鱼类志》，比较详细地描述了包括湘江、资江、沅水、澧水和洞庭湖等在内的湖南 160 种鱼类的形态特征、生活习性、地理分布及经济价值；2008～2011 年，湖南省水产科学研究所又对湘江鱼类资源开展了调查研究，2012 年出版的《湘江水生动物志》，记载湘江鱼类 9 目 24 科 159 种，其中调查到的现有鱼类 142 种。自《湖南鱼类志》出版 40 年以来，湖南的鱼类资源及多样性研究，除洞庭湖和湘江水域的鱼类资源有较为系统的报道外，沅水、澧水和资江的鱼类研究仅见一些局部水域的鱼类种类或新纪录种的零星报道。与湘江现有鱼类资源研究形成互补，本书对湖南洞庭湖水系另外三大河流——沅水、澧水和资江的现有鱼类资源及多样性进行了比较详细的介绍，同时报道了洞庭湖水系 46 种（系）鱼类的染色体图谱和 22 种（系）常见鱼类的染色体组型分析。

　　全书分为 7 章，第 1 章综述了湖南及沅水、澧水和资江干流鱼类资源研究概况。第 2 章至第 4 章分别介绍了洞庭湖水系沅水、澧水和资江干流鱼类资源现状，包括鱼类物种组成与多样性、生态类型、渔获物结构等。沅水、澧水和资江现有鱼类 118 种，隶属 8 目 23 科 74 属。其中沅水鱼类 107 种（含引进种 8 种），隶属 8 目 22 科 70 属；澧水鱼类 95 种（含引进种 6 种），隶属 8 目 20 科 62 属；资江鱼类 81 种（含引进种 3 种），隶属 7 目 18 科 53 属。第 5 章按照鱼类分类系统，介绍了沅水、澧水和资江现有 118 种鱼类的地方名、分类地位、形态特征、生活习性、经济价值与采集地，同时对每一种鱼类都配有彩色形态图谱。第 6 章介绍了洞庭湖水系 46 种（系）鱼类的染色体数目、倍性、中期分裂象及组型图谱。第 7 章是对洞庭湖水系 22 种（系）常见鱼类进行染色体组型分析研究。在鱼类资源调查过程中，我们将采集的鱼类制作成标本，建成了湖南文理学院洞庭湖水系鱼类标本室，积累了科研素材，充实了教学内容，同时作为生命与环境资源湖南省科普基地的一部分，产生了良好的社会效益。湖南日报、人民网、新华网、常德市政府网站、常德晚报、常德电视台等多家媒体对我们进行的鱼类资源调查的关注和报道,提高了广大民众对鱼类资源和生态环境的保护意识。

本书的数据资料来源于湖南省高校水生生物资源保育与利用科技创新团队成员 2010~2017 年的实地调查与研究成果。得到国家自然科学基金面上项目、湖南省高校创新平台基金、湖南省科技厅技术创新引导计划科普项目及湖南省水产高效健康生产协同创新中心、湖南省环洞庭湖水产健康养殖及加工重点实验室、湖南省水产院士工作站、大湖水殖股份有限公司、湖南省水产工程技术研究中心、常德市畜牧水产局、湖南文理学院动物学湖南省高校重点实验室等的大力支持、资助。同时,团队成员韩庆、邹万生、王文彬、罗玉双、李淑红等及长江三峡集团公司中华鲟研究所杜合军研究员、湖南省水产工程技术研究中心王晓艳工程师为此做了辛勤的工作,湖南文理学院生命与环境科学学院学生车德明、陈海康、陈英丽、陈祖应、戴逸飞、邓玲慧、杜佳、符精华、葛云涛、何凡、黄金水、柯江峰、李芳艳、李荣攀、刘碧波、刘畅、刘旺均、卢可、罗婉仪、潘宏远、覃林、裘正元、饶镒鼐、史怡雪、谭韦韬、文永彬、向鹏、肖晶、肖露明、徐海龙、徐勋、颜玲、杨中意、余波、章琴、赵芳、赵金枝、朱春丽、郑荷、邹武等同学参与了部分野外调查或染色体研究工作;沅陵县环境保护局杨献中主任、湖南五强溪库区投资开发公司邓壮河技术员,以及沅水、澧水和资江沿岸渔民在鱼类资源调查过程中提供了大量的帮助。在本书出版之际,一并表示衷心的感谢!

由于作者水平有限,书中难免有疏漏之处,期盼同行和读者提出宝贵的意见。

著 者

2018 年 2 月 18 日

于湖南常德

目　录

第 1 章

湖南及沅水、澧水和资江鱼类资源研究概况

1.1　湖南鱼类资源研究概况

　　湖南省地处我国中部、长江中游,东经 108°47′~114°15′,北纬 24°38′~30°08′,因大部分区域处于洞庭湖以南而得名"湖南"。湖南属典型的大陆性亚热带季风湿润气候,年平均气温 16~18℃,年平均降水量 1200~1800mm,日平均气温大于 10℃的时间达 240d 左右,适宜天然鱼类生长的时间达 8 个月以上,有利于鱼类资源的生长繁殖(刘绍平等,2005)。湖南河网密布,水系发达,5km 以上的河流有 5341 条,淡水面积达 135 万 hm²,其中江河 63 万 hm² 有余,湖泊 42 万 hm²,洞庭湖是长江中游大型的通江湖泊,是全国第二大淡水湖,湘江、资水、沅水和澧水四大水系覆盖全省。洞庭湖及"四水"水位受季节与降雨量的影响,每年春夏之交,江河湖泊水位上涨(林益平,1994),洞庭湖消落带淹没,为湖泊产卵型鱼类提供了良好的产卵繁殖场所和幼鱼索饵场所。秋冬季节,江河湖泊水位下降,鱼类溯江潜入江河深潭越冬,"四水"及众多深潭为鱼类提供了良好的越冬场所(刘绍平等,2005)。因此,洞庭湖及其分支水系形成了多种鱼类的产卵场、索饵场和越冬场,成为长江流域重要鱼类的种质资源库,对长江鱼类资源多样性的维持或补充具有重大作用。

　　关于湖南鱼类的研究,最早见于德国学者 Kreyenberg(1911)、美国学者 Nichols(1928)的报道。中国学者伍献文(1930)、朱元鼎(1931)、褚新洛(1955)、梁启焱和刘素丽(1966)等也先后进行过湖南鱼类的报道。湖南省水产科学研究所于 1980 年修订重版的《湖南鱼类志》,详细描述了 160 种鱼类的形态特征、生活习性和地理分布等;2008~2011 年,湖南省水产科学研究所对湘江鱼类资源又开展了调查,此次调查发现湘江现有鱼类 141 种,其中记载了寡鳞飘鱼 *Pseudolaubuca engraulis*、大眼华鳊 *Sinibrama macrops*、美丽小条鳅 *Micronoemacheilus pulcher*、漓江副沙鳅 *Parabotia lijiangensis*、衡阳薄鳅 *Leptobotia hengyangensis*、紫薄鳅 *L. taeniops*、桂林薄

鳅 *L. guilinensis*、斑纹薄鳅 *L. zebra*、中华原吸鳅 *Protomyzon sinesis*、东陂拟腹吸鳅 *Pseudogastromyzon changtingensis tungpeiensis*、食蚊鱼 *Gambusia affinis* 等 11 种湘江鱼类新纪录种，结合 20 世纪 70 年代调查的 147 种和有文献记录的 1 种（台湾白甲鱼 *Onychostoma barbatula*），湘江共有记载的鱼类 159 种（曹英华等，2012）。此外，陈宜瑜（1980）报道过湖南两种平鳍鳅科鱼类——平舟原缨口鳅 *Vanmanenia pingchowensis*、珠江拟腹吸鳅（方氏拟腹吸鳅）*Pseudogastromyzon fangi*；袁凤霞等（1985）报道过湖南鱼类新纪录种 4 种——长丝裂腹鱼 *Schizothorax dolichonema*、齐口裂腹鱼 *S. prenanti*、长江鲅 *Phoxinus lagowskii variegatus*、宽口光唇鱼 *Acrossocheilus monticolus*；杨干荣等（1986）报道了湖南鳅科鱼类一新种——湘西盲条鳅 *Noemacheilus xingxiensis*；黄宏金和张卫（1986）报道过湖南鱼类三新种——衡阳薄鳅 *Leptobotia hengyangensis*、裸体鳅鲀 *Gobiobotia nudicorpa* 和长体鲂 *Megalobrama elongata*；邓学建和叶贻云（1993）报道过湖南鱼类新纪录种 2 种——西江鲇 *Silurus gilberti* 和溪栉鰕虎鱼 *Ctenogobius wui*；赵俊等（1997）报道过湖南光唇鱼属一新种——吉首光唇鱼 *Acrossocheilus jishouensis*；贺顺连等（2000）报道过湖南鱼类新纪录种 13 种及湖南鱼类区系特征；米小其等（2007）报道过湖南鱼类新纪录种 4 种——漓江副沙鳅 *Parabotia lijiangensis*、盆堂拟鲿 *Pseudobagrus ondon*、越南鲇 *S. cochinchinensis* 和司氏鉠 *Liobagrus styani*；康祖杰等（2008，2015）报道过湖南鱼类新纪录种 3 种——四川爬岩鳅 *Beaufortia szechuanensis*、鳗尾鉠 *L. anguillicauda* 和灰裂腹鱼 *Schizothorax griseus*；杨春英等（2012）报道过湖南鱼类新纪录种 3 种——张氏鳘 *Hemiculter tchangi*、长脂拟鲿 *Pseudobagrus adiposalis* 和中国少鳞鳜 *Coreoperca whiteheadi*；吴倩倩等（2015）报道过湖南鱼类新纪录种 1 种——湖北圆吻鲴 *Distoechodon hupeinensis*；Kang 等（2016）报道过湖南鱼类新种 1 种——壶瓶山鮡 *Pareuchiloglanis hupingshanensis*。根据以上《湖南鱼类志》等文献统计，加上刘良国等（2013）和向鹏等（2016）报道的 6 种外来物种——匙吻鲟 *Polyodon spathula*、丁鲅 *Tinca tinca*、麦瑞加拉鲮 *Cirrhinus mrigala*、斑点叉尾鮰 *I. punctatus*、云斑鮰 *I. nebulosus*、加州鲈 *Micropterus salmoides*，不计重复报道的物种或排除同物异名，湖南现已报道的鱼类物种有 205 种，分属 11 目 30 科 106 属（表 1-1），其中以鲤科为大宗，有 103 种，占 50.24%；鳅科 25 种，占 12.20%；鲿科 13 种，占 6.34%；其他各科共 64 种，共占 31.22%。在这些鱼类中，既有具地方特色的定居性鱼类如鲤 *Cyprinus carpio*、鲫 *Carassius auratus*、似鳊 *Pseudobrama simoni*、黄颡鱼 *Pelteobagrus fulvidraco*、胡子鲇 *Clarias fuscus*、下司华吸鳅 *Sinogastromyzon hsiashiensis* 等，也有咸淡水洄游性鱼类如中华鲟 *Acipenser sinensis*、鲥 *Macrura reevesii*、大银鱼 *Protosalanx chinensis*、鳗鲡 *Anguilla japonica* 等，还有江湖洄游性鱼类如青鱼 *Mylopharyngodon piceus*、草鱼 *Ctenopharyngodon idellus*、鲢 *Hypophthalmichthys molitrix*、鳙 *Aristichthys nobilis*、鳡 *Ochetobibus elongatus*、鳜 *Elopichthys bambusa* 等。

表 1-1　自 1980 年《湖南鱼类志》后新增湖南鱼类物种一览表

编号	新增鱼类物种数及名称	目	科	属	参考文献
1	1980 年《湖南鱼类志》记载湖南鱼类 160	11	26	92	湖南省水产科学研究所，1980
2	2 新纪录种：平舟原缨口鳅、珠江拟腹吸鳅（与 1 重复）　　+1			+1	陈宜瑜，1980
3	4 新纪录种：长丝裂腹鱼、齐口裂腹鱼、长江鲹、宽口光唇鱼　　+4			+3	袁凤霞等，1985
4	1 新种：湘西盲条鳅　　+1			+1	杨干荣等，1986
5	3 新种：衡阳薄鳅、裸体鳅鮀、长体鲂 +3				黄宏金和张卫，1986
6	2 新纪录种：西江鲇、溪栉鰕虎鱼　　+2				邓学建和叶贻云，1993
7	1 新种：吉首光唇鱼　　+1				赵俊等，1997
8	13 新纪录种：中华细鲫、大眼华鳊、台湾铲颌鱼（与台湾白甲鱼同物异名）、北鳅（待订种）、副鳅（待订种）、桂林薄鳅、汉水扁尾薄鳅、厚唇原吸鳅、东陂拟腹吸鳅、三线纹胸鮡、食蚊鱼、四川栉鰕虎鱼、小栉鰕虎鱼　　+13		+1	+3	贺顺连等，2000
9	4 新纪录种：漓江副沙鳅、盘堂拟鳝、越南鲇、司氏鉠　　+4				米小其等，2007
	2 新纪录种：四川爬岩鳅、鳗尾鉠　　+2			+1	康祖杰等，2008
10	湘江新纪录种 11 种：寡鳞飘鱼（与 1 重复）、大眼华鳊（与 8 重复）、美丽小条鳅（与 1 重复）、漓江副沙鳅（与 9 重复）、衡阳薄鳅（与 5 重复）、紫薄鳅（与 1 重复）、桂林薄鳅（与 8 重复）、斑纹薄鳅、中华原吸鳅、东坡拟腹吸鳅（与 8 重复）、食蚊鱼（与 8 重复）　　+2				曹英华等，2012
11	3 新纪录种：张氏䲓、长脂拟鳝、中国少鳞鳜　　+3			+1	杨春英等，2012
12	1 新纪录种：湖北圆吻鲴　　+1				吴倩倩等，2015
13	1 新纪录种：灰裂腹鱼　　+1				康祖杰等，2015
14	1 新种：壶瓶山鲵　　+1			+1	Kang et al.，2016
15	6 引进种：匙吻鲟、丁鲹、麦瑞加拉鲮、斑点叉尾鮰、云斑鮰、加州鲈　　+6		+3	+4	刘良国等，2013；向鹏等，2016
合计		160+45=205	11	26+4=30	92+14=106
					朱松泉，1995；陈小勇，2013

湖南的鱼类资源多样性研究，以洞庭湖的鱼类资源调查较为系统。1974 年的洞庭湖鱼类资源调查结果表明，洞庭湖有鱼类 104 种，分属 12 目 22 科（窦鸿身和姜家虎，2000）；1990～1999 年的资源监测表明，洞庭湖鱼的种类与 20 世纪 70 年代基本相同，鉴定 117 种，分属 12 目 23 科（廖伏初等，2002）；2002～2008 年，彭平波等对洞庭湖鱼类资源进行动态监测与研究，记录鉴定鱼类 109 种，隶属于 8 目 19 科；2004～2005 年对洞庭湖（城陵矶、东洞庭湖和南洞庭湖）的鱼类多样性进行调查，共鉴定鱼类 69 种，隶属 6 目 14 科 44 属（茹辉军等，2008）。从几次洞庭湖鱼类资源的调查来看，与最初的调查结果相比，洞庭湖鱼类物种多样性呈现下降的趋势，种类组成也发生了明显改变，如"四大家鱼"（青鱼、草鱼、鲢、鳙）等江湖洄游性鱼类资源产量持续下降，过去盛产的蒙古鲌 *Culter mongolicus mongolicus*、光泽黄颡鱼 *Pelteobagrus nitidus*、刀鲚 *Coilia ectenes* 等品种已近消亡，短吻间银鱼 *Hemisalanx brachyrostralis*、鳗鲡、胭脂鱼 *Myxocyprinus asiaticus*、鲥等名贵经济鱼类越来越少，中华鲟等珍稀水生动物很少见到，有的濒临绝迹。分析表明，洞庭湖鱼类资源的变化与洞庭湖水域的自然生态环境的改变，如围湖造田、有害渔具的大量使用、酷渔滥捕等人为因素的影响有着密切的联系。由于洞庭湖接纳湖南省湘、资、沅、澧"四水"，"四水"流域鱼类资源的变化也直接影响到洞庭湖鱼类资源的种类和数量。因此，开展鱼类资源研究，实时监测湖南省各大水域特别是湘、资、沅、澧"四水"鱼类资源的变化状况，对于鱼类生态保护、合理开发利用鱼类资源，以及为上级主管部门提供决策都有着非常重要的参考价值。

1.2 沅水、澧水和资江鱼类资源研究概况

沅水是洞庭湖一级支流，湖南的第二大河流，源于贵州东南部，分南北两源，两源汇合后称清水江，向东流至湖南洪江与沅水汇合后始称沅水。在湖南境内，沅水全长 568km，流域面积 51 066km^2（肖立军和颜德明，2008），流经怀化、洪江、辰溪、泸溪、沅陵、桃源等县市，在常德的德山注入洞庭湖。沅水流域属亚热带季风气候区，流域水量充沛，年均降雨量 1400mm 左右（刘永建等，2006），分支水系发达，饵料资源丰富，水域生态环境适合鱼类生长，因而鱼类资源丰富。沅水鱼类在湖南的鱼类资源中占有重要的地位。

澧水位于湖南省西北部，洞庭湖一级支流，湖南"四水"之一。澧水干流分北、中、南三源，以北源为主，北源源于湖南省桑植县杉木界，中源源于桑植县八大公山东麓，南源源于湖南永顺县龙家寨，三源于桑植县南岔汇合后东流，经张家界永定区、慈利、石门、澧县，沿途接纳溇水、溧水等主要支流，至津市小渡口注入洞庭湖，归于长江。干流自河源杉木界到小渡口全长 390km，流

域面积 18 583km^2（凌玉标等，2005）。澧水流域属中亚热带季风湿润气候，流域水量充足，年均降雨量 1542mm（凌玉标等，2005），水域生态环境也适合鱼类生长，鱼类资源丰富。

资江位于湖南省中部，是洞庭湖一级支流，湖南的四大河流之一。资江上游有西、南两源，西源赧水发源于城步北青山，流经武冈、洞口、隆回至邵阳双江口；南源夫夷水发源于广西资源越城岭，流经湖南新宁，北流至邵阳双江口；赧水与夫夷水在邵阳双江口汇合后，经邵阳、新化、安化、桃江于益阳甘溪港以下甘溪港注入洞庭湖，干流全长 653km，流域面积 28 038km^2，其中湖南境内 26 738 万 km^2。资江流域属亚热带季风气候，流域水量充足，年降雨量 1200～1800mm。和沅水、澧水一样，资江的水域生态环境也有利于鱼类的生长繁殖，鱼类物种多样性丰富。

关于沅水、澧水和资江鱼类资源及多样性的研究报道甚少，自 1980 年修订重版的《湖南鱼类志》比较详细地记载了包括沅水、澧水和资江鱼类在内的 160 种湖南鱼类以来，邓中燐等于 1989 年对沅水泸溪以下江段的鱼类资源进行过一次较为全面的调查，结合有关资料，他们统计出沅水鱼类共 135 种，隶属于 6 目 16 科 77 属；谢恩义和谢商伟（1999）对沅水支流——沅水下游的鱼类资源进行调查，发现鱼类 71 种，隶属 5 目 14 科 55 属；茹辉军等（2008）对沅江下游入洞庭湖口区段（南洞庭湖）进行过鱼类资源调查，鉴定鱼类 60 种；吴含含（2008）对沅水五强溪水库水生生物调查发现，水库鱼类 67 种，隶属 7 目 11 科。而有关澧水和资江的鱼类资源及多样性的研究，则仅见一些局部水域鱼类资源种类或新纪录种的零星报道（袁凤霞等，1985；贺顺连等，2000；康祖杰等，2008，2010，2015；Kang et al.，2016；吴婕和邓学建，2007；米小其等，2007）。迄今为止，对于洞庭湖水系沅水、澧水和资江水域不同区段、不同水域环境的鱼类资源及多样性，尚未见系统的研究报道。

近年来，由于人们的过度捕捞、涉水活动、工业生活废水污染，特别是沅水、澧水水域主干或支流上一些水电工程的建设，给鱼类物种资源特别是洄游和半洄游性鱼类资源造成了极大影响，江河水生态环境遭受严重破坏，沅水、澧水和资江鱼类资源多样性呈明显下降趋势，一些珍稀种类如鳡、中华鲟、鳗鲡、刀鲚、胭脂鱼等已经极少看到其至绝迹。因此，为了有效地保护洞庭湖水系鱼类资源，开展洞庭湖水系鱼类资源及多样性研究十分必要，本书将主要对洞庭湖分支水系——沅水、澧水和资江的鱼类资源多样性研究进行介绍。

第2章

洞庭湖水系沅水鱼类资源现状研究

2.1 沅水鱼类资源调查研究方法

2.1.1 沅水鱼类资源调查范围、方法、采样点设置及样品处理

2010 年 1 月～2016 年 12 月，在湖南境内沅水对鱼类资源进行调查采样，按照采样点布设要求，共设 31 个采样点，包括怀化江段（怀化—洪江—辰溪）9 个、五强溪水库（泸溪—五强溪水库大坝）13 个、常德江段（五强溪水库大坝—常德德山）9 个，其中干流 26 个，支流 5 个。各江段采样点每季采样 2 次，采样季节月份，春季为 4～5 月，夏季为 7～8 月，秋季为 10～11 月，冬季为 1～2 月。依照《内陆水域渔业自然资源调查手册》（张觉民和何志辉，1991）的采样方法，采取自捕、雇请渔民捕捞或与渔民协商约定对其捕获物进行统计、码头和市场渔获物统计三种调查方式。调查渔具以刺网（网目规格分别为 200mm、120mm、80mm、40mm 和 20mm）为主，配合拖网（网目规格为 20mm 和 10mm）、钓钩、虾笼、电鱼机、鸬鹚等。对采集的鱼类标本进行现场拍照、分类、计数、体长和体重测量，不易确定的种类，用 10%的福尔马林溶液保存带回实验室鉴定。标本鉴定及分类主要依据《中国动物志·硬骨鱼纲·鲤形目（中卷）》（陈宜瑜，1998）、《中国动物志·硬骨鱼纲·鲤形目（下卷）》（乐佩琦等，2000）、《中国动物志·硬骨鱼纲·鲇形目》（褚新洛等，1999）、《中国淡水鱼类检索》（朱松泉，1995）。所有标本整理编号，保存于湖南文理学院洞庭湖水系鱼类标本室。

另在辰溪县、五强溪库区和常德市三个代表性江段设立渔获物调查点，进行渔获物抽样调查。调查渔具为定置刺网和拖网，各江段取样船次相同，统计各江段主要经济鱼类在渔获物中的数量和重量比例。

2.1.2　鱼类多样性数据统计

鱼类多样性指数：数据统计为连续 2 年调查采样的总和，每年每个季节采样 2 次；各江段采样船次相同，每船次所用渔具的种类、规格和数量一致，鱼类多样性指数按以下公式计算。

Shannon-Wiener 多样性指数（H）：$H=-\sum(P_i\times\ln P_i)$

Pielou 均匀度指数（E）：$E=H/H_{max}=-\sum(P_i\times\ln P_i)/\ln S$

式中，P_i 为第 i 个物种的个体数与总个体数的比值；S 为物种数；H_{max}（$\ln S$）为群落的最大多样性指数。

Jaccard 相似性指数（q）：$q=c/(a+b-c)$

式中，a 为 A 群落的物种数；b 为 B 群落的物种数；c 为两群落共有的物种数。

当 q 为 0～0.25 时，为极不相似；q 为 0.25～0.5 时，为中等不相似；q 为 0.5～0.75 时，为中等相似；q 为 0.75～1.0 时，为极相似（陈小华等，2008）。

数据分析和作图所用软件为 Microsoft Excel 2007。

2.2　沉水鱼类资源调查结果

2.2.1　种类组成与分布

在湖南境内沅水各江段共采集鉴定鱼类 100 种（不包括引进种），隶属 8 目 19 科 64 属。其中怀化江段 69 种，隶属 5 目 13 科 50 属；五强溪水库 67 种，隶属 5 目 12 科 48 属；常德江段 78 种，隶属 8 目 17 科 51 属；引进种包括匙吻鲟、丁鲅、太湖新银鱼、散鳞镜鲤（鲤变种）、麦瑞加拉鲮、斑点叉尾鮰、云斑鮰、加州鲈共 8 种（附录）。常德江段的鱼类物种数量高于五强溪库区和怀化江段，这可能与常德江段和洞庭湖直接连通，而五强溪水库以上则有大坝阻隔造成的水域环境变化有关。各调查江段均以鲤形目种数最多，鲤形目鱼类总种数占总种数的 67.00%，其次为鲇形目（占 17.00%）和鲈形目（占 10.00%），其他目的物种数仅 1～2 种。在科级分类阶元，以鲤科鱼类为最大类群，有 54 种，占总种数的 54.00%。

2.2.2　物种多样性的季节变化

从物种数看，怀化和常德江段春夏季鱼类种数高于秋冬季，而五强溪水库的鱼类种数四季变化不明显（表 2-1），这可能与五强溪水库的水域生态环境有关。各调查江段每个季节出现的物种数占全年物种数的比例均在 68.00% 以上，但季节间的物种组成有一定差异，这可能与部分鱼类物种的繁殖时间不同有关，也可能不同季节的温度变化导致鱼类存在季节性行为差异，一些鱼类在春夏季可能比秋冬季更活跃，因此，秋冬季被捕获的概率降低，鱼类种数减少。

表 2-1 各调查江段鱼类物种多样性的季节变化

调查江段	项目	季节			
		春 （4～5 月）	夏 （7～8 月）	秋 （10～11 月）	冬 （1～2 月）
怀化	物种数（S）	61	61	51	47
	Shannon-Wiener 多样性指数（H）	3.2070	3.3933	3.0672	2.9944
	Pielou 均匀度指数（E）	0.7801	0.8254	0.7801	0.7777
五强溪水库	物种数（S）	58	57	56	55
	Shannon-Wiener 多样性指数（H）	3.1779	3.2915	3.1139	3.1490
	Pielou 均匀度指数（E）	0.7826	0.8141	0.7736	0.7858
常德	物种数（S）	69	70	60	58
	Shannon-Wiener 多样性指数（H）	3.2483	3.4158	3.1287	3.0926
	Pielou 均匀度指数（E）	0.7672	0.8040	0.7642	0.7608

从多样性指数看，怀化、五强溪水库和常德江段四季 Shannon-Wiener 多样性指数分别在 2.9944～3.3933、3.1139～3.2915 和 3.0926～3.4158 变动，各江段鱼类多样性从春季到夏季升至最高，由秋季到冬季除五强溪水库略有上升外，其他两江段均降至最低；在不同季节，除冬季五强溪水库鱼类多样性略高于怀化、常德两江段外，其他季节均以常德江段为最高；三个江段不同季节的 Pielou 均匀度指数均为 0.7608 或以上，说明沅水各江段鱼类群落分布均匀度良好。按文献报道的 Shannon-Wiener 多样性指数等级评价标准（张宪中等，2010），沅水鱼类群落多样性处于丰富状态。

2.2.3 各江段鱼类的相似性

采用 Jaccard 相似性指数对三个江段鱼类群落相似性进行分析（表 2-2），结果表明怀化江段与五强溪水库、五强溪水库与常德江段之间的鱼类群落相似性指数大于 0.5，鱼类群落为中等相似；而怀化与常德江段的相似性指数小于 0.5，表现为中等不相似。

表 2-2 各调查江段鱼类群落相似性指数

调查江段	怀化	五强溪水库	常德
怀化	1.0000	0.5517	0.4747
五强溪水库		1.0000	0.6824
常德			1.0000

　　怀化江段地处山地丘陵之间，河道坡度大，水流急，底质多砾石，一些喜流水或底栖生活的鱼类如吻鮈 *Rhinogobio typus*、泸溪直口鲮 *Rectoris luxiensis*、长薄鳅 *Leptobotia elongata*、南方鳅鮀 *Gobiobotia meridionalis*、下司华吸鳅 *Sinogastromyzon hsiashiensis*、中华纹胸鮡 *Glyptothorax sinense* 等主要分布于此区域，因而该江段与五强溪水库及常德江段的鱼类群落相似性程度相对较低（分别为 0.5517 和 0.4747）；而五强溪水库由于大坝阻隔，库区水体加深，水流速度变缓，近似湖泊生态环境，这和水库下游与洞庭湖直接相连的常德江段水域环境相对接近，二者均以湖泊定居性鱼类居多，因而鱼类相似性程度较高（0.6824）。

2.2.4　生态类型

　　根据不同方式对沉水鱼类生态类型进行分类。按照生态习性，可将沉水鱼类分为 3 个生态类群（湖北省水生生物研究所鱼类研究室，1976）：①江海洄游性鱼类，本次在春季常德江段调查发现有中华鲟和短吻间银鱼 *Hemisalanx brachyrostralis* 2 种；②江湖洄游性鱼类，包括青鱼 *Mylopharyngodon piceus*、草鱼 *Ctenopharyngodon idellus*、鲢 *Hypophthalmichthys molitrix*、鳙 *Aristichthys nobilis*、鳡 *Elopichthys bambusa*、赤眼鳟 *Squaliobarbus curriculus*、鳊 *Parabramis pekinensis*、团头鲂 *Megalobrama amblycephala*、铜鱼 *Coreius heterodon*、长薄鳅，以及鲴亚科 Xenocyprinae 鱼类等 14 种，占总种数的 14.00%；③定居性鱼类，包括鲫 *Carassius auratus*、鲤 *Cyprinus carpio*、鲇 *Silurus asotus*，以及鳘属 *Hemiculter*、鲌属 *Culter*、黄颡鱼属 *Pelteobagrus* 鱼类等 84 种，占总种数的 84.00%。定居性鱼类占沉水鱼类的绝大多数；五强溪水库以上没有发现江海洄游性鱼类，应该是大坝阻隔的缘故；而在常德江段发现了两种溯河洄游性鱼类中华鲟和短吻间银鱼，这与常德江段直接连通湖泊洞庭湖有关。

　　按营养结构即摄食类型，沉水鱼类可分为杂食性、肉食性、植食性和滤食性 4 种。其中鲫、鲤，以及鮈亚科 Gobioninae、鳅科 Cobitidae、鲿科 Bagridae 等的多数种类为杂食性，占总种数的 57.00%；花鲭 *Hemibarbus maculatus*、鲇、黄鳝 *Monopterus albus*、乌鳢 *Channa argus* 等肉食性鱼类占 34.00%；草鱼、鳊等植食性鱼类占 7.00%；滤食性鱼类有鳙和鲢 2 种。沉水鱼类多样的摄食类型使鱼类的食物网络变得复杂，这对于沉水鱼类群落结构的稳定是有意义的。

　　按栖息习性，沉水鱼类可大致分为中上层、中下层和底栖 3 种类型。其中鲫、鲤，以及鳅科、鲿科鱼类等底栖鱼类占总种数的 44.00%；其次为银鮈 *Squalidus argentatus*、似鳊 *Pseudobrama simoni*、鲢、鳙等中上层鱼类，占总种数的 35.00%；蛇鮈 *Saurogobio dabryi*、鳊、鲇、鲂等中下层鱼类占总种数的 21.00%。鱼类分布在不同水层，有利于充分利用水体食物资源，从而也有利于鱼类多样性的维持；而底栖鱼类占有较高的比例，则预示河流底质环境的改变可能对沉水鱼类种类和资源造成较大影响。

2.2.5　渔获物组成

在辰溪、五强溪水库和常德江段共统计渔获物 93 船次，总计 691.30kg。对各江段刺网和拖网渔获物进行了分析（表 2-3）。结果显示，鳙、鲤、鳊、鲇、蒙古鲌 *Culter mongolicus mongolicus*、翘嘴鲌 *C. alburnus* 等主要经济鱼类在沅水中占有一定的比例，其中以五强溪水库经济鱼类的产量最高，水库经济鱼类规格（尾均重）明显高于怀化和常德江段，"四大家鱼"之一的鳙现已成为水库的主要经济鱼类（与人工放流和网箱逃逸有关）。各江段渔获物的组成存在一定差异，但鲫、鳘等小型鱼类所占比例较高，常德和辰溪江段的经济鱼类小型化明显。

表 2-3　沅水辰溪、五强溪水库和常德江段渔获物组成

江段	种类	尾数	尾数比/%	重量/g	重量比/%	尾均重/g
辰溪	银鮈 *Squalidus argentatus*	1 326	32.85	21 311	16.87	16.07
	黄颡鱼 *Pelteobagrus fulvidraco*	441	10.93	18 342	14.52	41.59
	鲤 *Cyprinus carpio*	46	1.14	17 029	13.48	370.20
	华鳊 *Sinibrama wui*	239	5.92	14 881	11.78	62.26
	鲇 *Silurus asotus*	85	2.11	13 605	10.77	160.06
	鲫 *Carassius auratus*	213	5.28	10 346	8.19	48.57
	蒙古鲌 *Culter mongolicus mongolicus*	32	0.79	5 495	4.35	171.72
	马口鱼 *Opsariichthys bidens*	271	6.71	5 027	3.98	18.55
	大鳍鳠 *Mystus macropterus*	65	1.61	3 171	2.51	48.78
	粗唇鮠 *Leiocassis crassilabris*	68	1.68	3 032	2.40	44.59
	其他	1 250	30.97	14 085	11.15	
五强溪水库	鳙 *Aristichthys nobilis*	30	0.68	95 456	24.39	3 181.87
	鲤 *C. carpio*	43	0.97	44 069	11.26	1 024.86
	蒙古鲌 *C. mongolicus mongolicus*	124	2.79	39 059	9.98	314.99
	鳊 *Parabramis pekinensis*	168	3.78	37 729	9.64	224.58
	翘嘴鲌 *C. alburnus*	54	1.22	33 776	8.63	625.48
	大眼鳜 *Siniperca kneri*	339	7.64	27 866	7.12	82.20
	鳘 *Hemiculter leucisculus*	1 354	30.50	25 948	6.63	19.16
	银鮈 *S. argentatus*	1 229	27.68	22 387	5.72	18.22
	光泽黄颡鱼 *Pelteobagrus nitidus*	735	16.55	21 134	5.40	28.75
	鲇 *S. asotus*	62	1.40	17 416	4.45	280.90
	其他	302	6.80	26 535	6.78	

续表

江段	种类	尾数	尾数比/%	重量/g	重量比/%	尾均重/g
	鲫 *C. auratus*	633	13.62	31 422	18.10	49.64
	鲤 *C. carpio*	52	1.12	21 856	12.59	420.31
	黄颡鱼 *P. fulvidraco*	408	8.78	17 048	9.82	41.78
	鲇 *S. asotus*	101	2.17	16 370	9.43	162.08
	鳊 *P. pekinensis*	132	2.84	13 923	8.02	105.48
常德	翘嘴鲌 *C. alburnus*	28	0.60	9 808	5.65	350.29
	蒙古鲌 *C. mongolicus mongolicus*	53	1.13	9 305	5.36	175.57
	蛇鮈 *Saurogobio dabryi*	271	5.83	8 420	4.85	31.07
	银鮈 *S. argentatus*	468	10.07	7 760	4.47	16.58
	子陵吻鰕虎鱼 *Rhinogobius giurinus*	802	17.26	5 364	3.09	6.69
	其他	1 698	36.55	32 324	18.62	

2.3　讨　论

2.3.1　沅水鱼类资源现状与历史变化

通过对洞庭湖一级支流沅水鱼类资源的实地调查和标本鉴定，排除同种异名和引进种，沅水现有鱼类 100 种，鱼类物种数以常德江段最多（78 种），其次为怀化江段（69 种），五强溪水库最少（67 种），三条江段均以定居性鱼类为主，其中怀化江段的部分定居性鱼类为一些适应急流水生活的底栖山溪性鱼类。

1989 年的沅水鱼类资源调查记录是 135 种（邓中粦等，1992），本次调查减少了 35 种，同时，沅水现有鱼类物种数也明显少于历年对洞庭湖的鱼类资源调查物种数（表 2-4）。沅水鱼类资源种类组成具有以下特征：一是江海洄游性鱼类少，本次调查除在春季常德江段发现 1 尾中华鲟和 3 尾短吻间银鱼外，其他如鲥、鳗鲡、刀鲚等均未发现；二是一些过去在沅水中占有一定比例的经济鱼类，如白甲鱼 *Onychostoma sima*、湘华鲮 *Sinilabeo tungting*、鳡 *Ochetobius elongatus*、鳤 *Luciobrama macrocephalus*、瓣结鱼 *Tor*（*Folifer*）*brevifilis brevifilis* 等此次调查未采集到，这虽然与调查的时间和广度有一定关系，但也基本反映了其种群分布和数量减少、衰退的趋势；三是渔获物组成中，以鲫、鳘、马口鱼 *Opsariichthys bidens*、子陵吻鰕虎鱼 *Rhinogobius giurinus*、银鮈、蛇鮈、黄颡鱼等一些小型经济鱼类为主，一些中大型经济鱼类如鳜、长吻鮠 *Leiocassis longirostris* 和 "四大家鱼" 中的青鱼、鲢等所占比例极少，经济鱼类产量和规格除渔业主产区五强溪水库较高外，常德和怀化江段经济鱼类产量低，且小型化明显。据实地调查和渔民介绍，五强溪水库每船每天可捕获各种经济鱼类 10～50kg，捕捞个体基本达性成熟，如捕获的鳙最大个体达 20kg、鲤达 8kg、赤眼鳟达 1.5kg。而常德和怀化江段每船每天的渔获量为 1～8kg，且大多为小型化个体，如鲤的平均体重不超过 420g。

表 2-4　不同时期沅水与洞庭湖鱼类类群数比较

年份	目	科	属	种	调查区域	参考文献
1989	6	16	77	135	沅水	邓中粦等，1992
1974	12	23	70	114	洞庭湖	唐家汉和钱名全，1979
1990～1999	12	23	—	117	洞庭湖	廖伏初等，2002
2002～2004	9	20		111	西洞庭湖	胡军华等，2006
2002～2008	8	19		109	洞庭湖	彭平波，2008
2010～2012	8	19	64	100	沅水	刘良国等，2013

五强溪水库自 20 世纪 80 年代建成之后，由于江湖阻隔和水文状态的改变，库区内鱼类物种数和组成发生了较大变化。据邓中粦等（1992）报道，沅水五强溪水库鱼类种数在 80 年代末为 113 种，而此次调查仅为 67 种。库区内主要以一些适应缓流水或静水湖泊生活的鱼类为主，而江海洄游性鱼类和一些适应急流水生活的鲃亚科、野鲮亚科鱼类已很少发现或已消失。四大家鱼特别是鳙、草鱼在库区内虽有较大发展，但这主要是人工养殖的结果。

2.3.2　鱼类资源保护存在的问题与建议

本研究对沅水现有鱼类资源分析表明，沅水鱼类多样性尚处于丰富状态，鱼类物种分布均匀度良好，生态类型还较为完整。调查发现，在怀化江段主干及沅水、武水等支流分布着一些适应急流水生活的鲴亚科、鲃亚科和野鲮亚科鱼类，在五强溪库区和常德江段，鲌亚科、鮈亚科、鲤亚科和鳠科鱼类均较丰富，特别是在常德江段，尚有江海洄游性鱼类出现。因此，保护沅水现有鱼类资源具有重要的价值和意义。

本次调查沅水鱼类总的物种数已减少至 100 种，与 1989 年相比降幅为 25.93%；江海洄游性鱼类虽有发现，但种类和数量极少，有些种类可能早已绝迹；渔获物以小型经济鱼类为主，中大型经济鱼类在渔获物中比例下降，渔获物规格小型化明显。这些变化与长江和洞庭湖鱼类资源（刘绍平等，2005；廖伏初等，2002）的衰减趋势是基本一致的。

导致沅水鱼类组成变化和资源衰减的原因，主要有以下几个方面：①过度捕捞。我们发现，在鱼类资源调查期间，无论是禁渔期还是非禁渔期，沅水各江段的捕鱼船随处可见。据调查，仅沅水桃源县江段就有专业渔民 177 户。一些渔民长期采用电网、炸鱼、迷魂阵等非法捕鱼手段，对鱼类资源造成了毁灭性打击，捕捞鱼的个体越来越低龄化、小型化。有关部门应从渔民转产安置、加强《中华人民共和国渔业法》宣传和渔政执法力度、解决渔政管理部门的人员和经费不足等问题，切实做好鱼类资源的保护，杜绝酷渔滥捕行为。特别是要加强鱼类繁殖期保护，强化禁渔期管理，在规定的禁渔期内严禁捕捞作业，严禁捕捞产卵亲鱼，保护生殖群体。②水工建筑。水电工程是造成河流水生生物多样性降低、淡水鱼类灭绝或濒危的主要原因（Drastik et al.，2008；Merona et al.，2005）。目前在沅水干流已建成投产或在建的梯级电站有 10 个，在沅水最大支流酉水，已建成水电站 6 个，在建 2 个。特别是像五强溪水库、凤滩水库等大型水电工程兴建后，水域生态环境发生变化，江河由河道型向湖泊型转变，流速减缓、水体加深、河床底部冲刷减少、泥沙累积，水库下泄对下游的水温、水位、水流变动影响加大，加之河床冲刷，导致下游鱼类产卵场的生态环境、产卵条件发生改变。由此给沅水鱼类的繁殖与生存造成极大影响，鱼类区系组成发生改变，像"四大家鱼"、圆口铜鱼等一些产漂浮性卵的鱼类因所产的卵漂流流程短而在库中沉没死亡，一些喜流水生活鱼类像南方鲵鲵、下司华吸鳅、中华纹胸鳅等因不适应静水环境而从库中消失或往上迁移至怀化江段或其他支流。鉴于此，可以采取一些相应的补救措施，如对产漂浮性卵的鱼类可采取人工驯化、增殖和放流的方法补充资源量。近些年来，五强溪库区采用人工增殖和放流的方法，对"四大家鱼"资源量的补充起到了重要作用；为了保护那些喜流水性生活的土著鱼类，如马口鱼、宽鳍鱲、泸溪直口鲮、长薄鳅、下司华吸鳅等，可以在五强溪水库上游支流，选择水质较好、人为干扰较少的江段，建立鱼类资源自然保护区，为鱼类提供良好的栖息和繁殖环境。③涉水活动。在沅水水域，影响鱼类生活的涉水活动主要是挖沙、淘金和航运。据调查，仅在常德市区不到 20km 的江段就有大型砂石场 3 个，在桃源以上江段的干、支流，有大大小小的淘金船上百艘，大规模的采砂淘金改变了河流原有的水文地质状态，一些底栖生活鱼类的栖息和繁殖场所遭受极大破坏；桃源以下的大型货轮和五强溪至沅陵的往返客船、快艇对鱼类的生长和繁殖也具有一定的影响。因此，有关部门应加强对沅水河道的整治，综合平衡各行业领域利益，尽量减少涉水活动，保护河流的自然生态环境。④其他。近年来，五强溪水库的斑点叉尾鮰、匙吻鲟、丁鱥、太湖新银鱼等引进养殖品种可能对沅水生物或生态环境构成威胁；水库大规模的高密度网箱养殖造成的水体富营养化和水质污染对鱼类生存的影响也应引起相关管理部门的重视。

第 3 章

洞庭湖水系澧水鱼类资源现状研究

3.1　澧水鱼类资源调查研究方法

3.1.1　澧水鱼类资源调查范围、方法、采样点设置及样品处理

2010 年 4 月～2016 年 12 月，在澧水上、中、下游主干或支流按采样点布设要求，共设 20 个采样点对鱼类资源进行调查采样。依照《内陆水域渔业自然资源调查手册》（张觉民和何志辉，1991）的采样方法，采取自捕、雇请渔民捕捞或与渔民协商约定对其捕获物进行统计、码头和市场渔获物统计等调查方式。调查渔具以刺网（网目规格分别为 200mm、120mm、80mm、40mm 和 20mm）为主，结合拖网（网目规格为 20mm 和 10mm）、钓钩、虾笼、电鱼机等。对采集的鱼类标本进行现场拍照、分类、计数、体长和体重测量，不易确定的种类，用 10%的福尔马林溶液保存带回实验室鉴定。标本鉴定及分类主要依据《中国动物志·硬骨鱼纲·鲤形目（中卷）》（陈宜瑜，1998）、《中国动物志·硬骨鱼纲·鲤形目（下卷）》（乐佩琦等，2000）、《中国动物志·硬骨鱼纲·鲇形目》（褚新洛等，1999）、《中国淡水鱼类检索》（朱松泉，1995）。所有标本整理编号，保存于湖南文理学院洞庭湖水系鱼类标本室。

3.1.2　鱼类多样性数据统计

鱼类多样性指数和 Jaccard 相似性指数统计或计算方法同 2.1.2。

数据分析和作图所用软件为 Microsoft Excel 2007 和 MEGA 4.0 软件。

3.2　澧水鱼类资源调查结果

3.2.1　澧水鱼类组成

在澧水各江段共采集鉴定鱼类 95 种，隶属 8 目 20 科 62 属，各目鱼类的分类统计信息见表 3-1。其中鲤形目 60 种，占总种数的 63.16%；其次为鲇形目 17 种，占 17.89%；鲈形目 13 种，占 13.68%；其他目的物种数均仅为 1 种。在科级分类阶元，以鲤形目鲤科鱼类为最大类群，有 48 种，占总种数的 50.53%，其次为鲇形目的鲿科（10 种，10.53%）和鲤形目的鳅科（9 种，9.47%）。根据《中国动物志·硬骨鱼纲·鲤形目（中卷）》文献检索，并参考《湖南鱼类志》和湖南鱼类新纪录种文献（袁凤霞等，1985；贺顺连等，2000；康祖杰等，2008；邓学建和叶贻云，1993；邓学建等，1996；米小其等，2007），本次调查发现的张氏鳌 *Hemiculter tchangi* 经鉴定为湖南鱼类新纪录种（杨春英等，2012），青鲫 *Carassius auratus indigentiaus* 为澧县北民湖水域发现的鲫属鱼类一新亚种（杨品红，2011），6 种引进种分别是太湖新银鱼、散鳞镜鲤（鲤变种）、麦瑞加拉鲮、斑点叉尾鮰、云斑鮰、加州鲈（附录）。

表 3-1　澧水鱼类种类组成

目	科	属	种
鲟形目 Acipenseriformes	1	1	1
鲱形目 Clupeiformes	1	1	1
鲑形目 Salmoniformes	1	1	1
鲤形目 Cypriniformes	4	42	60
鲇形目 Siluriformes	5	8	17
颌针鱼目 Beloniformes	1	1	1
合鳃目 Synbranchiformes	1	1	1
鲈形目 Perciformes	6	7	13
合计	20	62	95

3.2.2　物种多样性指数

澧水鱼类多样性具有明显的分布特征，从上游的桑植江段至中游的慈利、石门江段再至下游的澧县、入湖口（津市）江段，鱼类物种数依次增加，多样性指数也呈上升趋势，上、中、下游之间的 Shannon-Wiener 多样性指数差异显著（$P<0.05$），但 Pielou 均匀度指数差异较小（表 3-2）。在中游的慈利和石门江段之间及下游的澧

县江段和入湖口之间，鱼类物种数、Shannon-Wiener 多样性指数和 Pielou 均匀度指数相近。按文献报道的 Shannon-Wiener 多样性指数等级评价标准（张宪中等，2010），澧水不同江段鱼类群落多样性处于较好或丰富状态，各江段 Pielou 均匀度指数均为0.67 或以上，说明鱼类群落分布均匀度也较好。

表 3-2　澧水各江段鱼类物种多样性

项目	桑植	慈利	石门	澧县	入湖口
种数	44	68	68	73	74
Shannon-Wiener 多样性指数	2.52	3.00	3.00	3.18	3.19
Pielou 均匀度指数	0.67	0.71	0.71	0.74	0.74

3.2.3　各江段鱼类群落相似性

采用 Jaccard 相似性指数对 5 个江段鱼类群落相似性进行分析（表 3-3），上游桑植江段与中游的慈利、石门江段的相似性指数大于 0.5，鱼类种类为中等相似；上游桑植江段与下游澧县江段和入湖口的相似性指数小于 0.5，为中等不相似；中游慈利江段与下游澧县江段的相似性指数大于 0.5，为中等相似，与入湖口的相似性指数小于 0.5，为中等不相似；中游石门江段与下游澧县江段和入湖口的相似性指数大于 0.5，为中等相似；中游与下游鱼类群落相似性总体小于中游与上游鱼类群落相似性；而中游的慈利和石门江段之间，下游的澧县江段和入湖口之间，鱼类相似性指数均大于 0.75，为极相似。

表 3-3　各调查江段鱼类群落相似性指数

调查江段	桑植	慈利	石门	澧县	入湖口
桑植		0.60	0.64	0.49	0.45
慈利	41		0.80	0.52	0.48
石门	43	60		0.68	0.64
澧县	38	48	57		0.88
入湖口	36	46	55	69	

注：对角线上方为 Jaccard 相似性指数，对角线下方为共有种数

以各采样江段鱼类群落相似性指数对各调查江段鱼类群落进行聚类分析（图 3-1），澧水鱼类群落可分为 3 个类群，慈利和石门聚为一个类群，澧县和入湖口聚为一个类群，桑植单独成一个类群，也即澧水鱼类群落可分为上游类群、中游类群和下游类群，这说明澧水上、中、下游水域生态环境的差异与不同江段鱼类群落的差异密切相关。

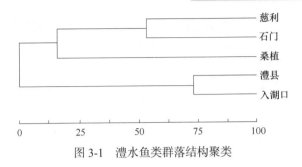

图 3-1 澧水鱼类群落结构聚类

3.2.4 生态类型

根据不同方式对澧水鱼类生态类型进行分类。按照鱼类的生活习性,并参考相关文献(茹辉军等,2008;湖北省水生生物研究所鱼类研究室,1976;胡茂林等,2011),将澧水鱼类大致划分为 4 个类群:①江海洄游性,包括中华鲟和 2 个引进种(太湖新银鱼、加州鲈);②江湖洄游性,包括青鱼、草鱼、鲢、鳙、鳡、赤眼鳟、鳊、铜鱼、黄尾鲴、银鲴、细鳞鲴、似鳊、胭脂鱼等 13 种,占总种数的13.68%;③山溪流水性,包括麦穗鱼、带半刺光唇鱼、麦瑞加拉鲮、泸溪直口鲮、马口鱼、宽鳍鱲、中华花鳅、紫薄鳅、桂林薄鳅、汉水扁尾薄鳅、下司华吸鳅、犁头鳅、胡子鲇、大鳍鳠、子陵吻鰕虎鱼、溪吻鰕虎鱼等 16 种,占 16.84%;④湖泊定居性,包括鲫、鲤、鲇、团头鲂,以及鳘属、红鲌属、黄颡鱼属鱼类等 63 种,占 67.37%。

根据鱼类的胃内容物解剖,并参照相关文献(叶富良和张健东,2002),将澧水鱼类食性大致分为杂食性、肉食性、植食性 3 种类型。其中鲫、鲤,以及鮈亚科、鳅科、鲿科鱼类等 52 种为杂食性,占总种数的 54.74%;鳙、花䱻、鲇、黄鳝、乌鳢,以及鳜属鱼类等肉食性鱼类共 34 种,占 35.79%;鲢、草鱼、鳊等植食性鱼类 9 种,占 9.47%。

参考相关文献(茹辉军等,2010;李捷等,2008),对栖息水层进行划分,澧水鱼类大致分为中上层、中下层和底栖 3 种类型。其中鲫、鲤,以及鳅科、鲿科鱼类等底栖鱼类 46 种,占总种数的 48.42%;其次为银鮈、似鳊、鳊亚鲢、鳙等中上层鱼类 29 种,占 30.53%;蛇鮈、鳊、鲇、鲂等中下层鱼类 20 种,占 21.05%。

3.2.5 渔获物结构

在澧水的桑植(上游)、慈利(中游)和澧县(下游)江段共统计渔获物 99船次,总计 512.98kg。渔获物分析显示(表 3-4),鲫、鲤、银鮈、鲇、翘嘴鲌、蒙古鲌、鳊、鳘、黄颡鱼、中华花鳅、子陵吻鰕虎鱼等湖泊定居性鱼类或山溪流水性鱼类在澧水中占有一定的比例,一些经济鱼类如鲤、鲫、鲇、黄颡鱼等的规格大小（尾均重）以下游江段较高，中上游江段次之。各江段渔获物的组成存在一定差异，但鲫、鳘、黄颡鱼、银鮈等小型鱼类所占比例均较高，鱼类小型化现象明显。另外，按渔获物数量和质量统计，澧水"四大家鱼"所占比例分别是 0.17% 和 3.13%，显示其资源量严重不足。

表 3-4　澧水桑植、慈利和澧县江段渔获物组成

江段	种类	尾数	尾数比/%	重量/g	重量比/%	尾均重/g
桑植（上游）	鲫 *Carassius auratus*	429	10.13	19 562	13.15	45.60
	银鮈 *Squalidus argentatus*	1 148	27.11	18 550	12.47	16.16
	鲤 *Cyprinus carpio*	51	1.20	18 431	12.39	361.39
	鲇 *Silurus asotus*	125	2.95	15 843	10.65	126.74
	黄颡鱼 *Pelteobagrus fulvidraco*	349	8.24	14 103	9.48	40.41
	鳘 *Hemiculter leucisculus*	692	16.34	12 288	8.26	17.76
	马口鱼 *Opsariichthys bidens*	575	13.58	10 503	7.06	18.27
	沙塘鳢 *Odontobutis obscurus*	168	3.97	10 116	6.80	60.21
	斑鳜 *Siniperca scherzeri*	135	3.19	7 706	5.18	57.08
	中华花鳅 *Cobitis sinensis*	359	8.48	6 129	4.12	17.07
	其他	204	4.82	15 531	10.44	
慈利（中游）	银鮈 *S. argentatus*	1 123	24.09	18 095	11.58	16.11
	鲫 *C. auratus*	357	7.66	17 329	11.09	48.54
	鲤 *C. carpio*	41	0.88	16 954	10.85	413.51
	黄颡鱼 *P. fulvidraco*	358	7.68	14 407	9.22	40.24
	鲇 *S. asotus*	114	2.45	14 282	9.14	125.28
	鳘 *Hemiculter leucisculus*	734	15.74	13 110	8.39	17.86
	伍氏华鳊 *Sinibrama wui*	126	2.70	11 345	7.26	90.04
	沙塘鳢 *O. obscurus*	148	3.17	9 094	5.82	61.45
	中华花鳅 *C. sinensis*	476	10.21	8 047	5.15	16.90
	子陵吻鰕虎鱼 *Rhinogobius giurinus*	850	18.23	5 766	3.69	6.78
	其他	335	7.19	27 830	17.81	
澧县（下游）	鲤 *C. carpio*	63	1.70	26 598	12.79	422.19
	鲫 *C. auratus*	503	13.57	24 664	11.86	49.03
	银鮈 *S. argentatus*	1 110	29.94	18 072	8.69	16.28
	翘嘴鲌 *Culter alburnus*	48	1.29	17 281	8.31	360.02
	鳊 *Parabramis pekinensis*	158	4.26	16 720	8.04	105.82

续表

江段	种类	尾数	尾数比/%	重量/g	重量比/%	尾均重/g
	鳘 *H. leucisculus*	847	22.85	15 139	7.28	17.87
	蒙古鲌 *C. mongolicus mongolicus*	85	2.29	14 890	7.16	175.18
澧县（下游）	黄颡鱼 *P. fulvidraco*	282	7.61	12 519	6.02	44.39
	鲇 *S. asotus*	66	1.78	10 502	5.05	159.12
	蛇鉤 *S. dabryi*	221	5.96	6 800	3.27	30.77
	其他	324	8.74	44 774	21.53	

3.3　讨　　论

3.3.1　澧水鱼类资源组成现状

《湖南鱼类志》虽然较为详细地描述了包括澧水在内的 160 种鱼类的形态特征、生活习性，但关于澧水鱼类资源的具体种数尚未明确。继《湖南鱼类志》之后，在澧水局部水域或支流，袁凤霞等（1985）、邓学建等（1996）、贺顺连等（2000）、康祖杰等（2008，2015）又相继发现了长丝裂腹鱼、齐口裂腹鱼、长江鲹、宽口光唇鱼、四川吻虾虎鱼、桂林薄鳅、汉水扁尾薄鳅、小吻虾虎鱼、四川爬岩鳅、鳗尾鉠、灰裂腹鱼 11 种湖南鱼类新纪录种和壶瓶山鮡 1 新种（Kang et al., 2016）。本研究通过对澧水上、中、下游主干及支流鱼类资源的实地调查和标本鉴定，排除同物异名，共采集获得澧水鱼类 95 种，其中包括 1 种新纪录种、6 种引进种。在先前发现的 11 种湖南鱼类新纪录种中，此次调查仅发现桂林薄鳅和汉水扁尾薄鳅 2 种。

根据本次澧水鱼类资源调查并结合康祖杰等（2010）对澧水支流溇水上游鱼类多样性的研究，澧水鱼类资源组成表现以下一些特征：①生态类型丰富，澧水鱼类在洄游、摄食、栖息习性等方面呈现多样化特征。江海洄游性、江湖洄游性、山溪流水性、湖泊定居性鱼类均有发现，特别是山溪流水性鱼类在澧水中占有一定的比例，本次调查山溪流水性鱼类占鱼类总种数的 16.84%，而康祖杰等（2010）报道的澧水支流溇水上游的壶瓶山自然保护区山溪急流生活的鱼类比例高达51.2%，比茹辉军等（2008）报道的洞庭湖山溪性鱼类比例（13%）明显要高。可见，澧水鱼类对维持洞庭湖水系鱼类多样性特别是山溪性鱼类多样性有一定的贡献。②在渔获物组成中，以鲤、鲫、翘嘴鲌、蒙古鲌、鲇、黄颡鱼、鳘、银鉤、中华花鳅、子陵吻虾虎鱼等湖泊定居性或山溪流水性鱼类为主，青鱼、草鱼、鲢、鳙、鳡、铜鱼等江湖洄游性鱼类所占比例极低；江海洄游性鱼类虽有发现，但中华鲟只在下游澧县江段采集到 1 尾（体长约 130cm，可能是人工放流的个体），太湖新银鱼、加州鲈均为引进养殖逃逸的种类；此外，过去在澧水中占有一定比例的经济鱼类，如中华倒刺鲃、白甲鱼、瓣结鱼、鳡、鲸等（湖南省水产科学研究所，1980），此次调查没有发现。③渔获物规格大小（尾均重）普遍偏低，经济鱼类小型化现象明显。这主要表现在：一是鲫、鳘、银鮈、黄颡鱼等小型鱼类在渔获物中的比例高；二是主要经济鱼类个体低龄化、小型化。据当地渔民介绍，20世纪60～70年代，"四大家鱼"个体多为2～4龄，重量在5kg左右，鲤个体多为2～3龄，重量在2kg左右。而本次调查结果表明，澧水主要经济鱼类个体多为1～2龄，渔获物规格偏小，如鲤尾均重仅为361.39～422.19g，翘嘴鲌的尾均重仅为360.02g（表3-4）。

3.3.2 鱼类资源保护存在的问题及原因分析

澧水水域生境复杂、水量充足，是长江流域重要的鱼类种质资源库。本研究结果表明，澧水各江段鱼类 Shannon-Wiener 多样性指数为 2.52～3.19，Pielou 均匀度指数为 0.67～0.74，鱼类物种多样性均处于较好或丰富状态。在澧水的上、中游及分支水系，河流比降大，水流急，是鲌亚科、鲃亚科、野鲮亚科、平鳍鳅科和鰕虎鱼科鱼类栖息的良好场所；澧水下游江段地势开阔，集水面大，水流和缓，是鲌亚科、鲤亚科、鮈亚科和鲶科鱼类的适宜生境。因此，澧水河是一条具有保护价值的生态河，澧水鱼类资源保护对洞庭湖乃至长江水系鱼类资源的补充和维持有着潜在的价值和意义。然而，本次调查发现，与长江和洞庭湖鱼类资源（刘绍平等，2005；廖伏初等，2002）的衰减趋势一致，澧水鱼类资源特别是具有较大经济价值的江湖洄游性鱼类资源在渔获物中的比例下降，经济鱼类小型化现象明显（表3-4）。经过分析，这一变化出现的原因主要为以下两方面。

（1）水工建设。在澧水干流及主要支流，目前已开发的梯级电站有17座（据湖南省水利水电勘测设计研究院内部资料）。梯级电站的开发虽然对澧水流域的防洪发电、农田灌溉等有利，但对水生生物资源特别是鱼类资源及水生态环境的影响巨大。工程修建后，洄游性鱼类通道受阻，洄游性鱼类资源的种类和数量骤减甚至绝迹。本次调查显示，从澧水下游的澹洲水电站往上，除引进的太湖新银鱼外，已经没有江海洄游性鱼类被发现，"四大家鱼"、鳡、鲴、铜鱼等江湖洄游性鱼类的数量也十分稀少。工程的修建同时对鱼类的繁殖和生存造成影响，鱼类区系组成发生改变，如过去在澧水中有分布的中华倒刺鲃、鳡、鲸等产漂浮性卵鱼类（湖南省水产科学研究所，1980）可能因所产卵漂流流程短而在库中沉没死亡而未能被发现；一些喜流水生活鱼类如泸溪直口鲮、下司华吸鳅等因不适应静水环境只在库区上游或其他支流被发现，而一些喜静水或微流水生活的鱼类如鲤、鲫、鲌、鲇、鳘、银鮈等在澧水的皂市水库、江垭水库和宜冲桥水库等库区均有大量分布。鉴于此，可以采取一些相应的补救或保护措施。例如，对"四大家鱼"

等产飘浮性卵鱼类可采用人工增殖放流的方法补充资源量；对山溪流水性生活鱼类，可以在水质较好、人为干扰较少的溇水、渫水等支流上游建立鱼资源保护区等。

（2）过度捕捞和酷渔滥捕。调查期间，我们发现在澧水各江段的主干或支流，捕鱼船只均随处可见，而且一些渔民长期采用电鱼、炸鱼、毒鱼等非法捕鱼手段，仅在 2011 年春季澧县城关一带，我们就发现大大小小的电鱼船有 10 多只；在张家界、慈利等江段，毒鱼、炸鱼的现象也时有发生。过度捕捞、酷渔滥捕不仅是澧水鱼类资源的种类和数量直接减少的主要原因，也是鱼类资源低龄化、小型化的主要原因。因此，有关部门应从渔民转产安置、落实禁渔区和禁渔期管理、加强《中华人民共和国渔业法》宣传和渔政执法力度、解决渔政管理部门的人员和经费不足等方面切实做好澧水鱼类资源的保护工作。

此外，经过调查发现，澧水下游澧县、津市河段工业废水污染现象较为严重，对鱼类资源生存不利，应该引起有关部门的重视。

第4章

洞庭湖水系资江干流鱼类资源现状研究

4.1 资江干流鱼类资源调查研究方法

4.1.1 资江鱼类资源调查范围、方法、采样点设置及样品处理

2010 年 11 月～2016 年 12 月,在资江上游(新邵小庙头以上)、中游(小庙头至马迹塘)、下游(马迹塘以下)干流进行鱼类资源调查采样,按采样点布设要求共设 15 个采样点,其中上游 3 个、中游 8 个、下游 4 个。采样方法依照《内陆水域渔业自然资源调查手册》(张觉民和何志辉,1991)的采样方法,采取自捕、雇请渔民捕捞或与渔民协商约定对其捕获物进行统计、码头和市场渔获物统计等调查方式。调查渔具以刺网(网目规格分别为 200mm、120mm、80mm、40mm 和 20mm)为主,结合拖网(网目规格为 20mm 和 10mm)、钓钩、虾笼、电鱼机等。对采集的鱼类标本进行现场拍照、分类、计数,不易确定的种类,用 10% 的福尔马林溶液保存带回实验室鉴定。标本鉴定及分类主要依据《中国动物志·硬骨鱼纲·鲤形目(中卷)》(陈宜瑜,1998)、《中国动物志·硬骨鱼纲·鲤形目(下卷)》(乐佩琦等,2000)、《中国动物志·硬骨鱼纲·鲇形目》(褚新洛等,1999)、《中国淡水鱼类检索》(朱松泉,1995)。所有标本整理编号,保存于湖南文理学院洞庭湖水系鱼类标本室。

4.1.2 鱼类群落相似性及数据分析

鱼类群落相似性采用 Jaccard 相似性指数分析,计算方法同 2.1.2。
数据分析采用 Microsoft Excel 2007 软件进行。

4.2　结果与分析

4.2.1　种类及区系组成

在资江各江段共采集鉴定鱼类 81 种，隶属 7 目 18 科 53 属（附录），各目鱼类的分类统计信息见表 4-1。其中鲤形目 47 种，占总种数的 58.02%；其次为鲇形目 17 种，占 20.99%；鲈形目 13 种，占 16.05%；其他目的物种数均仅为 1 种。在科级分类阶元，以鲤形目鲤科鱼类为最大类群，有 39 种，占总种数的 48.15%，其次为鲇形目的鲿科（11 种，占 13.58%）和鲤形目的鳅科（8 种，占 9.88%）。根据陈宜瑜编著的《中国动物志·硬骨鱼纲·鲤形目（中卷）》，并参考《湖南鱼类志》和湖南鱼类新纪录种文献，本次调查发现的张氏鳘为湖南鱼类新纪录种。此外，本次调查还发现散鳞镜鲤（鲤变种）、斑点叉尾鲴、云斑鲴 3 种引进种。

表 4-1　资江鱼类种类组成

目	科	属	种
鲟形目 Acipenseriformes	1	1	1
鲱形目 Clupeiformes	1	1	1
鲤形目 Cypriniformes	2	33	47
鲇形目 Siluriformes	6	9	17
颌针鱼目 Beloniformes	1	1	1
合鳃目 Synbranchiformes	1	1	1
鲈形目 Perciformes	6	7	13
合计	18	53	81

依照长江鱼类区系复合体划分法，资江鱼类可分为以下 5 个区系复合体。

（1）中国江河平原区系复合体，包括鲤科中的大部分（除鲃亚科、野鲮亚科、鲤亚科和麦穗鱼属外）及鲴科中的鳜属鱼类，共 37 种，占资江鱼类总种数的 45.68%。

（2）南方热带区系复合体，包括鲤科的鲃亚科、野鲮亚科，鳅科的副沙鳅属、薄鳅属，鲿科，合鳃鱼科的黄鳝属，塘鳢科，鰕虎鱼科，斗鱼科，鳢科，刺鳅科鱼类，共 32 种，占 39.51%。

（3）古代第三纪区系复合体，包括鲤科的鲤亚科与鲌亚科的麦穗鱼属，以及鳅科的泥鳅属和鲇科鱼类，共 8 种，占 9.88%。

（4）中印山区鱼类区系复合体，发现司氏鲅、中华纹胸鳅2种，占2.47%。

（5）北方平原鱼类区系复合体，发现中华花鳅、中华鲟2种，占2.47%。

4.2.2　各江段鱼类种数及群落相似性

资源鉴定与统计分析表明，资江的上、中、下游，鱼类物种数依次增加，分别为52种、72种和76种。采用Jaccard相似性指数对三个江段鱼类群落相似性进行分析（表4-2），上游与中游、下游江段鱼类群落为中等相似（相似性指数大于0.5）；中游与下游江段鱼类群落表现为极相似（相似性指数大于0.75）。

表4-2　各调查江段鱼类种数及群落相似性指数

调查江段	上游	中游	下游
上游		0.68	0.62
中游	50		0.85
下游	49	68	

注：对角线上方为Jaccard相似性指数，对角线下方为共有种数

4.2.3　生态类型

根据不同方式对资江鱼类生态类型进行分类情况如下。按鱼类的生活习性，并参考相关文献，资江鱼类大致可分为4个类群：①江海洄游性，仅中华鲟1种；②江湖洄游性，包括青鱼、草鱼、鲢、鳙、细鳞鲴、银鲴、似鳊、鳡、赤眼鳟、鳊10种，占总种数的12.35%；③山溪流水性，包括麦穗鱼、带半刺光唇鱼、吉首光唇鱼、异华鲮（*Parasinilabeo assimilis*）、马口鱼、宽鳍鱲、中华花鳅、桂林薄鳅、汉水扁尾薄鳅、胡子鲇、大鳍鳠、子陵吻鰕虎鱼12种，占14.81%；④湖泊定居性，包括鲫、鲤、鲇、团头鲂，以及鳘属、鲌属、黄颡鱼属鱼类共58种，占71.60%。

根据鱼类食性，资江鱼类大致可分为植食性、肉食性、杂食性三种类型。其中，草鱼、鳊、团头鲂、细鳞鲴、银鲴、鲢、异华鲮等植食性鱼类7种，占8.64%；青鱼、鳙、花鳍、鲇、黄鳝、乌鳢、鳜属等肉食性鱼类共34种，占41.98%；鲫、鲤，以及鲌亚科、鳅科、鳘科鱼类等40种为杂食性，占总种数的49.38%。

按栖息水层进行划分，资江鱼类可分为中上层、中下层和底栖3种类型。其中，鲤、鲫、鳅科、鳘科等底栖鱼类38种，占总种数的46.91%；其次为短颌鲚、鳘属、银鮈、似鳊、鲢、鳙，以及鳊亚科、鲌属、鳜属鱼类等中上层鱼类28种，占34.57%；蛇鮈、鳊、鲇、团头鲂等中下层鱼类15种，占18.52%。

4.2.4 渔获物结构

在资江的新邵（上游）、安化（中游）和桃江（下游）江段共统计刺网和拖网渔获物 78 船次，总计 332.28kg。对渔获物进行分析显示（表 4-3），鲫、鲤、鳘、黄颡鱼、鲇、蒙古鲌、翘嘴鲌、蛇鮈等湖泊定居性鱼类在资江干流中均占有较高的比例，在中上游江段，带半刺光唇鱼、子陵吻鰕虎鱼、大鳍鳠、中华花鳅等山溪流水性鱼类占有一定的比例；鲤、蒙古鲌、赤眼鳟等一些经济鱼类的规格大小（尾均重）以下游江段较高，中上游江段较低。各江段渔获物组成存在一定差异，一些小型鱼类如鲫、鳘、黄颡鱼、蛇鮈、子陵吻鰕虎鱼等所占比例较高，鱼类小型化现象明显。另外，渔获物调查发现，资江"四大家鱼"的天然资源量严重不足，时常在整船的渔获物中都难以见到 1～2 尾。

表 4-3　资江新邵、安化和桃江江段渔获物组成

江段	种类	尾数	尾数比/%	重量/g	重量比/%	尾均重/g
新邵	鲤 *Cyprinus carpio*	33	1.69	12 519	12.84	379.36
	鲫 *Carassius auratus*	251	12.82	11 759	12.06	46.85
	鳘 *Hemiculter leucisculus*	626	31.97	11 047	11.33	17.65
	黄颡鱼 *Pelteobagrus fulvidraco*	259	13.23	10 696	10.97	41.30
	鲇 *Silurus asotus*	76	3.88	9 848	10.10	129.58
	赤眼鳟 *Squaliobarbus curriculus*	54	2.76	9 029	9.26	167.20
	蛇鮈 *Saurogobio dabryi*	242	12.36	7 430	7.62	30.70
	大鳍鳠 *Mystus macropterus*	49	2.50	6 425	6.59	131.12
	红鳍原鲌 *Cultrichthys erythropterus*	38	1.94	4 817	4.94	126.76
	中华花鳅 *Cobitis sinensis*	240	12.26	4 105	4.21	17.10
	其他	90	4.60	9 828	10.08	
安化	鲫 *C. auratus*	264	12.46	12 447	11.62	47.15
	鲤 *C.carpio*	30	1.42	11 815	11.03	393.83
	蒙古鲌 *Culter mongolicus mongolicus*	64	3.02	10 841	10.12	169.39
	鳘 *H. leucisculus*	597	28.17	10 594	9.89	17.75
	黄颡鱼 *P. fulvidraco*	214	10.10	9 641	9.00	45.05
	鲇 *S. asotus*	60	2.83	8 698	8.12	145.00
	中华沙塘鳢 *Odontobutis sinensis*	118	5.57	6 931	6.47	58.74
	斑鳜 *Siniperca scherzeri*	56	2.64	5 592	5.22	99.86
	带半刺光唇鱼 *Acrossocheilus hemispinus cinctus*	47	2.22	4 520	4.22	96.17
	子陵吻鰕虎鱼 *Rhinogobius giurinus*	464	21.90	3 942	3.68	8.50
	其他	205	9.67	22 099	20.63	

续表

江段	种类	尾数	尾数比/%	重量/g	重量比/%	尾均重/g
	鲫 *C. auratus*	288	14.12	14 068	11.02	48.85
	鲤 *C. carpio*	33	1.62	13 226	10.36	400.79
	蒙古鲌 *C. mongolicus mongolicus*	70	3.43	12 332	9.66	176.17
	赤眼鳟 *S. curriculus*	65	3.19	11 311	8.86	174.02
	䱗 *H. leucisculus*	630	30.88	11 183	8.76	17.75
桃江	翘嘴鲌 *C. alburnus*	26	1.27	9 855	7.72	379.04
	黄颡鱼 *P. fulvidraco*	198	9.71	8 962	7.02	45.26
	鲇 *S. asotus*	57	2.79	8 477	6.64	148.72
	蛇鉤 *S. dabryi*	194	9.51	6 115	4.79	31.52
	花斑副沙鳅 *Parabotia fasciata*	240	11.76	4 902	3.84	20.43
	其他	239	11.72	27 230	21.33	

4.3　讨　　论

4.3.1　资江鱼类资源组成现状

此研究通过对资江上、中、下游干流鱼类资源的实地调查和标本鉴定，排除同物异名，共采集获得资江鱼类81种，隶属7目18科53属，其中包括湖南鱼类新纪录种1种、引进种3种，81种鱼类中以鲤科鱼类种数最多，占48.15%。结合2007年吴婕和邓学建对资江柘溪水库及其周边地区鱼类资源的报道，资江鱼类共计108种，占有记载的湖南鱼类总种数（189种）的57.14%。在108种鱼中，本次调查未发现的种类共27种，包括鲤科的鳤、鯮、三角鲂、黄尾鲴、圆吻鲷、唇鲴、江西鳈、铜鱼、宜昌鳅鮀、兴凯鱊、中华倒刺鲃、厚唇光唇鱼、侧条光唇鱼、白甲鱼、瓣结鱼、洞庭华鲮、泸溪直口鲮，鳅科的横纹条鳅、江西副沙鳅、大鳞副泥鳅，平鳍鳅科的平舟原缨口鳅，鳡科的盎堂拟鳡，鲇科的西江鲇、越南鲇、钝头鮠科的拟缘鉠，鰕虎鱼科的波氏吻鰕虎鱼，刺鳅科的大刺鳅。

本次调查发现，与洞庭湖鱼类资源调查结果一致，资江鱼类也主要以鲫、鲤、䱗、翘嘴鲌、蒙古鲌、蛇鉤、鲇、黄颡鱼等湖泊定居性鱼类为主（占71.60%）。同时，像带半刺光唇鱼、马口鱼、宽鳍鱲、中华花鳅、子陵吻鰕虎鱼等一些山溪流水性鱼类也占有一定比例（14.81%），与茹辉军等（2008）报道的洞庭湖山溪性鱼类比例（13%）相比略高，表明资江鱼类在维持洞庭湖水系鱼类物种多样性特别是山溪性鱼类多样性上有一定的贡献。

在渔获物组成中，一些小型经济鱼类如鲫、䱗、蛇鉤、黄颡鱼、带半刺光唇鱼、子陵吻鰕虎鱼占有很高的比例（表4-3）；而像"四大家鱼"、鳡、长吻鮠等一些中大型经济鱼类所占比例极少；一些过去在资江中占有一定比例的经济鱼类，如鳡、鳤、白甲鱼、瓣结鱼等，此次调查均未采到。同时，捕获的一些常见经济鱼类的规格大小（尾均重）也普遍偏低，如鲤的捕获年龄多为 1～2 龄，性成熟个体少，尾均重为 379.36～400.79g；翘嘴鲌的捕获年龄也多在 1～2 龄，尾均重仅为 379.04g（表 4-3）。渔获物的这些特征反映了资江鱼类资源种类数量减少和种群衰退的趋势。这与洞庭湖、沅水和澧水的鱼类资源调查结果基本一致。

4.3.2　鱼类资源变化的原因及鱼类资源保护

分析资江鱼类资源种类数量减少和种群衰退的原因，主要有以下几个方面。

（1）过度捕捞和酷渔滥捕。主要表现在捕鱼的船只多、禁渔期不禁和非法捕鱼：据调查，仅资江安化江段就有登记在册的渔民 245 户，还有未登记的渔民约 200 户；4～7 月的禁渔期，一些江段的渔政部门虽也做了禁渔宣传，但由于监管不力，实际上并没有真正做到禁渔期禁渔；随着渔具渔法的不断改进，酷渔滥捕现象十分严重，一些渔民长期采用电鱼、炸鱼、毒鱼、迷魂阵等手段，特别是电（网）打鱼几乎户户存在。这些都是资江现有鱼类资源种类数量减少、低龄化、小型化的主要原因。

（2）水工建设和涉水活动。自邵阳双江口以下，资江干流梯级开发共 13 个。密集的梯级水坝大大缩小了鱼类的生存空间，河流的水文情势与生态环境发生变化，鱼类的繁殖、生长、摄食等活动受阻，特别是洄游性鱼类的繁殖和生存受到极大影响。本次调查，资江的江海洄游性鱼类仅在下游的益阳江段发现 1 尾中华鲟；江湖洄游性鱼类如青鱼、草鱼、鲢、鳙、鳡等数量极少，过去在资江中有分布的鳡、鳤更是没有发现。另据不完全统计，在资江的邵阳、新化、安化、桃江等江段，每条江段的挖沙船在百艘以上，大规模的采挖砂石使河流原有的水文地质状态发生改变，破坏了一些底栖生活鱼类的栖息和产卵场，导致像野鲮亚科的异华鲮、鳠科的长吻鮠、钝头鮠科的鮡属、鮡科的中华纹胸鮡、鳅鮀亚科的南方鳅鮀等底栖鱼类的数量减少或消失。

（3）水域环境污染。资江在湖南境内流经邵阳、新邵、冷水江、新化、安化、桃江、益阳等县市，沿岸城镇工矿企业排污超标、生活污水未处理入河、农业面源污染、河道船舶污染、水土流失等是当前资江流域水污染防治面临的主要问题，同时，也是资江渔业资源衰退的重要原因。

因此，资江鱼类资源的保护，应该从渔民转产安置、加强《中华人民共和国渔业法》宣传和渔政执法力度、建立稀有鱼类资源保护区、开展鱼类人工增殖放流、加强河道整治、水质监测及水体污染综合治理等多方面进行。

第5章

沅水、澧水和资江鱼类物种介绍

本章收录的洞庭湖水系沅水、澧水和资江鱼类物种是湖南省高校水生生物资源保育与利用科技创新团队自 2010 年以来调查发现的鱼类现有资源，共 8 目 23 科 74 属 118 种（包括引进种 8 种，湖南鱼类新纪录种 3 种），其中沅水鱼类 107 种（含引进种 8 种），隶属 8 目 22 科 70 属；澧水鱼类 95 种（含引进种 6 种），隶属 8 目 20 科 62 属；资江鱼类 81 种（含引进种 3 种），隶属 7 目 18 科 53 属。分类介绍如下。

5.1 鲟形目 Acipenseriformes

特征：体延长，梭形，一般被硬鳞或裸露。吻突出，口腹位。眼小。尾鳍上缘有棘状鳞。尾歪型。

1. 鲟科 Acipenseridae

中华鲟 *Acipenser sinensis*（彩图 5-1）

地方名：鲟鱼、鳇鱼、腊子。

分类地位：鲟形目鲟科鲟属。

形态特征：体呈梭形。头较长，略呈长三角形，头顶骨片裸露。吻犁形，基部宽，前端尖，吻长大于眼后头长。胸腹部平直。眼小。口下位，呈一横裂状，能自由伸缩。上、下唇具有角质乳突。口前吻腹有须 2 对，排成一横列。鳃孔大，鳃盖膜与颊部相连。体具 5 列硬鳞，其中背部 1 列，体侧及腹侧各 2 列，背部 1 列较大。各列硬鳞之间皮肤裸露、光滑。背鳍后移，接近尾鳍。胸鳍平展，腹鳍在背鳍前下方，肛门紧靠腹鳍基。尾鳍为歪尾型，上叶长，其中部具多数硬鳞，下叶短，仅有鳍条。头部和体侧背部青灰色，腹部灰白色，各鳍灰色。

生活习性：中华鲟为大型江海洄游性鱼类，栖息于近海水域，生活在水体底层。肉食性鱼类，主要以一些小型的底栖动物如虾、蟹、鱼类、软体动物和水生昆虫等为食。一般雄性生长到 9 岁以上达到初次性成熟，体长可达 1.7m，体重 50kg 以上，雌性生长到 14 岁以上初次性成熟，体长可达 2.3m，体重 120kg 以上。性成熟后洄游至江河上游产卵繁殖，产卵期为 10 月中旬至 11 月上旬。分布于中国、日本、韩国、老挝和朝鲜，在中国以长江干流及其分支水系较多。

经济价值：大型经济鱼类，国家一级保护野生动物。

采集地：沅水、澧水、资江。

2. 匙吻鲟科 Polyodontidae

匙吻鲟 *Polyodon spathula*（彩图 5-2）

地方名：鸭嘴鲟、鸭嘴鱼。

分类地位：鲟形目匙吻鲟科匙吻鲟属。

形态特征：头长大于体长之半，吻特长（吻长为体长的 1/3），扁平，桨状。眼小，口大，下位，不能伸缩，前额高于口部；鳃盖布满梅花状的花纹，鳃盖骨大而向后延至腹鳍，鳃耙密而细长。鳃盖膜左右愈合，不与颊部相连。胸鳍较小，下位；腹鳍腹位；背鳍起点在腹鳍之后；尾鳍为歪尾型，上叶长，下叶短。体表光滑无鳞，尾鳍上叶背缘具 1 行 13～20 枚斜长形棱鳞。体背部黑蓝灰色，常有一些斑点间在其中；体侧有点状赭色，腹部白色，鳍黑色。

生活习性：大型淡水鱼类，引进种，原产于北美，主要栖息于水流较为缓慢、饵料生物比较丰富的水域，生活在水体上层。滤食性鱼类，主要以浮游动物、枝角类动物如水蚤等为食，也偶尔摄食摇蚊幼虫等小型水生昆虫。雄鱼性成熟多为 7～9 龄，雌鱼多为 8～10 龄。产卵期为 4～5 月。

经济价值：大型经济鱼类，名贵观赏鱼类。

采集地：沅水。

5.2　鲑形目 Salmoniformes

特征：体被圆鳞，上颌缘具齿。背鳍 1 个，无硬棘。常具脂鳍。通常胸鳍位低，腹鳍腹位。本目多为冷水性鱼类，栖息于淡水、海水中。

银鱼科 Salangidae

短吻间银鱼（长江银鱼）*Hemisalanx brachyrostralis*（彩图 5-3）

地方名：面条鱼、面丈鱼。

分类地位：鲑形目银鱼科间银鱼属。

形态特征：体小，细长。头宽而扁平，呈三角形。口大，端位，吻长而尖。前上颌骨前部形成钝或锐的三角形扩大部。上颌骨末端不达眼前缘。下颌缝合部有 1 对骨质突起，有 1 对犬齿，前端有缝前突。舌细长无齿，有粗糙突起。鳃孔较小，鳃盖骨薄。背鳍靠近身体后方，位于臀鳍起点之前上方。脂鳍小，位于背鳍和尾鳍的中间。肛门靠近臀鳍。在腹鳍和肛门间有 1 条棱膜。尾柄细长。身体光滑无鳞，仅性成熟的雄鱼在臀鳍基两侧各有 1 列鳞片。活体透明，死后变为乳白色。腹部从胸鳍至臀鳍有 2 列小黑点，臀鳍至尾鳍有 1 列小黑点。臀鳍和尾鳍散布许多小黑点。

生活习性：短吻间银鱼为淡水定居或咸淡水一年生小鱼，生活史简单，种群消长快，对环境变化反应敏感，常栖息于敞水湖面，生活在水体中上层。其幼鱼和成鱼食性差异较大。幼鱼主食浮游动物的枝角类、桡足类和一些藻类，体长 80mm 以后逐渐向肉食性转移，110mm 以上主要以小型鱼虾为食。其主要敌害为马口鱼属、鳘属及鲌属等中上层凶猛性鱼类。一般冬季产卵，产卵期为 12 月中旬至翌年 3 月中下旬，繁殖个体雄鱼体长为 90～175mm，雌鱼为 90～210mm，产卵后不久便死亡。分布于长江中下游及其附属湖泊中。

经济价值：小型珍贵经济鱼类。

采集地：沅水。

太湖新银鱼 *Neosalanx taihuensis*（彩图 5-4）

地方名：银鱼、小银鱼。

分类地位：鲑形目银鱼科新银鱼属。

形态特征：体小，细长。头小，略平扁。吻短。口端位，较小，前上颌骨前部正常。上颌骨末端超过眼前缘。下颌缝合部无骨质突起，无犬齿，前端无缝前突。舌细长，前端略凹，无齿。鳃孔较小，鳃盖骨薄。背鳍靠近身体后方，位于臀鳍起点之前上方。脂鳍细小，在臀鳍的后端上方。胸鳍小，呈扇形，有小肉质基。腹鳍起点距鳃孔较臀鳍起点略近。肛门紧靠臀鳍。腹部皮薄。在腹鳍和肛门间有 1 条棱膜。尾柄较短。尾鳍叉形。身体光滑无鳞，仅性成熟的雄鱼在臀鳍基两侧各有 1 列鳞片。活体透明，死后变为乳白色。尾鳍边缘灰褐色；体侧沿腹面每边各有 1 列小黑点。

生活习性：小型江海洄游性鱼类，见于江河湖泊之中，也见于长江口咸淡水区，生活在水体中下层。肉食性鱼类，以浮游动物为食，也食少量小虾和鱼苗。约半年达性成熟，经过 1 冬龄即能产卵，繁殖季节在 3～4 月，生殖后不久死亡，为一年生鱼类。中国特有种，分布于长江中下游的附属湖泊中。

经济价值：小型珍贵经济鱼类。

采集地：沅水、澧水。

5.3　鲱形目 Clupeiformes

特征：体长形，侧扁。腹部正中有锯齿状的棱鳞。上、下颌骨等长，有辅上颌骨 1～2 块。齿小，不发达或无齿。鳃盖膜不与颊部相连。体被薄圆鳞。侧线不完全或无。胸鳍和腹鳍基部具腋鳞。背鳍和臀鳍无硬刺，无脂鳍。

鳀科 Engraulidae

短颌鲚 *Coilia brachygnathus*（彩图 5-5）

地方名：毛刀鱼、凤尾鱼。

分类地位：鲱形目鳀科鲚属。

形态特征：体长而侧扁，形如柳叶。头短小，侧扁。背部稍圆而平直，腹部狭窄，被有锯齿状甲鳞。眼侧位，靠近吻端。口大，下位，口裂深，达眼后方。上颌骨后端呈片状游离，末端不达胸鳍起点处。上下颌、口盖骨及锄骨上均有细齿。背鳍起点约与腹鳍起点相对，远离尾鳍基。胸鳍前 6 根鳍条游离延长成丝，末端延伸达臀鳍起点处。腹鳍小，远离肛门。臀鳍基特长，末端与尾鳍相连；臀鳍具 90 以上鳍条。尾鳍小，上叶较长，下叶很短。鳞片薄而透明，无侧线。体色背侧浅灰，腹部淡白。

生活习性：中小型湖泊定居性鱼类。以肉食性为主的杂食性鱼类，主要以桡足类、枝角类、水生昆虫幼虫、虾和小鱼等为食。性成熟年龄为 1 龄，4 月上旬产卵。分布于长江中下游及其附属水体。

经济价值：小型经济鱼类。

采集地：沅水、澧水、资江。

5.4　鲤形目 Cypriniformes

特征：体被圆鳞或裸出。上下颌无齿，具咽喉齿。各鳍无鳍棘，仅背鳍和臀鳍最后不分枝鳍条或骨化为硬刺。侧线一般中位。前 4 个椎骨部分变形成韦伯器。仅次于鲈形目的第二大目，是淡水鱼类中最大的一目。

1. 鲤科 Cyprinidae

1）雅罗鱼亚科 Leuciscinae

草鱼 *Ctenopharyngodon idellus*（彩图 5-6）

地方名：鲩、鲩鱼、油鲩、草鲩、白鲩、草根（东北）、厚子鱼（鲁南）等。

分类地位：鲤形目鲤科雅罗鱼亚科草鱼属。

形态特征：体长形，前部近圆筒形，尾部侧扁，无腹棱，鳞片较大。口端位，口宽大于口长。鳃耙短小，排列稀疏。上颌略长于下颌。上颌骨末端伸至鼻孔的下方。口角无须。下咽齿2行，侧扁，呈梳状，齿侧具横沟纹。背鳍和臀鳍均无硬刺，背鳍和腹鳍相对。体呈茶黄色，腹部灰白色，体侧鳞片边缘灰黑色，胸鳍、腹鳍灰黄色，其他鳍浅色。

生活习性：典型的草食性鱼类，喜居于水体的中下层，觅食时在上层活动，性活泼，游泳快。通常在浅滩草地和泛水区域及干支流附属水体摄食肥育。生长的最适温度为25～32℃，温度过高或过低生长速度都减慢，对低氧的忍耐性较差。草鱼性成熟一般为4龄，最小3龄，雌鱼性成熟时体重在5kg以上。生殖季节成熟亲鱼有洄游的习性。广泛分布于我国除新疆和青藏高原以外的广东至东北的平原地区。

经济价值：我国淡水养殖的"四大家鱼"之一，生长快，肉质品质高，常常可以和其他鱼类（鲢、鳙）混养，不仅可以清理水中的杂草，其粪便和草料的残留物培养浮游生物，可作为其他鱼类的饵料，因而是我国优良的饲养鱼类。

采集地：沅水、澧水、资江。

青鱼 *Mylopharyngodon piceus*（彩图5-7）

地方名：青鲩、黑鲩、乌鲩、螺蛳青、钢青。

分类地位：鲤形目鲤科雅罗鱼亚科青鱼属。

形态特征：体长，略呈圆筒形，腹部平圆，无腹棱。尾部稍侧扁。吻钝，但较草鱼尖突。上颌骨后端伸达眼前缘下方。眼间隔约为眼径的3.5倍。鳃耙15～21个，短小，乳突状。下咽齿1行，左右一般不对称，齿面宽大，臼状。鳞大，圆形。侧线鳞39～45；背鳍Ⅲ，7；臀鳍Ⅲ，8。体青黑色，背部更深；各鳍灰黑色，偶鳍尤深。

生活习性：栖息于中下层，常栖息于河口、小河汊及山涧溪流。以虾、河蚌、螺蛳和水生昆虫为食。其中幼鱼以浮游生物为食。4～10月摄食季节常在江河湾道、湖泊及附属水体中育肥。生长快，个体大，成鱼体长可达145cm，体重可达70kg。冬季在河床深水处越冬。江河解冻即成群溯流产卵。分布于中国各大水系，主产于长江以南平原地区。

经济价值：肉味鲜美，刺大而少，为我国淡水养殖"四大家鱼"之一，具有很高的经济价值。

采集地：沅水、澧水、资江。

赤眼鳟 *Squaliobarbus curriculus*（彩图5-8）

地方名：红眼鱼、红眼棒、醉角眼、野草鱼。

分类地位：鲤形目鲤科雅罗鱼亚科赤眼鳟属。

形态特征：体前部近圆筒形，尾部侧扁，背缘平直，腹部无腹棱。头近圆锥形，背面较宽。吻长稍大于眼径。口端位，口裂稍斜，上颌骨伸达鼻孔的下方。颌须 2 对，短小，鲜活时眼上缘有红斑。尾鳍深叉形，背鳍无硬刺，背鳍、尾鳍深灰色，其他鳍浅灰色。体背侧青灰色，腹部银白色，侧线以上每一鳞片基部有 1 黑点，排列成纵行。

生活习性：赤眼鳟属于杂食性鱼类，以藻类、水草、有机碎片为食。常栖息于江河水的中层。幼鱼通常在江河的沿岸带觅食。生活性强，善于跳跃，行动敏捷，常易惊而致使鳞片脱落受伤。性成熟较早，二龄鱼即达到性成熟。生殖季节一般在 4～9 月，卵浅绿色，沉性。我国除西北、西南外，南北各江河湖泊中均有分布。

经济价值：优质淡水经济鱼类。

采集地：沅水、澧水、资江。

鳡 *Elopichthys bambusa*（彩图 5-9）

地方名：竿鱼、水老虎、大口鳡、大颊鱼、杆条鱼。

分类地位：鲤形目鲤科雅罗鱼亚科鳡属。

形态特征：体背灰褐色，腹部银白色，背鳍、尾鳍深灰色，其余部位呈淡黄色。体延长，其形如梭，吻较尖，呈喙状，吻长超过吻宽，吻长为眼径的 2.2～4.0 倍。头长而尖，口端位，下咽齿扁形，尖端勾状，3 行。下颌顶端有一角质突起，与上颌的凹陷相吻合，眼小，侧上位。鳃耙排列稀疏，无须。鳞小。侧线鳞 100 以上。背鳍起点至吻端的距离大于至尾鳍基的距离。胸鳍尖。腹鳍起点在背鳍之前。背鳍起点位于腹鳍基和尾鳍基之间。尾鳍分叉较深。

生活习性：生活在江河、湖泊的中上层，属于江湖洄游性鱼类。游泳力极强，性凶猛，游泳迅速，行动敏捷，生长迅速，常袭击和追捕其他鱼类，属典型的掠食性鱼类。性成熟为 3～4 龄，雄鱼性成熟略早于雌鱼。亲鱼于 4～6 月在江河激流中产卵，受精卵在随水漂流过程中孵化。幼鱼从江河游入附属湖泊中摄食、肥育，秋末以后，幼鱼和成鱼又到干流的河床深处越冬。分布广，我国除西北、西南之外，从北至南平原地区的水系中皆有分布。

经济价值：为江河、湖泊中的大型经济鱼类之一。营养价值高，肉质鲜美，一向被列入大型上等食用鱼类。其肉入药鲜用，具有暖中、益胃、止呕的功效，主治脾胃虚弱、反胃吐食等症，宜常服。

采集地：沅水、澧水、资江。

丁鱥 *Tinca tinca*（彩图 5-10-1，彩图 5-10-2）

地方名：金鲑鱼、丁鲑鱼、须鱥、金鱥、须桂鱼、丁穗鱼、黑鱼。

分类地位： 鲤形目鲤科雅罗鱼亚科丁鱥属。

形态特征： 体略高，腹部圆。口窄，口裂稍向上倾斜，口角处有 1 对短须，咽齿 1 行，齿面中央有 1 沟，齿端略呈钩状。吻部有 1 对极短的唇须，背鳍短，鳍条无硬刺，其起点位于腹鳍起点之后。胸、腹鳍呈扇形，尾鳍平截或微凹。体被小圆鳞，鳞细，排列紧密，深藏于厚皮下，侧线完全，上部颜色较深，下部较浅。

生活习性： 引进种，引种于欧洲捷克。淡水底栖鱼类，多栖息于多水草的静水或泥底的缓流水体中，耐低氧。常在底层活动，杂食性，主要以底栖无脊椎动物、藻类和腐殖质为食。摄食较慢，易驯化。幼鱼主要摄食桡足类、轮虫、底栖动物如摇蚊幼虫、水中的软体动物等。皮肤具有呼吸功能，耐寒能力较强，常夜间活动，冬季在北方能钻入泥底越冬，可将身体埋于泥中呈休眠状态，适应性较强。5 月产卵于水草上。

经济价值： 丁鱥肉质细嫩，含脂量高，味甚美，两年可达到上市规格，具营养价值高、广温性、耐低氧、食性杂、易驯化、抗病力强、起捕率高等优点，有较好的市场前景。

采集地： 沅水。

2）鲌亚科 Cultrinae

鰲 *Hemiculter leucisculus*（彩图 5-11）

地方名： 鰲子、白条鱼、白鲦、白鲦、蓝刀鱼、游刁子、青鳞子、尖嘴子、浮鲢、鰲条。

分类地位： 鲤形目鲤科鲌亚科鰲属。

形态特征： 体侧扁，背缘平直，腹棱完全，自胸鳍基部至肛门。头略尖。口端位，斜裂。眼中大，眼间宽且微凸。鳞中大，薄而易脱落。咽头齿 3 列。侧线完全，自头后向下倾斜至胸鳍后部弯折成与腹部平行，向后伸入尾柄正中。背鳍第三根不分枝鳍条为光滑的硬刺，刺长短于头长。尾鳍深叉。腹腔膜灰黑色。全身银白色，体背部青灰色，腹侧银色，尾鳍边缘灰黑色，鳃耙 16～20。全身反光强，无其他任何花纹。尾鳍灰黑色，雄性在繁殖季节身体变成红蓝相间的彩色。

生活习性： 低海拔鱼类，常栖息于溪、湖及水库等水之上层，主要摄食藻类，也食甲壳类、水生昆虫及高等植物碎屑等，特别喜食河中的小虾类，属于杂食性鱼类。喜欢群居，游动时在水面形成较大面积的圆长旋流形或流柱形波纹，一遇较大响动，瞬间沉入水下。繁殖力及适应性强，能容忍较污浊之水域。性周期短，1 龄鱼即发育成熟。生殖季节一般在 5～6 月，在浅水的缓流区或静水中产卵，有逆流水跳滩的习性。习见小型鱼类，分布于除青藏高原外的大部分水体。

经济价值： 繁殖快、生活力强的小型经济鱼类。

采集地： 沅水、澧水、资江。

贝氏鳘 *Hemiculter bleekeri*（彩图 5-12）

地方名：油鳘、白条、油鳘条。

分类地位：鲤形目鲤科鲌亚科鳘属。

形态特征：体长形，侧扁，头后背部稍突起，背部和胸部轮廓呈弧形。口端位，裂斜状，后伸达鼻孔后下方。腹棱从胸鳍基部至肛门前存在。头短，略呈三角形。吻短。上下颌等长。眼大，位于头侧近前端。鳃耙较短，排列较稀疏。下咽齿 3 行，基部呈圆柱形，末端尖，呈钩状。背鳍短小，有光滑硬刺，其起点在腹鳍起点之前上方。胸鳍较小，末端尖，后伸不达腹鳍起点。腹鳍后伸不达肛门。臀鳍较短，外缘稍内凹。尾鳍分叉深，末端尖。侧线完全，在胸鳍上方逐渐向下弯曲，然后沿着腹部边缘向后伸延，至臀鳍基部后上方又向上弯曲，然后通过尾柄中轴向后延伸。身体背部青灰色，体侧和腹部银白色。

生活习性：上层鱼类，喜欢群居，常在浅水岸边觅食，属杂食性鱼类。幼鱼摄食浮游动物和水生昆虫；成鱼主食藻类、高等植物碎片和甲壳动物。性成熟年龄为 1 龄。繁殖季节在 4～6 月，产黏性卵，黏附在水草、砾石上孵化发育。产卵时多集群逆水跳跃产卵，产漂流性卵。分布广泛，江河、湖泊常见小型鱼类。

经济价值：个体小，数量多，适应性较强，既可作肉食性鱼类的饵料，又可食用，具有一定的经济价值。

采集地：沅水、澧水、资江。

张氏鳘 *Hemiculter tchangi*（彩图 5-13）

分类地位：鲤形目鲤科鲌亚科鳘属。

形态特征：体长形，较厚，侧扁，体高较低，头较长，前端较尖。吻稍长。口端位，口裂倾斜。上下颌等长。眼位于头侧近前端。鼻孔在眼前缘偏上方，较近眼前缘。鳃耙较长，侧扁，排列稍密。下咽齿末端尖，呈钩状。背鳍外缘突出，为光滑的硬刺，其起点在鼻孔前缘至最后鳞片的中点。胸鳍较长，后伸不达腹鳍基部。腹鳍短小，起点在背鳍前下方，末端后伸远不达肛门。臀鳍短小。尾鳍分叉深，下叶比上叶长。尾柄较细。鳞片薄，腹鳍基部为腋鳞。侧线完全，在胸鳍上方向下弯曲，至胸鳍末端折转向后，沿腹部边缘平行向后延伸，至臀鳍基部后端上方复转向上弯曲，直达尾柄中央。身体背部为青灰色，体侧和腹部白色，背鳍和尾鳍灰白色，尾鳍边缘深黑色，其余各鳍白色。

生活习性：生长较快，以 1～2 龄最快。食性较杂。生殖季节在 5～7 月，以 5～6 月为盛期，第二年可达性成熟，成熟卵巢黄白色，怀卵量一般为 10 000～20 000 粒，卵具黏性，常黏附在水草或其他杂物上发育孵化。据文献记载，张氏鳘现只分布于长江上游四川境内，本次调查表明其在湖南境内长江中游水系的洞庭湖一级支流中也有分布。

经济价值：经济鱼类，食用价值较高。

采集地：沅水、澧水、资江。

飘鱼 *Pseudolaubuca sinensis*（彩图 5-14）

地方名：银飘鱼、篮片子、篮刀片、薄削。

分类地位：鲤形目鲤科鲌亚科飘鱼属。

形态特征：体长形，甚侧扁，背部平直，腹部自颊部至肛门具腹棱。肛门在背鳍起点处。口端位，斜裂，下颌中央具 1 突起，与上颌中央缺刻相吻合。眼中大，眼缘周围常具透明脂膜。鳞中大，薄而易脱落。背鳍条 21～26，侧线鳞 63～74。侧线完全，自头后急剧向下倾斜，至胸鳍后部弯折成一明显角度，向后伸入尾柄正中。背鳍短，外缘平直，无硬刺。背鳍起点从鳃盖后缘到尾鳍基部中央。体呈银色，鳍呈浅灰色。胸鳍、腹鳍淡黄色。尾鳍深叉，灰黑色，下叶稍长于上叶。

生活习性：常见小型经济鱼类。常喜欢成群在水面漂游，冬季到深水层中越冬。以小鱼、浮游动物及植物碎屑为食。繁殖力强，数量相当多，为一种极普遍的食用鱼。对水质污染比较敏感，对酸碱度忍耐性较低。产卵期在 5～6 月，产卵于湖泊或水库沿岸有水草或湖底有沙砾的地方。分布于我国辽河、长江、钱塘江、闽江、珠江、元江等诸水系。

经济价值：肉质好，具有一定的经济价值。

采集地：沅水、澧水、资江。

南方拟鲬 *Pseudohemiculter dispar*（彩图 5-15）

地方名：蓝刀、白条鱼。

分类地位：鲤形目鲤科鲌亚科拟鲬属。

形态特征：体延长，侧扁，腹鳍基部至肛门间有腹棱。头短小。吻尖。口端位，口裂倾斜，后端伸达鼻孔下方，上颌略比下颌长，中央有一凹陷，下颌中央有一突起，与上颌凹陷相嵌合。无口角须。眼大，眼间稍呈弧形。鳃耙较粗短，侧扁，排列稀疏。下咽齿 3 行。末端呈钩状。背鳍短小，外缘平截。胸鳍末端后伸不达腹鳍起点。腹鳍短小，起点位于背鳍起点的前下方，末端后伸不达肛门。臀鳍短，其基部较长，外缘微凹。尾鳍长，深分叉。肛门离臀鳍起点甚近。尾柄较长，侧扁。体被中等大圆鳞。侧线完全，在胸鳍上方急转向下，沿腹部直至臀鳍末端转向上行至尾柄中部。体背暗灰色，腹部白色，各鳍浅灰色，尾鳍灰黑色，边缘黑色。

生活习性：小型鱼类，一般栖息于水体中上层。食物较杂，常以藻类、高等植物碎屑、水生昆虫成虫及幼虫等为食。常常集群于江河岸边的浅水处。繁殖期在 6～7 月。分布于我国南方各水系。

经济价值：经济鱼类，具有较高的经济价值。

采集地：沅水、澧水。

红鳍原鲌 *Cultrichthys erythropterus*（彩图 5-16）

地方名：短尾鲌、黄掌皮、黄尾鲹、红梢子、巴刀、小白鱼。

分类地位：鲤形目鲤科鲌亚科原鲌属。

形态特征：体长而侧扁，头背面平直，头后背部隆起，尾柄短。腹部自胸鳍基部至肛门有明显的腹棱。口小，上位；下颌突出，向上翘，口裂和身体纵轴近似垂直。眼大，鳞细小；背鳍短，具有强大而光滑的硬刺。侧线前端略向下弯曲，后端复向上延至尾柄正中。体背部灰褐色，体侧和腹部银白色，体侧鳞片后缘具黑色素斑点；背鳍灰白色，腹鳍、臀鳍和尾鳍下叶均呈橘黄色。生殖期间雄鱼的头部和胸鳍条上出现追星，生殖期过后消失。

生活习性：喜欢栖息在水草繁茂的湖泊中，也有的生活在江河的缓流里。凶猛肉食性鱼类，幼鱼主要摄取枝角类、桡足类和水生昆虫，成鱼一般以小鱼为食，亦食少数的虾、昆虫和浮游动物。冬季主要在深水处越冬。性成熟为 2 龄，产卵期在 5～7 月，产卵场一般在水草丛生的地方，卵产出后黏附于水草上。主要分布于长江中下游湖泊、河流。

经济价值：红鳍原鲌是一种体形较小的经济鱼类，数量多，分布广。肉白细嫩，味美，在市场上很受消费者欢迎。全鱼可作药用。性味甘、温、利水，有消水肿之功效。

采集地：沅水、澧水、资江。

伍氏华鳊 *Sinibrama wui*（彩图 5-17）

地方名：大眼鳊。

分类地位：鲤形目鲤科鲌亚科华鳊属。

形态特征：体高，侧扁，头后背部隆起，腹部明显下凸，从腹鳍至肛门有腹棱。头小而尖，吻短，口端位，半圆形，口角止于鼻孔的下方，眼大。背鳍具 1 根粗短的光滑硬刺，最长鳍条短于头长。背鳍条通常是 18～22，臀鳍基较长。侧线前部略向下弯。体背部青灰色，腹部银白色，沿体侧中线有一条黑色宽纵带纹；背鳍、尾鳍青灰色，其他各鳍浅色。

生活习性：伍氏华鳊主要栖息于江河的缓流处和湖泊中，通常集群生活，以高等植物的茎叶碎片和种子及水生昆虫为食。体长通常为 10～16cm，当雌雄个体体长达 10cm 以上就可成熟产卵。分布于长江中上游、钱塘江、灵江、瓯江、闽江等水系。

经济价值：小型鱼类，肉质鲜嫩，有一定的经济价值。

采集地：沅水、澧水。

鳊 *Parabramis pekinensis*（彩图 5-18）

地方名：鳊鱼、长春鳊、草鳊、油鳊、长身鳊、线鳊。

分类地位：鲤形目鲤科鲌亚科鳊属。

形态特征：体高而侧扁，中部较高，略呈菱形。自胸基部下方至肛门有一明显的皮质腹棱。口端位，口裂斜，上颌比下颌稍长。无须。眼侧位、中大，眼后缘至吻端的距离小于眼后头长。眼间宽，圆凸，眼间距大于眼径。鳃耙短细。下咽齿细长。侧线完全，侧线位于体中侧。胸鳍不达腹鳍；腹鳍不达肛门；臀鳍基部长，具 27～32 枚分枝鳍条；尾柄短而高；尾鳍深叉。背鳍末根不分枝鳍条为硬刺，刺长一般大于头长，第一分枝鳍条一般长于头长。鳔 3 室，中室最大，呈圆筒状。腹腔膜灰黑色或银白色。整个身体呈银白色，体背及头部背面青灰色，带有浅绿色光泽，体侧银灰色，腹部银白色，各鳍边缘灰色。

生活习性：一般栖息于淡水中下层，在静水或流水中都能生长。幼鱼多栖居在水较浅的湖汊或水流缓慢的河湾内。草食性，幼鱼主要摄食藻类、浮游动物、水生昆虫的幼虫及少量的水生植物碎片；成鱼一般在冬季和春初摄食藻类和浮游动物。一般在 2 龄性成熟，少数是 3 龄。生殖季节到流水场所产卵，卵飘浮性，具分批产卵的特点。冬季集群在江河、湖泊的深水处越冬。分布于我国各地江河、湖泊。

经济价值：鳊肉质嫩滑，味道鲜美，是天然水体中重要经济鱼类，也是我国主要淡水养殖鱼类之一。

采集地：沅水、澧水、资江。

团头鲂 *Megalobrama amblycephala*（彩图 5-19）

地方名：武昌鱼、团头鳊。

分类地位：鲤形目鲤科鲌亚科鲂属。

形态特征：体侧扁而高，呈菱形，背部较厚。腹部在腹鳍起点至肛门具腹棱，尾柄宽短。头小，口端位，口裂较宽，呈弧形；上下颌具狭而薄的角质，上颌角质呈新月形。下咽齿 3 行，呈小钩状。鳔 3 室，中室最大，呈圆锥形。眼中大，眼间宽，圆凸。上眶骨大，略呈三角形。鳞中大，背、腹部鳞较体侧为小，侧线完全。体呈青灰色，鳍呈灰黑色。

生活习性：静水性生活鱼类，平时栖息于底质为淤泥、生长有沉水植物的敞水区的中下层水中。草食性，鱼种及成鱼以苦草、轮叶黑藻、眼子菜等沉水植物为食。一般 2～3 龄达性成熟，产卵期为 5～6 月，成鱼集群于流水场所进行繁殖。

冬季则在深水处的泥坑里越冬。主要分布于长江中下游的中型湖泊。

经济价值：生长快、抗病力强、易饲养、肉质鲜美，我国优良的主要淡水养殖鱼类之一，具有较大的经济价值。

采集地：沅水、澧水、资江。

翘嘴鲌 *Culter alburnus*（彩图 5-20）

地方名：条鱼、鲌鱼、翘壳、白丝、大白鱼、翘嘴。

分类地位：鲤形目鲤科鲌亚科鲌属。

形态特征：体长形，侧扁。腹部在腹鳍基至肛门具腹棱，尾柄较长。头背面平直，头后背部隆起。口上位，口裂几与体轴垂直，下颌厚而上翘，突出于上颌之前。眼中大，位于头侧。下咽齿末端呈钩状。鳃耙 23～30 个。侧线完全，侧线鳞 80 片以上。背鳍末根不分枝鳍条为光滑的硬刺，刺强大。胸鳍末端几达腹鳍基部。臀鳍分枝鳍条 21～25 根。尾鳍分叉，下叶稍长于上叶。体背及体侧上部略呈青灰色，腹侧银色。背鳍、尾鳍灰黑色，胸鳍、腹鳍、臀鳍灰白色。

生活习性：大多生活在流水及大水体的中上层，游泳迅速，善跳跃。以小鱼为食，是一种凶猛性鱼类。翘嘴鲌是广温性鱼类，生存水温 0～38℃，摄食水温 3～36℃，最适水温 15～32℃。在 2～3 龄性成熟，雄鱼 2 龄即达性成熟，雌鱼 3 龄达性成熟，亲鱼于 6～8 月在水流缓慢的河湾或湖泊浅水区集群进行繁殖活动。幼鱼喜栖息于湖泊近岸水域和江河水流较缓的沿岸，以及支流、河道与港湾里。冬季，大小鱼群皆在河床或湖槽中越冬。广泛分布于长江流域各水系及附属湖泊。

经济价值：分布广，生长快，个体大，最大个体可达 10kg，江河、湖泊中天然产量不少，被列为我国淡水四大名鱼之一。肉白而细嫩，味美而不腥，一贯被视为上等经济鱼类。

采集地：沅水、澧水、资江。

达氏鲌 *Culter dabryi dabryi*（彩图 5-21）

地方名：青梢子、昂头鲌鱼。

分类地位：鲤形目鲤科鲌亚科鲌属。

形态特征：体长形，侧扁。头后背部稍隆起。腹部在腹鳍基部处稍内凹，自腹鳍基部后方到肛门前有腹棱。头部较小，背面较平。吻较短小。口亚上位，口裂倾斜。上颌较短，下颌稍突出。唇薄。眼小，位于头侧中部偏上方。鼻孔在眼前缘上方，离眼较近。鳃耙细长，较硬。下咽齿较长，呈柱状，末端尖，略呈钩状。鳔 3 室，呈长圆锥形。背鳍长，末根不分枝鳍条为光滑硬刺。胸鳍较长，后伸达或超过腹鳍基部。腹鳍位于背鳍前下方，后伸达肛门。臀鳍较短，基部长，外缘微凹。尾鳍分叉深，上下叶等长，末端尖。尾柄较短。肛门位于臀鳍起点前方。鳞稍小，腹鳍基部具腋鳞。侧线完全。身体背部呈青灰色，体侧灰白色，腹部银白色，各鳍为青灰色。

生活习性：一般生活在水的中上层。肉食性鱼类，幼鱼以浮游动物为食，成长的个体以小鱼、虾为食。一般全天都会摄食，通常采取"伏击"方式捕食，以晨昏或天色较暗时较活跃，如树荫、倒木、水生植物覆盖等阴暗处，是它们的捕食处。生长速度较慢，性成熟年龄为 2 龄，生殖季节在 5～6 月。受精卵具黏性，常黏附在水草上发育孵化。广泛分布于长江流域各水系及附属湖泊。

经济价值：常见的经济食用鱼类。

采集地：沅水、澧水、资江。

蒙古鲌 *Culter mongolicus mongolicus*（彩图 5-22）

地方名：红梢子、尖头红梢子。

分类地位：鲤形目鲤科鲌亚科鲌属。

形态特征：体长形，侧扁，头部背面平坦，头后背部微隆起。腹棱存在于腹鳍基至肛门，尾柄较长。口端位，斜裂，下颌略长于上颌。眼较小。咽齿稍细，顶端呈钩状。鳃耙细长，较硬，排列较稀疏。背、腹部鳞较体侧为小，侧线完全。侧线鳞 74～79。背鳍具光滑的硬刺。臀鳍分枝鳍条 19～21。胸鳍短。腹鳍不达肛门。尾鳍深分叉。身体上半部浅棕色，下半部银白色，杂有虹彩光泽。背鳍浅灰色，胸鳍、腹鳍淡黄色，尾鳍上叶淡黄色，下叶鲜红色。

生活习性：一般生活在水流缓慢的河湾或湖泊的中上层。捕食小鱼的凶猛性鱼类。200mm 以下的个体主要以枝角类和桡足类及昆虫幼虫为食，也吃鱼、虾等。较大的个体则以吃小鱼、虾、水生昆虫为主，同时吃一些甲壳类和植物。活动较分散，繁殖季节常集群产卵。繁殖期在 5～7 月，在有流水的环境中产卵，卵具黏性，白色，黏附在水草上发育孵化。广泛分布于长江流域各水系及附属湖泊。

经济价值：重要的经济鱼类。生长速度稍慢，肉质鲜嫩而不腥，蛋白质含量较高。肉味性甘、温，有利水、消水肿之功效，具有较高的经济价值。

采集地：沅水、澧水、资江。

拟尖头鲌 *Culter oxycephaloides*（彩图 5-23）

地方名：鸭嘴红梢、尖头红梢。

分类地位：鲤形目鲤科鲌亚科鲌属。

形态特征：体长而侧扁。头小而尖，头背面扁平，形似等边三角形。头后背部显著隆起。口半上位，口裂向上倾斜，下颌较上颌为长，后端不达眼前缘垂直线的下方。无须，眼较大，鳞细小，从腹鳍至肛门有腹棱，肛门紧接臀鳍起点。背鳍位于最高处，具 3 根硬刺；臀鳍长；腹鳍不达肛门；尾鳍深叉。鳔 3 室，中室最大，呈圆筒状。腹腔膜银白色，杂有金黄色光泽。体背部灰色，体侧和腹部银白色，背鳍、胸鳍、腹鳍及臀鳍均为灰白色，尾鳍为橘红色，镶以黑色边缘。

生活习性： 栖居于流水或较深的静水水体的中上层，以小鱼和虾为主食，亦吃水生昆虫。体长 60cm，体重 2kg 的 5 冬龄鱼开始达初次性成熟，生殖季节为 5～6 月。分布于长江上、中游支流及其附属水体。

经济价值： 中型经济鱼类，分布广，生长快，最大个体可重达 3kg 以上，肉嫩味美。

采集地： 沅水、澧水、资江。

似鲚 *Toxabramis swinhonis*（彩图 5-24）

地方名： 薄鳘、风鳘。

分类地位： 鲤形目鲤科鲌亚科似鲚属。

形态特征： 体十分侧扁，背部略平直。头短而侧扁，头长显著小于体高。吻尖，吻长小于眼径。口小，端位，上下颌约等长。眼间隔隆起，眼间距略大于眼径。鳞薄，中等大；侧线鳞 54～66，围尾柄鳞 20～22。侧线完全，侧线自胸鳍后上方急剧下折，与腹缘平行，于体之下半部，至臀鳍基部后端上折，伸至尾柄中轴。背鳍末根不分枝鳍条为硬刺，后缘具明显的锯齿，刺长短于头长。腹鳍具 7 根分枝鳍条。腹缘呈弧形。腹棱完全，自颊部直达肛门。胸鳍不达腹鳍；腹鳍不达肛门；尾鳍深叉，下叶稍长于上叶。体背部灰褐色，侧面和腹面白色。尾鳍灰黑色。

生活习性： 栖息于水体的中上层。生长缓慢，个体小，主要食物为枝角类、水生昆虫等。1 冬龄可达性成熟。每年 6～7 月产卵繁殖，产漂浮性卵。分布于长江、黄河及其支流水系。

经济价值： 小型鱼类，产量较低，在渔业上的经济价值很小。

采集地： 沅水。

3）鲴亚科 Xenocyprinae

细鳞鲴 *Xenocypris microlepis*（彩图 5-25）

地方名： 沙姑子、黄片、黄板刁。

分类地位： 鲤形目鲤科鲴亚科鲴属。

形态特征： 体长而侧扁。头小，呈锥状。吻端圆钝，眼较小，位于头侧稍上方。口小，下位，口裂呈弧形。无须。下颌具发达的角质边缘。鳃耙较薄，呈三角形。鳃丝长为鳃耙长度的 3.0 倍左右。腹部从腹鳍基至肛门有腹棱。鳞小，侧线完全，在腹鳍上方向下弯曲呈微弧形。侧线鳞 74～84。背鳍外缘稍内凹。胸鳍较长，后伸可超过胸鳍至腹鳍起点距离的一半。腹鳍起点约与背鳍起点相对。臀鳍短小，外缘内凹。尾鳍深分叉，上下叶约相等。肛门紧靠臀鳍起点。尾柄较短，稍高。体背灰黑色，体侧和腹部银白色。胸鳍、腹鳍、臀鳍浅黄色或灰白色，尾鳍橘黄色，后缘灰黑色。

生活习性： 细鳞鲴在江河、湖泊和水库等不同环境均能生活。在鲴类中个体最大，体重可达 6 斤[①]。一般栖息于水体的中下层。以水生高等植物枝叶、硅藻和丝状藻为主食，其次为水生昆虫、浮游动物和其他水中腐殖质。2 龄鱼可达性成熟，繁殖力强，4～6 月产卵，集群溯河至水流湍急的砾石滩产卵。分布于黑龙江、长江、珠江等水系及东南沿海各溪流。

经济价值： 经济鱼类，水产养殖对象。

采集地： 沅水、澧水、资江。

黄尾鲴 *Xenocypris davidi*（彩图 5-26）

地方名： 黄尾、黄片、黄鱼、黄姑子。

分类地位： 鲤形目鲤科鲴亚科鲴属。

形态特征： 体长而侧扁。最大长 400mm，一般 2 龄鱼约 200mm。头小。吻钝。口下位，略呈弧形。下颌前缘有薄的角质层。眼较大，侧上位。鳃耙短，呈三角形，排列紧密。下咽骨近弧形，较窄。鳞中大，侧线完全，在胸鳍上方略下弯，向后伸入尾柄中央。侧线鳞 63～68。背鳍起点约与腹鳍起点相对或稍前，至吻端的距离小于至尾鳍基的距离。胸鳍末端尖，后伸不达腹鳍起点。腹鳍末端不达肛门，其基部有 1～2 片长形腋鳞。腹部无腹棱或在肛门前有短的腹棱。臀鳍末端不达尾鳍基部。尾鳍叉形。背侧灰色，腹部白色，鳃盖后缘有一条浅黄色的斑块，新鲜时尾鳍黄色。

生活习性： 黄尾鲴的一些主要生活习性与细鳞鲴相同，这两种鱼往往同时出现于一批渔获物中。生活在江河、湖泊的底层。最适生长水温 22～24℃。黄尾鲴仔幼鱼阶段的食性随着鳃耙和肠管形态的变化而变化。黄尾鲴成鱼的主要食物为大量的腐屑和极少数的着生硅藻、颤藻。2 龄性成熟，4～6 月亲鱼群集溯游到浅滩处产卵，卵黏性。广泛分布于珠江、海南岛、长江、黄河及东南沿海淡水水系及支流。

经济价值： 经济鱼类，水产养殖对象。它能起到"清扫"鱼池中食饵残渣的作用。

采集地： 沅水、澧水。

---

① 1 斤= 0.5kg

银鲴 *Xenocypris argentea*（彩图 5-27）

地方名：刁子、密鲴、银鲹。

分类地位：鲤形目鲤科鲴亚科鲴属。

形态特征：银鲴体长而侧扁。头小呈锤形。口小、下位，呈一横裂。上下颌具有发达的角质边缘。无须。眼较大，眼间距略大于吻长，而小于眼后头长。鼻孔位于吻背侧。鳃耙短，呈扁平的三角形，排列紧密。下咽骨近弧形，较窄。咽喉齿 3 行。鳞中大。侧线完全，自胸鳍上方略下弯，向后伸入尾柄中央。背鳍起点约与腹鳍起点相对或稍前。臀鳍末端不达尾鳍基部。胸鳍尖形，末端不达腹鳍起点。腹鳍基部有 1～2 片长形腋鳞。肛门紧靠臀鳍起点。腹部无腹棱或在肛门前有很短的腹棱。臀鳍末端不达尾鳍基部。尾鳍分叉较深。鳃盖有明显的橘黄色斑块，体背部为灰黑色，腹部及体下侧为银白色，胸鳍、腹鳍、臀鳍基部呈浅黄色，背鳍灰色，尾鳍灰黑色。

生活习性：银鲴适应性强，属广温性鱼类。在天然水域中，1～2 龄鱼平均体长 13.3～15.7cm，平均体重 43.8～69.0g；3～4 龄鱼平均体长 18.1～19.4cm，平均体重 103.3～129.6g。银鲴的最大体重可达 270g。通常栖息于水体的中下层，以其发达的下颌角质化边缘在池底或底泥中刮取食物；杂食性，在自然条件下银鲴以腐屑底泥为主食，同时也摄食硅藻和固着藻类。2 冬龄达性成熟，属一年一次产卵鱼类；4～6 月在流水中产卵，卵漂流性。天然产量大，尤以江河中上游的数量更多。广泛分布于全国各主要水系。

经济价值：银鲴属小型经济鱼类，能够净化水质，加速水中物质循环，促进主养鱼增产，在渔业上有一定的价值。

采集地：沅水、澧水、资江。

似鳊 *Pseudobrama simoni*（彩图 5-28）

地方名：鳊鲴刁、逆鱼、刺鳊。

分类地位：鲤形目鲤科鲴亚科似鳊属。

形态特征：体长而侧扁。头短。吻钝。口下位，横裂。唇较薄。下颌角质边缘不甚发达。无须。眼径和吻长约相等。下咽骨弧形，咽齿侧扁，顶端钩形。鳃耙纤细，排列非常紧密。鳔 2 室，后室长为前室长的 2 倍以上，末端尖。鳞中大。侧线完全，前段微向下弯，向后伸入尾柄正中。背鳍末根不分枝鳍条为光滑的硬刺。臀鳍末端不达尾鳍基部。腹鳍起点在背鳍起点之前，其基部有 1 片狭长的腋鳞。肛门紧靠臀鳍起点。肛门至腹鳍基部有完全的腹棱。尾鳍叉形。体背部和体上侧为青灰色，体下侧和腹部为银白色。背鳍、尾鳍浅灰色，腹鳍、胸鳍基部浅黄色，臀鳍灰白色。

生活习性： 似鳊喜集群逆水而游，故有"逆鱼"之称。平时多生活在江河的下游及湖泊中，栖息于水的中下层，以着生藻类为食，亦食高等植物的碎片，偶尔吃一些枝角类、桡足类及甲壳动物。生殖季节喜逆水而上，进入具有一定流水环境的江河中繁殖。性成熟很早，一般 2 冬龄个体的雌鱼体长达 11cm 即开始成熟，6～7 月产卵。分布于长江、黄河及海河等水系的干支流及附属湖泊。

经济价值： 江湖中常见的小型鱼类，有一定的经济价值。

采集地： 沅水、澧水、资江。

4）鲢亚科 Hypophthalmichthyinae

鳙 *Aristichthys nobilis*（彩图 5-29）

地方名： 黑鲢、花鲢、胖头鱼。

分类地位： 鲤形目鲤科鲢亚科鳙属。

形态特征： 体侧扁，较高。头极肥大，前部宽阔，头长大于体高。眼小，位置偏低。上唇中间部分厚。无须。下咽齿勺形，齿面平滑。鳃耙细密呈叶状，但不连合。鳞小，腹面仅腹鳍基至肛门具皮质腹棱。背鳍基部短，其第 1～3 根分枝鳍条较长。胸鳍长，末端远超过腹鳍基部。背部及体侧上半部微黑，有许多不规则的黑色斑点。腹部灰白色。各鳍呈灰色，上有许多黑色小斑点。

生活习性： 鳙为江湖洄游性鱼类。喜生活于静水的中上层，动作较迟缓，不喜跳跃。滤食性鱼类，以浮游动物为主食，亦食一些藻类。幼鱼一般到沿江的湖泊和附属水体中育肥，到性成熟时期至江中繁殖，以后又回到湖泊食物丰富的地方。性成熟年龄为 4～5 龄，亲鱼于 5～7 月在江河水温为 20～27℃时，于急流有泡漩水的江段繁殖。鳙在我国各大水系均有分布。

经济价值： 我国淡水养殖业中的"四大家鱼"之一，为我国重要经济鱼类。

采集地： 沅水、澧水、资江。

鲢 *Hypophthalmichthys molitrix*（彩图 5-30）

地方名： 鲢子、白鲢、边鱼。

分类地位： 鲤形目鲤科鲢亚科鲢属。

形态特征： 体侧扁，头较大，但远不及鳙。口阔，端位，下颌稍向上斜。口咽腔上部有螺形的鳃上器官。眼小，位置偏低，无须。鳃耙特化，彼此连合成多孔的膜质片。下咽齿勺形，平扁，齿面有羽纹状。鳞小，侧线完全。自喉部至肛门有发达的皮质腹棱。背鳍基部短，其第 3 根分枝鳍条为软条。胸鳍较长，但不伸达或伸达腹鳍基部。臀鳍起点在背鳍基部后下方，距腹鳍较距尾鳍基为近。尾鳍深分叉，两叶末端尖。体银白色，各鳍灰白色。

生活习性：鲢为江湖洄游性鱼类。性情活泼，喜欢跳跃，有逆流而上的习性。食欲与水温成正比。鲢喜高温，最适宜的水温为 23～32℃。喜肥水，属于典型的滤食性鱼类，终生以浮游生物为食，个体相仿者常常聚集群游至水域的中上层。生长快，从 2 龄到 3 龄，体重可由 1kg 增至 4kg，最大个体可达 40kg。一般 3kg 以上的雌鱼便可达到性成熟，5kg 左右的雌鱼相对怀卵量为 4 万～5 万粒/kg 体重，每年 4～5 月产卵，绝对怀卵量为 20 万～25 万粒。卵漂浮性。分布范围较广泛，我国各地区水域均有分布。

经济价值：我国的"四大家鱼"之一，主要的淡水鱼类养殖对象。

采集地：沅水、澧水、资江。

5）鮈亚科 Gobioninae

花䱻 _Hemibarbus maculatus_（彩图 5-31）

地方名：麻鲤、大鼓眼。

分类地位：鲤形目鲤科鮈亚科䱻属。

形态特征：体长，较高，背部自头后至背鳍前方显著隆起，以背鳍起点处为最高，腹部圆。头中等大，头长小于体高。吻稍突，前端略平扁。口略小，下位，稍近半圆形。唇薄，下唇侧叶极狭窄，中叶为一宽三角形明显突起。唇后沟中断，间距较唇䱻为宽。须 1 对，位口角，较短。眼较大，眼间宽，稍隆起。前眶骨、下眶骨及前鳃盖骨边缘具 1 排黏液腔。下咽骨较粗壮，外侧 2 行甚纤细。鳔大，分两室。鳞较小，侧线完全。背鳍长，末根不分枝鳍条为光滑的硬刺，长且粗壮。胸鳍后端略钝，后伸不达腹鳍起点。腹鳍短小，末端后伸远不及肛门及臀鳍起点。肛门紧靠臀鳍起点。臀鳍较短，起点距尾鳍基较至腹鳍起点为近，其末端不达尾鳍基。尾鳍分叉，上下叶等长，末端钝圆。腹膜银灰色。

生活习性：花䱻为江湖常见鱼类，生长较慢。主食水生昆虫的幼虫，如摇蚊类、蜉蝣类、毛翅类幼虫，也食少量螺、蚬、淡水壳菜、水蚯蚓及小鱼。性成熟的最小年龄为 2 龄，产卵期为 4～5 月，受精卵具黏性。分布于长江以南至黑龙江各水系。

经济价值：生长较慢，最大个体可达 0.5kg。在天然水体中虽多有分布，但个体不大，数量也不算多，为一般的食用鱼类。

采集地：沅水、澧水、资江。

唇䱻 _Hemibarbus labeo_（彩图 5-32）

地方名：钩仔鱼、黄头竹、重唇鱼、土凤鱼。

分类地位：鲤形目鲤科鮈亚科䱻属。

形态特征：体长，略侧扁，胸腹部稍圆。头大，头长大于体高。吻长，稍尖而突出。口大，下位，呈马蹄形。唇厚，肉质，下唇发达，两侧叶特别宽厚。唇后沟中断，间距甚窄。须1对，位口角，后伸可达眼前缘的下方。眼大，眼间微隆起。前眶骨、下眶骨及前鳃盖骨边缘具1排黏液腔。下咽骨宽，较粗壮，下咽齿主行略粗长，顶端钩曲，外侧2行纤细，短小。鳃耙发达，较长。鳔大，分两室。鳞较小，侧线完全。背鳍末根不分枝鳍条为粗壮的硬刺，后缘光滑，较头长为短。胸鳍后端略尖，后伸不达腹鳍起点。腹鳍较短小。肛门紧靠臀鳍起点。臀鳍较长，起点距尾鳍基与至腹鳍起点的距离相等。尾鳍分叉，上下叶等长。体背青灰色，腹部白色。成鱼体侧无斑点，小个体具不明显的黑斑。背、尾鳍灰黑色，其他各鳍灰白色。

生活习性：常栖息于水流略急而水面宽广的深水潭区的中下水层。主要摄食水生昆虫和软体动物。产卵期为4～5月，在流水中进行。我国台湾各水系和闽江、钱塘江、长江、黄河至黑龙江水系均匀分布。

经济价值：溪流中较大的鱼类，其肉质鲜美，深受广大消费者青睐，属上等经济鱼类。

采集地：澧水。

华鳈 *Sarcocheilichthys sinensis sinensis*（彩图5-33）

地方名：花石鲫、黄棕鱼、山鲤子。

分类地位：鲤形目鲤科鮈亚科鳈属。

形态特征：体长，侧扁，头后背部隆起，腹部圆。头短小。吻稍突出，前端圆钝。口小，略呈马蹄形。唇稍厚。口角须1对，较短。鳃耙短小，排列稀疏。下咽齿稍侧扁。鳞片中等大，胸、腹部均有鳞片。侧线完全，平直。背鳍外缘稍平截，其起点至吻端较至尾鳍基的距离为近。胸鳍较短，末端略圆，后伸不达腹鳍起点。腹鳍起点在背鳍起点之后，末端可伸达肛门。臀鳍较短，不达尾鳍基部。尾柄较短而高。尾鳍较宽，分叉浅，上下叶等长。末端圆钝。肛门距臀鳍起点比至腹鳍起点为近。身体灰黑带棕色，背部色深，体侧较浅，腹部灰白色，体侧有4块宽阔的垂直黑色斑纹，各鳍均呈灰黑色，其边缘均为黄白色。

生活习性：华鳈为小型鱼类，个体小，生长缓慢。多栖息在山溪支流河段，喜流水生活。一般生活在水流缓慢的中下层水体，用下颌刮食附着在砾石上的底栖无脊椎动物、甲壳类、着生藻类及植物碎屑。1龄鱼可达性成熟，产卵期在3～5月，卵黏性。生殖时期体色及各鳍变成浓黑色，雄鱼吻部具有白色追星，颗粒较大，雌鱼无追星，无明显变化，仅产卵管稍延长。分布极广，除西北高原的部分地区外，几乎遍布中国各主要水系，在平原地区的江河、湖泊均有分布。

经济价值：华鳈数量较多，有一定的经济价值。

采集地：沅水、澧水、资江。

江西鳈 *Sarcocheilichthys kiangsiensis*（彩图 5-34）

地方名：桃花鱼、五色鱼、芝麻鱼。

分类地位：鲤形目鲤科鉤亚科鳈属。

形态特征：体较长，稍侧扁，头后背部隆起呈弧形，腹部圆，尾柄较长。头中等大。吻稍长，略突出。口较小，下位，略近马蹄形。唇厚。下颌前缘具较发达的角质边缘。须 1 对，极为短小。眼较小，位于头侧，略高。下咽齿细长，末端钩曲。鳃耙短小，不发达。肠管短，其长为体长的 0.7～0.8 倍。体被圆鳞。胸腹部具鳞，胸部鳞片变小。侧线平直，完全。背鳍无硬刺。胸鳍末端圆钝，不达腹鳍。腹鳍稍长，亦略圆。臀鳍后缘略凹，起点距腹鳍起点小于至尾鳍基部的距离。尾鳍分叉，上下叶等长，末端略圆。体灰色，背部灰黑色，腹部白色，体侧具多数不规则的黑斑。鳃盖后缘及颊部均呈橘黄色，鳃孔后方有一深黑色的垂直斑条。背鳍和尾鳍为灰黑色，其他各鳍灰白色。生殖期间雄鱼体色较鲜艳，黑色变深，雌鱼产卵管稍延长。

生活习性：江西鳈通常栖息在水的最底层，个体不大，一般常见体长为 80～150mm，具有切割型年轮，属等速生长鱼类。杂食性，主要食物为硅藻类、水生昆虫等。生殖季节雄鱼体色鲜艳，头部出现追星，雌鱼延伸出产卵管。分布于珠江水系的西江和北江，长江中下游干、支流及富春江水系。

经济价值：小型鱼类，无直接经济价值。

采集地：沅水、澧水。

黑鳍鳈 *Sarcocheilichthys nigripinnis*（彩图 5-35）

地方名：花腰、花玉穗、芝麻鱼。

分类地位：鲤形目鲤科鉤亚科鳈属。

形态特征：体长，略侧扁，尾柄稍短，腹部圆。头较小，头长略小于体高。吻略短，圆钝，稍突出。口小，下位，呈弧形。唇较薄。须退化。眼小，眼后头长远大于吻长。眼间较宽，稍隆起。体被圆鳞。侧线完全，平直。背鳍短，无硬刺，其起点距吻端远小于至尾鳍基的距离。胸鳍较短小，后缘圆钝，不达腹鳍起点。腹鳍末端可达肛门，其起点位于背鳍起点之稍后方。肛门位置约在腹鳍基与臀鳍起点间的中点。臀鳍短，起点距腹鳍基较至尾鳍基部为近。尾鳍分叉，上下叶等长，末端稍呈圆钝形。吻部具有多数白色追星。体背及体侧灰暗，间杂有黑色和棕黄色的斑纹，腹部白色。鳃盖后缘、颊部、胸部均呈橘黄色。生殖期间雄鱼体侧斑纹黑色更明显，一般呈浓黑色，颊部、颌部及胸鳍基部为橙红色，尾鳍呈黄色。

生活习性： 黑鳍鳈为江河、湖泊中常见的小型鱼类。栖息于水质澄清的流水或静水中。体质健壮，性情温和，喜群游。喜食底栖无脊椎动物和水生昆虫，亦食少量甲壳类、贝壳类、藻类及植物碎屑。1 龄鱼即可达性成熟，产卵期 3～5 月，分批产卵。海南、台湾及闽江、珠江、钱塘江、长江、黄河诸水系均有分布。

经济价值： 小型鱼类，无直接经济价值。

采集地： 沅水、澧水、资江。

麦穗鱼 *Pseudorasbora parva*（彩图 5-36）

地方名： 麻嫩子、青皮嫩。

分类地位： 鲤形目鲤科鮈亚科麦穗鱼属。

形态特征： 体长，侧扁，尾柄较宽，腹部圆。头稍短小，前端尖。吻短，尖而突出。口小，上位，下颌较上颌为长。唇薄，简单。唇后沟中断。无须。眼较大，眼间宽且平坦。下咽齿纤细，末端钩曲。鳃耙近乎退化，排列稀疏。鳔大，2室。肠管短，不及体长。鳞较大。侧线完全，部分个体侧线不明显。背鳍不分枝鳍条柔软，外缘圆弧形，其起点距吻端与至尾鳍基的距离相等或略近前者。胸、腹鳍短小。背、腹鳍起点相对或背鳍略前。肛门紧靠臀鳍起点。臀鳍短，无硬刺，外缘呈弧形，其起点距腹鳍基较至尾鳍基部为近。尾鳍宽阔，分叉浅，上下叶等长。体背部及体侧上半部银灰微带黑色，腹部白色。体侧鳞片后缘具新月形黑纹。各鳍鳍膜灰黑色。

生活习性： 麦穗鱼常见于江河、湖泊、池塘等水体，分布极广，几乎所有淡水水域都有它的踪迹。静水水域和水的透明度不高或水草较多的浅水区麦穗鱼较多，而水流较急又深的水域少有麦穗鱼。杂食性，主食浮游动物。产卵期 4～6月。卵椭圆形，具黏性。成串地黏附于石片、蚌壳等物体上，孵化期雄鱼有守护的习性。

经济价值： 小型经济鱼类。

采集地： 沅水、澧水、资江。

棒花鱼 *Abbottina rivularis*（彩图 5-37）

地方名： 爬虎鱼、沙锤、麻嫩子。

分类地位： 鲤形目鲤科鮈亚科棒花鱼属。

形态特征： 体稍长，粗壮，背部隆起，腹部平直。头大，头长大于体高。吻长。鼻孔前方下陷。口下位，近马蹄形。唇厚，发达，其上不具显著乳突。上下颌无角质边缘。须 1 对，较粗，须长与眼径相等。眼较小，眼间宽。下咽齿上部侧扁，末端稍钩曲。鳃耙不发达，仅有少数瘤状突起。鳔大，2 室。体被圆鳞，胸部前方裸露无鳞。侧线平直，完全。背鳍发达，呈弧形。胸鳍后缘呈圆形，末端远不达腹鳍起点。腹鳍后缘稍圆，起点约与背鳍第三、四根分枝鳍条相对。肛门较近腹鳍基。臀鳍较短，起点距尾鳍基部较至腹鳍基为近。尾鳍分叉较浅，上叶略长于下叶，末端圆。雄性个体体色鲜艳，雌性个体体色较深暗。雄性背部、体侧上半部棕黄色，腹部银白色。头部略呈乌黑色，后部紫红色，头侧自吻端至眼前缘有 1 黑色条纹。各鳍为浅黄色，背、尾鳍上有多数黑点组成的条纹，通常背鳍外缘呈黑色，胸鳍上亦有少数小黑点，基部金黄色。

生活习性：生活在静水或流水的底层。主食无脊椎动物。体长可达 11cm。1龄鱼性成熟，4~5 月繁殖，在沙底掘坑为巢，产卵其中，雄鱼有筑巢和护巢的习性。分布于全国各主要水系及湖泊、沟塘。

经济价值：小型鱼类，但营养价值较高，具有较好的食用价值。

采集地：沅水、澧水、资江。

洞庭小鳔鮈 *Microphysogobio tungtingensis*（彩图 5-38）

分类地位：鲤形目鲤科鮈亚科小鳔鮈属。

形态特征：体细长，略近圆筒形。胸腹部稍圆，尾柄侧扁。头较短，头长大于体高。吻稍钝，鼻孔前方无明显凹陷，吻长稍大于眼后头长。口下位，深弧形。唇稍发达，上唇中央部分乳突近圆形；下唇 3 叶，中央为 1 对长圆形的肉质突。上下颌边缘具角质。须 1 对。眼较大，眼间平，间距小于眼径。下咽齿纤细，末端尖，钩曲。鳃耙退化呈瘤状突起。肠管稍短。鳔小，2 室。体被圆鳞，胸鳍基部之前裸露。侧线完全，平直。背鳍稍短，无硬刺，其起点距吻端与自背鳍基部后端至尾鳍基部相等。胸鳍较长，末端尖。腹鳍末端稍尖，起点约与背鳍第三、四根分枝鳍条相对。肛门较近腹鳍基。臀鳍较短。尾鳍分叉，上下叶等长，末端尖。体浅灰黑色，横跨背部正中有 5 块较大黑斑，背鳍基后的斑块较明显。体背、体侧上部鳞片上有小黑点，腹部灰白色。沿体侧中轴有 7~9 个黑斑块。背、尾鳍上有许多黑点组成的条纹，其他鳍灰白色。

生活习性：生活习性与棒花鱼相似。分布于洞庭湖和沅水、澧水水系。

经济价值：中国特有物种，有一定的食用价值。

采集地：沅水、澧水。

铜鱼 *Coreius heterodon*（彩图 5-39）

地方名：金鳅、尖头、铜钱鱼。

分类地位：鲤形目鲤科鮈亚科铜鱼属。

形态特征：体细长，前端圆棒状，后端稍侧扁，尾柄高。头小，锥形。吻尖。口下位，狭小，呈马蹄形。唇厚，光滑，下唇两侧向前伸，唇后沟中断，间距较狭。口角须 1 对，粗长，向后伸抵达前鳃盖骨的后缘。下咽齿末端稍呈钩状。胸鳍、腹鳍基部区集积多数小而排列不规则的鳞片，背鳍、臀鳍基部两侧具有鳞鞘。侧线完全。背鳍短小，无硬刺。胸鳍后伸不达腹鳍起点。体黄色，背部稍深，近古铜色，腹部白色略带黄。各鳍浅灰色，边缘浅黄色。

生活习性：铜鱼为江湖洄游性鱼类。栖息于江河流水环境的下层，习惯于集群游弋。冬季至深水河槽或深潭的岩石间隙越冬。杂食性鱼类，摄食强度大，肠管常充满食物，其食物组成主要为淡水壳菜、蚬、螺蛳及软体动物等，其次是高等植物碎片和某些硅藻。其鱼苗和幼鱼大量吞食其他鱼的鱼苗，为家鱼苗的敌害之一。生长迅速，一般个体重 0.5～1kg，最大者达 3.5～4kg。性成熟年龄为 2～3龄，生殖期为 4～6 月，多在水流湍急的江段繁殖，受精卵随江水漂流发育，绝对怀卵量为 2 万～20 万粒。分布于长江水系的干、支流和通江湖泊。

经济价值：铜鱼肉质细嫩，味肥美，体内富含脂肪，骨刺较少，为重要经济鱼类。

采集地：沅水、澧水。

蛇鮈 *Saurogobio dabryi*（彩图 5-40）

地方名：打船钉、船钉子、白杨鱼、沙锥。

分类地位：鲤形目鲤科鮈亚科蛇鮈属。

形态特征：体长，圆筒状，背部稍隆起，尾柄细长，略侧扁。吻长，吻部显著突出，鼻孔前方下陷。口下位，马蹄形。唇厚，具细密的小乳突，下唇发达，其上具有显著的细小乳突。口角须 1 对。眼大，眼间较窄，下凹。鳞较小，胸鳍基部之前裸露无鳞。侧线完全，平直。背鳍无硬刺。体背及体侧上半部黄绿色，腹部银白色。吻背部两侧各有 1 黑色条纹。体侧中轴自鳃孔上方至尾鳍基具 1 浅黑色条纹，其上布有 10～12 个深黑色长方形斑块，鳃盖后部和偶鳍为黄色，其他各鳍灰白色。

生活习性：栖息于江河、湖泊中的中下层小型鱼类，喜生活在缓水沙底处。主要摄食水生昆虫或桡足类，同时也吃少量水草或藻类。一般在夏季进入大湖肥育，雌鱼一般体长 10cm 即达性成熟，生殖季节为 4～6 月，蛇鮈每年 3～4 月产卵，在河流中产漂浮性小卵，卵微黏性，卵径 1.0～1.1mm，相对密度略大于水。产卵下限温度为 12℃。从受精到孵化历时 81～82h，初孵仔鱼全长 4.5mm。孵出后第 10 天，卵黄囊消失，全长 6.4mm。分布极广，从黑龙江向南至珠江各水系均有分布。

经济价值：该鱼具有个体数量多、出肉率高等优点，为人们喜爱的食用鱼类，具有一定的经济价值。

采集地：沅水、澧水、资江。

银鮈 *Squalidus argentatus*（彩图 5-41）

地方名： 灯笼泡、油鱼仔、硬刁棒。

分类地位： 鲤形目鲤科鮈亚科银鮈属。

形态特征： 体细长，前段近圆筒状。背部在背鳍基之前稍隆起，腹部圆。头长。吻稍尖。口亚下位，微呈马蹄形。上下颌无角质边缘。唇薄，光滑，下唇较狭窄，唇后沟中断。口角须 1 对。眼大，与吻长约相等。下咽齿主行侧扁，末端钩曲。鳃耙较短。鳔大，分两室。肠管短，为体长的 0.8～0.95 倍，少数为 1.0～1.1 倍。鳞中大，胸、腹部具鳞。侧线完全，平直。背鳍无硬刺，起点距吻端较至尾鳍基部为近，约与背鳍基部后端至尾鳍基的距离相等。胸鳍末端较尖，后伸不达腹鳍起点。腹鳍短，末端靠近或达肛门。肛门靠近臀鳍。臀鳍短，其起点位于腹鳍基与尾鳍基的中点。尾鳍分叉，上下叶末端稍尖，等长。背部银灰色，体侧及腹面银白色，体侧正中轴自头后至尾鳍基部有银灰色的条纹。背、尾鳍均带灰色，其他各鳍灰白色。

生活习性： 本种为习见的小型鱼类，喜栖息于水体的中下层，栖息条件为静水或微流水环境的浅水地带。主要摄食水生昆虫，其次为藻类和水生高等植物。生殖期为 5 月。广泛分布于我国云南元江以北各水系。

经济价值： 银鮈兼具生态与观赏价值，由于近年来栖地破坏及环境污染的问题，其族群分布范围与数量减小，已逐渐成为罕见鱼种。

采集地： 沅水、澧水、资江。

吻鮈 *Rhinogobio typus*（彩图 5-42）

地方名： 麻秆、秋子、长鼻白杨鱼。

分类地位： 鲤形目鲤科鮈亚科吻鮈属。

形态特征： 体细长，圆筒状。背鳍前轮廓线略外凸，腹部稍平。头长，呈锥形，其长远超过体高。吻尖长，口前吻部长。口下位，深弧形。唇厚，光滑，上唇与吻分离；下唇限于口角处。下颌厚。口角须 1 对，与眼径相等，或略超过。鼻孔稍大，距眼前缘远较距吻端为近。眼大。鳃盖膜连于峡部，其间距较两口角间距离为小或相等。鳃耙短，锥状，排列紧密。下咽齿主行侧扁，末端呈钩状。鳔小，分两室。鳞较小，胸部鳞片特别细小。侧线完全，平直。背鳍无硬刺。胸鳍宽，后伸不达腹鳍起点，相距 3～4 个鳞片。腹鳍末端平截，不达臀鳍。肛门位于近腹鳍基部。臀鳍短。尾鳍分叉。体色深，背部蓝黑色或灰黑色，腹面白色或微带浅黄色，背、尾鳍灰黑色，其他各鳍浅灰色。

生活习性： 生长较慢，个体不大，但分布比较广泛，见于江河支流，常与相类似的鱼类生活在一起。栖息于江河浅水、底质为泥沙或砾石的河床里，湖泊中比较少见，属于底层生活的鱼类。主食底栖的无脊椎动物，如摇蚊幼虫、水生昆虫等，也食少量藻类及其他沉积的有机物质。生殖期在4月下旬或5月初，生长速度较为缓慢。2冬龄的鱼体长约为20cm，体重约150g；3冬龄鱼体长约为30cm，体重约300g；个体最大可长达44cm，体重约500g。分布在长江中上游和东南各水系。

经济价值：小型食用鱼类。

采集地：澧水。

似刺鳊鮈 *Paracanthobrama guichenoti*（彩图5-43）

地方名：金鳍鲤、罗红。

分类地位：鲤形目鲤科鮈亚科似刺鳊鮈属。

形态特征：体长，甚高，稍侧扁，腹部圆。头后背部急剧隆起，尾柄部宽，侧扁。头小，其长远小于体高。吻部短，稍尖，吻长显著小于眼后头长，常为眼后头长的1/2。口下位，深弧形。下颌具角质边缘，但不发达。口角须1对，长度与眼径相等或略小。侧线完全，平直。背鳍长，外缘深凹，末根不分枝鳍条为光滑的硬刺，粗壮且长，其长度超过头长，背鳍起点至吻端的距离较其基部后端至尾鳍基稍近或相等。胸鳍短小，其长不及头长。腹鳍稍长，后端圆钝，较胸鳍为长，起点约位于背鳍基部中点的下方，至胸鳍基较距臀鳍起点为近，末端不达肛门。肛门靠近臀鳍起点，约位于腹鳍基部至臀鳍起点间的后1/4处。臀鳍无硬刺，起点距尾鳍基部较至腹鳍基为近。尾鳍深分叉，较宽阔，上下叶等长，末端尖。体银白色，背部稍带灰色，腹部色浅，略带黄，体侧无斑。背鳍鳍间膜呈黑色，腹鳍、臀鳍及尾鳍带红色。

生活习性：生活在江湖中下层。主食软体动物和水生昆虫。5～6月产卵。分布于长江中下游及其附属湖泊。

经济价值：中型经济鱼类。

采集地：沅水。

6）鱊亚科 Acheilognathinae

高体鳑鲏 *Rhodeus ocellatus*（彩图5-44）

地方名：鳑鲏、火片子、假鲫鱼。

分类地位：鲤形目鲤科鱊亚科鳑鲏属。

形态特征：体侧扁且高，头后背部向上隆起甚高。背部呈弧形，腹部在胸鳍以后向下突出。身体略呈卵圆形。头小，口端位，略呈弧形。口裂极浅，上下唇相连处的外缘位于眼下缘水平线上（侧视），未达眼前缘（腹视）。口角无须。眼大，位于体侧中线上。鼻孔小，位于眼前缘上方。鳃耙短小。咽齿齿面平滑，无锯纹。侧线不完全，仅在前面 4～6 片鳞上具有侧线孔。背鳍外缘稍向外突出，基部较长，其起点位于腹鳍起点稍后。胸鳍较小，后伸不达腹鳍基部。腹鳍亦较小，其末端后伸达臀鳍起点。臀鳍基部较长，外缘稍突出。尾鳍叉形，上下叶等长，末端稍尖。肛门靠近腹鳍后端。繁殖季节的雄鱼体色绚丽，鳃盖后方有虹彩之斑，尾柄纵带纹浅蓝色，背鳍起点前缘金黄色，眼虹膜上半圈红色呈充血状。背鳍的前外缘，臀鳍及尾鳍中央部分红色，臀鳍外缘具很狭的黑边，吻端、眼眶骨处具追星。鳃盖后上方雌雄鱼均无银蓝色斑点，而具 2 条垂直暗色云纹。雌鱼背鳍鳍条前部成体无黑斑，幼体具黑斑，体色近金黄色，产卵管呈粉红色。

生活习性： 平时生活于水流较缓、水草茂盛的水体中，喜群游。仔鱼期聚集成团，多在上层水域营浮游生活；幼鱼、成鱼生活在中下层水域。杂食性，以枝角类、水生昆虫幼虫、水生植物等为食。产卵期在 4～6 月，5 月中旬最盛，分批产卵。在繁殖季节，雄性个体会披上鲜艳的婚姻色，雌性个体则会生长出一条可以周期性收缩的产卵管，产卵于蚌类的鳃瓣中。分布于朝鲜及我国南盘江、长江和台湾、福建和海南等的水域。

经济价值： 小型鱼类，经济价值较低，常作为观赏鱼类。

采集地： 沅水、澧水、资江。

彩石鳑鲏 *Rhodeus lighti*（彩图 5-45）

地方名： 花肚扁。

分类地位： 鲤形目鲤科鱊亚科鳑鲏属。

形态特征： 体高而侧扁，体稍厚，头后背部隆起，腹部较圆，身体外形呈卵圆形，与高体鳑鲏很相似。头较小且短。口端位。口角无须。眼较大，位于体侧中线偏上方。鼻孔位于眼前缘上方，离眼前缘较近。鳃耙短小，排列较密。下咽齿侧扁，齿面具有明显的锯纹，尖端呈钩状。侧线不完全。侧线鳞 3～6 枚，纵列鳞 31～34 枚。背鳍外缘略向外突起呈弧形，无硬刺。胸鳍较长，末端后伸接近腹鳍起点；臀鳍无硬刺；尾鳍深叉形；尾柄较高且稍长。消化管较短，为体长的 1.0～2.3 倍。肛门略靠近腹鳍。生殖季节雄鱼吻端具有两簇白色追星，隆起较高，臀鳍边缘有较宽的黑色饰边，在最末一个侧线鳞处有一条不十分明显的淡绿色横斑。生活时体色鲜艳，雄鱼体色较艳丽，眼球上方为橘红色。鳃孔上角第一个侧线鳞上有一个蓝黑色大斑点。尾柄中部有一条黑色纵纹，向前延伸至背鳍起点的正下方，或超过背鳍起点。背鳍、臀鳍和腹鳍均呈浅黄色。尾鳍上下叶之间有一条橘红色的纵条纹。

生活习性： 彩石鳑鲏生长缓慢，第一年稍快。常生活于水流较缓的溪河、水沟、池塘或稻田等水体中，喜集群。杂食性，主食水生植物碎屑、藻类、周丛生物和水蚤等。第一次性成熟为1龄，生殖季节在4～6月，绝对怀卵量小，一般为300～500粒。产卵于瓣鳃类的鳃水管中。分布于福建、广东至黑龙江等地水域。

经济价值： 小型鱼类，经济价值较低，常作为观赏鱼类。

采集地： 沅水、资江。

大鳍鱊 *Acheilognathus macropterus*（彩图5-46-1，彩图5-46-2）

地方名： 大鳍刺鳑鲏、猪耳鳑鲏、鬼打扁。

分类地位： 鲤形目鲤科鱊亚科鱊属。

形态特征： 体长形，头扁平，背鳍后身体逐渐侧扁。吻扁圆。口亚下位，口裂宽阔。上颌略长于下颌，上、下颌及腭骨均具绒毛状细齿。唇厚。口角须1对，突起状，或缺失。眼中等大，位于头背侧。鼻孔分离，后鼻孔距眼前缘相比距前鼻孔为远。鳃孔大，左右鳃膜连合但不与峡部相连。侧线完全，或尾部倒数1～4鳞片无孔，平直。体侧灰黑色，侧线以上体色较深。腹面白色。背鳍刺较弱，后缘光滑无锯齿；胸鳍刺发达，前缘有小锯齿，后缘有粗锯齿；腹鳍扇形；脂鳍甚长，约为臀鳍基的3倍；尾鳍凹形，上叶稍长于下叶。消化管为体长的3～4倍。肛门近腹鳍基部，而远离臀鳍起点。

生活习性： 生活于缓流或静水水草丛生的水体中，多在夜间觅食。杂食性，以高等水生植物的叶片和藻类为主食。4～6月繁殖。繁殖期间雄鱼在吻端及眼眶上缘有追星，婚姻色明显，沿尾柄有蓝宝色纵条。雌鱼有一长的灰色产卵管，产卵于蚌类的鳃瓣中，卵椭圆形。分布于除青藏高原外的我国各地水域及朝鲜。

经济价值： 小型鱼类，可食用，经济价值不高。

采集地： 沅水、澧水、资江。

多鳞鱊 *Acheilognathus polylepis*（彩图5-47）

地方名： 鳑鲏。

分类地位： 鲤形目鲤科鱊亚科鱊属。

形态特征： 体侧扁，长纺锤形。口亚下位，呈马蹄形，口角有须1对，较短。下咽齿齿面有锯纹，末端钩状。眼侧上位。鳃耙短，鳃孔上角几乎和眼上缘处于同一水平线。鳃盖膜至鳃盖骨前缘下方连于峡部。侧线完全，较平直。背鳍、臀鳍均具硬刺。背鳍起点位于吻端至最后鳞片的中央。臀鳍起点位于第7根背鳍分枝鳍条下方。腹膜深黑色。肠长为体长的5.8倍。肛门位于近腹鳍基部。

生活习性： 沿岸底栖鱼类，栖息于沿岸缓流及河湾。以藻类为食物。生殖期雄鱼体色较雌鱼鲜艳，吻部有追星，比雌鱼宽半个鳞片。分布于长江及其附属水系。

经济价值： 小型鱼类，可食用，经济价值不高。

采集地：沅水、澧水、资江。

越南鱊 *Acheilognathus tonkinensis*（彩图 5-48）

地方名：越南刺鳑鲏、桃花扁、罗片。

分类地位：鲤形目鲤科鱊亚科鱊属。

形态特征：体高而侧扁，呈长卵圆形，头后背部显著隆起，腹缘厚而平直。头短小，锥形。吻稍突，吻长大于眼径。口呈弧形，亚下位。口角须 1 对，其长约为眼径的 1/2 或更短。鳃孔上角在眼上缘水平线之下。鳃盖膜连于颊部。侧线完全，呈浅弧形下弯，侧线鳞 32～35 枚。沿体侧中轴自背鳍中部之前下方至尾鳍基部有一条蓝色条纹。腹腔膜灰褐色，体背部深灰色，腹侧面灰白色。背鳍位于身体最高处，具有 2 根硬刺；胸鳍末端达腹鳍基部起点；臀鳍具有 2 根硬刺；尾鳍分叉深。消化管为体长的 3.3～5.5 倍。肛门位于腹鳍基和臀鳍起点之间或近前者。

生活习性：栖息于泥沙底质、多水草的湖泊或河流的浅水区，常集群活动。以水生植物为主食。每年 4 月为繁殖期，产卵于蚌类的外腔中。种群个体的大小似乎与性别有关，雌鱼往往小于雄鱼。生殖季节雄鱼的吻端及眼眶前缘有追星，婚姻色上雄鱼较雌鱼更为鲜艳。雌雄体腹鳍带黄色，雄鱼又夹有红色。尾柄中轴呈现有隐约蓝宝绿色纵条，向头方伸延。主要分布于亚洲越南北部、中国南部及老挝等地区。

经济价值：小型鱼类，可食用，可作观赏鱼类。

采集地：沅水、澧水、资江。

寡鳞鱊 *Acheilognathus hypselonotus*（彩图 5-49）

地方名：菜板鱼。

分类地位：鲤形目鲤科鱊亚科鱊属。

形态特征：体高而扁薄，似卵圆形。头小。口端位，上下颌几等长。口裂浅，口裂长相当于两口角间距。无须。眼大，侧上位。下咽齿侧扁，有的齿一侧具密集凹纹或平滑无凹纹，咀嚼面细狭，齿端钩状。鳃耙呈片状。侧线完全，中段略弯向腹面，后行尾柄中轴。背鳍和臀鳍均具硬刺，臀鳍起点约与背鳍第 3 分枝鳍条之基部相对。胸鳍末端越过腹鳍起点。尾鳍分叉，最短鳍条不及最长鳍条之半。肛门位于近腹鳍基或介于它和臀鳍之间。

生活习性：小型鱼类，生活于江湖水流缓慢、多水草处。以藻类和植物碎屑为食。每年 4～6 月进行产卵繁殖。生殖期间雄鱼和吻端具白色追星，各鳍条略延长，颜色加深，雌鱼具产卵管。分布于长江流域各水系。

经济价值：小型鱼类，可食用，可作观赏鱼类。

采集地：沅水。

短须鳑 *Acheilognathus barbatulus*（彩图 5-50）

地方名：鬼打扁。

分类地位：鲤形目鲤科鳑亚科鳑属。

形态特征：体侧扁，略延长，长卵圆形。背缘薄而稍突起，腹缘较平直。头小，吻短，短于眼径。眼中大，上侧位。口小，马蹄形，稍下位。口角有 1 对短须或缺，须长短于眼径。鳃孔大，鳃盖与颊部相连。鳃耙短小。下咽齿侧扁，部分齿面有锯纹，顶端弯曲。体被圆鳞。侧线完全，浅弧形下弯，后部行于尾柄中央。背鳍和臀鳍末根不分枝鳍条骨化成硬刺，背鳍位于吻端和尾柄基之间或略近后者；臀鳍起点与背鳍第五至第六分枝鳍条相对，雌鱼臀鳍浅黄色，雄鱼边缘白色；胸鳍下侧位末端不伸达腹鳍起点；尾鳍叉形。肛门位于腹鳍基部和臀鳍起点之间或近前者。

生活习性：常生活于水草较多的静水或缓流水域。以水生高等植物和藻类为食。产卵于河蚌的鳃瓣中，幼鱼孵化而且停留在河蚌中，直到它们能游泳。分布于长江、澜沧江水系。

经济价值：小型鱼类，可食用，可作观赏鱼类。

采集地：沅水、澧水。

无须鳑 *Acheilognathus gracilis*（彩图 5-51）

分类地位：鲤形目鲤科鳑亚科鳑属。

形态特征：体侧扁，长纺锤形。头短钝，头高约等于头长。吻长短于眼径。眼较大，侧上位。口亚下位，马蹄形，口顶部与眼下缘在同一水平线上，口裂呈浅弧形。口角无须。鳃耙细小，排列紧密。下咽齿细长而侧扁。侧线完全，浅弧形下弯，后部行于尾柄中央。背鳍起点约位于吻端与尾鳍基中间，或稍近于吻端。臀鳍起点位于背鳍基中后部。胸鳍下侧位，后端不达腹鳍基。腹鳍起点位于背鳍起点前下方。尾鳍浅分叉。肛门位于腹鳍基部和臀鳍起点之间。背侧深黑色，上半部每个鳞片后缘黑色，腹部银白色。尾柄纵带纹呈黑色，向前延伸至背鳍起点正下方。背鳍具 2 条不规则黑条纹。雄鱼臀鳍下缘有一黑纵纹，外缘白色。

生活习性：小型鱼类，体长可达 5.6cm。适应能力较强，常栖息于浅水缓流水域，主要以藻类和植物碎屑为食。主要分布于长江流域。

经济价值：小型鱼类，可食用，经济价值不高。

采集地：澧水。

广西副鳑 *Paracheilognathus meridianus*（彩图 5-52）

分类地位：鲤形目鲤科鳑亚科副鳑属。

形态特征：体延长而侧扁，呈纺锤形。头短小。吻钝，吻长与眼径相当。口亚下位，1 对口角须，长为眼径的 1/4～1/2。侧线完全，较平直，与腹鳍起点相距 4 枚鳞片，侧线鳞 36～39 枚。背、臀鳍无硬刺。背鳍基长，起点略后于腹鳍起点。臀鳍分枝鳍条 8～9，其起点与背鳍基中部相对，胸鳍末端后伸，距腹鳍起点 1～2 枚鳞片。尾鳍分叉。肛门位于腹鳍基部和臀鳍起点之间或近前者。生殖期雄性体色鲜艳，在灯光下呈现出绿色荧光。雌性具产卵管。

生活习性：小型鱼类，一般体长 50～100mm。常居于底质多砾石、水质清澄的江河缓流处。我国特有种，主要分布于广西各主要水系。

经济价值：小型鱼类，可食用，可作观赏鱼类。

采集地：沅水。

7）鲃亚科 Barbinae

光倒刺鲃 *Spinibarbus hollandi*（彩图 5-53）

地方名：洋草鱼、青棍、光眼鱼、粗鳞鱼。

分类地位：鲤形目鲤科鲃亚科倒刺鲃属。

形态特征：体形近长筒形，尾部侧扁。头宽，吻钝。腹部乳白色。鼻孔近眼前缘。眼侧上位，偏于头的前部，眼中等大，眼眶上缘具金黄色荧光。口亚下位，上颌稍长于下颌。唇稍肥厚，唇后沟在颏部中断。须 2 对，上颌及口角各具须 1 对。鳃耙短小而尖，内缘有锯齿状突起，排列稀疏。侧线完全，前段略下弯后较平直地伸入尾鳍基中央。鳞片较大。背鳍外缘平截，背鳍前方有 1 根平卧前伸的倒刺。背鳍及臀鳍基具鳞鞘，腹鳍基外侧具狭长的腋鳞，胸鳍末端远不达腹鳍起点，臀鳍末端不达尾鳍基，尾鳍叉形。

生活习性：一般栖息于底质多乱石而水流较湍急的江河中的中下层，尤喜在水色清澈的水域中生活。杂食性，主食水生植物，兼食水生昆虫及其幼虫，也取食一些坠入水中的陆生昆虫和虾等。生长快，个体大。1 龄鱼重 150g，2 龄鱼可达 500g，3 冬龄的鱼能长到 400mm 左右，最大个体可达 20kg。3 龄鱼 5～8 月在水流缓慢、水草较多处产黏性卵。成熟的雄鱼躯干后半部及吻端、眼下均有追星。主要分布在长江中游的干、支流中。

经济价值：重要经济鱼类，可药用。

采集地：沅水。

中华倒刺鲃 *Spinibarbus sinensis*（彩图 5-54）

地方名：青波、乌鳞、青板、岩鲫。

分类地位：鲤形目鲤科鲃亚科倒刺鲃属。

形态特征： 体长而侧扁，头锥形。吻圆钝而突出。口亚下位，呈马蹄形。鼻孔近眼前缘。眼侧上位。须2对，较发达，吻须可达眼前缘，口角须可达眼后缘。鳞较大。侧线完全。背部青黑色，腹部灰白色，体侧泛银色光泽，绝大多数鳞片边缘为黑色。各鳍青灰色，后缘为黑色，幼鱼尾鳍基有一黑斑，成鱼不明显。背鳍外缘微凹，后缘有细锯齿，起点之前有一平卧的倒刺；腹鳍基外侧具狭长的腋鳞；臀鳍外缘微凹，末端接近尾鳍基，起点至尾鳍基较至腹鳍起点为近；尾鳍叉形。

生活习性： 底栖性鱼类，性活泼，喜欢成群栖息于底层多为乱石的流水中。杂食性鱼类，以水生高等植物为主要食物，也摄食丝状藻类、昆虫幼虫、淡水壳菜等；幼鱼则以甲壳动物为食。冬季在干流和支流的深坑岩穴中越冬；春季水位上涨后，则到支流中繁殖、生长。3龄性成熟，4～6月到水大而湍急的江段产卵，卵随水漂浮孵化。分布于长江中上游及其附属水系。

经济价值： 食用经济鱼类，亦可药用。

采集地： 沅水。

带半刺光唇鱼 *Acrossocheilus hemispinus cinctus*（彩图 5-55）

地方名： 石斑鱼、火烧鲮。

分类地位： 鲤形目鲤科鲃亚科光唇鱼属。

形态特征： 体长，侧扁。头锥形。鼻孔前稍凹陷，头后背部稍隆起。吻突出，吻皮下垂止于上唇基部，与上唇分离。口下位，呈马蹄形。唇厚，下唇侧瓣相接处有一小沟。下颌稍外露。须2对，颌须较长，约等于眼径。眼中等大，侧上位。鳃盖和尾基处各有一黑斑。腹膜灰褐色。鳞片中等大，排列整齐，胸部鳞片较小。侧线完全、平直，后延至尾柄正中。背鳍及臀鳍基具鳞鞘，背鳍刺基部较粗，后缘具锯齿，末端柔软，腹鳍基部有一狭长腋鳞。

生活习性： 生活在山区溪流，喜栖息在底层多砾石的流水环境，常集群。个体不大，常见体长100～200mm。以着生藻类为食。2～3月产卵，卵巢有毒。主要分布于湘江、资江、漓江、柳江、左江、南流江等水域，湖南沅水、澧水也有分布。

经济价值： 观赏鱼类，有一定的经济价值。

采集地： 沅水、澧水、资江。

吉首光唇鱼 *Acrossocheilus jishouensis*（彩图 5-56-1，彩图 5-56-2）

地方名： 淡水石斑鱼、罗丝鱼。

分类地位： 鲤形目鲤科鲃亚科光唇鱼属。

形态特征： 体长而侧扁。腹部圆，略显弧形。头中等大，在鼻孔前略凹陷。吻钝圆，向前突出，吻长小于眼后头长。口下位，呈马蹄形。唇较厚，下唇中央断裂分为左右两个侧瓣，前端在颏部相接触或仅留一缝隙。须2对，颌须粗且长，显著大于眼径，后伸超过眼中线的下方；吻须较短，一般小于眼径。眼位于头侧的中线上方。背鳍末根不分枝，鳍条柔软不加粗，后缘光滑。背鳍及臀鳍鳍条间膜有黑色条纹。肠道短而简单，仅两道弯曲。幼鱼体表两侧具不规则的大块黑斑或具 6 条清晰垂直条纹和一纵条纹，成鱼条纹逐渐模糊甚至消失。

生活习性：中下层的定居性鱼类，在江河、湖泊中均能生活，常栖息于多石块的缓流水环境。杂食性，以丝状藻为主，水草次之，也食一些动物性饵料。分布于湖南沅水中上游水域。

经济价值：小型观赏及食用鱼类。

采集地：沅水、资江。

麦瑞加拉鲮 *Cirrhinus mrigala*（彩图 5-57）

地方名：麦鲮、印度鲮。

分类地位：鲤形目鲤科鲃亚科鲮属。

形态特征：身体较长，身体左右对称，流线形。圆鳞，头无鳞。吻钝，常有孔。嘴阔，横开。上唇一体，下唇不连续、非常不明显。单对短吻须。眼为红色。背部通常为深灰色，腹部圆而平直、银色。侧线鳞 40～45。背鳍处微隆，起始处距头部比距尾部更近，12～13 根分枝鳍条；胸鳍比头短；臀鳍未扩展至尾鳍；尾鳍宽，为深叉形。背鳍灰色；胸、腹、臀鳍尖端为橘黄色（尤其是在繁殖季节）。

生活习性：底栖鱼类，喜活水，善跳跃，常靠近岸边觅食。适应性强，耐低氧和抗病能力较强，抗寒能力强，当水温降至 7℃时，仍能正常活动。杂食性鱼类，食性范围广，主要摄食浮游植物、高等植物、有机碎屑、麦麸、玉米粉、花生麸等。

经济价值：引进种，印度四大养殖鱼类之一，重要经济鱼类。

采集地：沅水、澧水。

8）野鲮亚科 Labeoninae

泸溪直口鲮 *Rectoris luxiensis*（彩图 5-58）

地方名：油鱼、油狗鱼。

分类地位：鲤形目鲤科野鲮亚科直口鲮属。

形态特征：身体细长，稍侧扁。头小，背面较平。吻圆钝，向前突出，吻皮下垂并向腹面扩展，盖住上颌，近边缘有一新月形区域布满角质乳突，其上有垂直的裂纹。口宽阔，下位，呈新月形。上唇消失，下唇边缘突起呈弧形，其上具有许多小乳突。须 2 对，吻须较长且粗壮，颌须短小。鳞片较大，胸部鳞片变小且无鳞鞘。侧线完全，平直。体背部灰黑色带褐色，腹部灰白色，体侧鳞片后缘为黑色。背鳍较长，外缘内凹；胸鳍宽大，且较长，后伸不及腹鳍起点；腹鳍起点约与背鳍第四根分枝鳍条基部相对，后伸几达肛门；臀鳍较小，外缘内凹，无硬刺；尾鳍深叉形；各鳍灰色带黄褐色。肛门在臀鳍起点前方。

生活习性：常栖息于激流浅滩，为底层鱼类，取食着生藻类。产卵期为 6～10 月，常于洪水期集群至小河坑产卵。分布于沅江、大宁河、唐崖河、西水、清江等水域。

经济价值：小型鱼类，肉味鲜美，有一定的经济价值。

采集地：沅水、澧水。

异华鲮 *Parasinilabeo assimilis*（彩图 5-59）

地方名：油鱼、线鱼。

分类地位：鲤形目鲤科野鲮亚科异华鲮属。

形态特征：体长，稍侧扁，背部较平直，腹部稍圆。吻前端略尖，向前突出。吻皮厚，向腹面伸展，覆盖上颌，与上颌分离，近边缘有新月形区域，被细小乳突，且有垂直沟裂，在口角处与下唇相连。下唇在唇后沟前有 1 半月形区域，也被有小乳突。在中部的较大，侧部较细小。口下位，呈弧形。上下颌都有薄锋，上唇消失，上下颌连于吻皮与下唇相连处的内面，缺乏系带。唇后沟短，平直，限于口角。须 2 对，吻须粗壮，位于吻侧沟的起点，口角须细弱且短，位于吻皮和下唇相连处之外侧。眼小，侧上位，眼后缘离鳃盖后缘比离吻端为近；眼间隆起。鼻孔离眼前缘较近。鳃盖膜在前鳃盖之后下方连于颊部，颊部宽度小于吻长。鳞中等大，胸部鳞小，隐埋于皮下。侧线平直，径行于尾柄的中轴。背鳍无硬刺，基部较短，外缘内凹。胸鳍长稍小于头长，后伸远不达腹鳍基，相距 6～7 个侧线鳞。腹鳍起点位于背鳍起点之后，后伸几达肛门，距臀鳍起点约 3 个侧线鳞。肛门接近臀鳍起点之前。臀鳍外缘微凹或斜截。其起点距腹鳍基较距尾鳍基为近。尾鳍叉形，最长鳍条为中央最短鳍条的 2 倍左右。体侧自侧线以下的第二行鳞片起至背部为青黑色，有时在侧线下有 2～3 条直行浅色条纹，腹部乳白色或带浅黄色。背鳍微黑，其尖端有 1 小黑点，尾鳍外缘微黑，其他鳍均为灰白色。

生活习性：底栖鱼类，喜栖息于河滩、砾石底的缓流处及洞穴出口处，以刮取附于岩石上的着生藻类为食。主要分布于珠江水系，本次在资江新邵江段亦有发现。

经济价值：小型鱼类，肉味鲜美，有一定的经济价值。

采集地：资江。

9）鲤亚科 Cyprininae

鲤 *Cyprinus carpio*（彩图 5-60-1）

地方名：鲤拐子。

分类地位： 鲤形目鲤科鲤亚科鲤属。

形态特征： 体长，略侧扁。头较小，近锥形。吻稍尖，吻长大于眼径。口下位，马蹄形，上颌稍长于下颌。唇发达。2 对须发达，口角须长于吻须。鳃耙短，呈三角形，鳃耙外侧鳞 18～24 枚。鳞中大。侧线完全，侧线鳞 34～40 枚，体侧鳞片后部有新月形黑斑。背鳍基部较长，背鳍、臀鳍均具有粗壮的、带锯齿的硬刺；胸鳍末端圆，后伸不达腹鳍起点；腹鳍末端不达肛门；尾鳍分叉，上、下叶约等长，末端稍圆钝，尾鳍下叶红色；背鳍和尾鳍基微黑。体背部呈灰黑色或黄褐色，体侧带金黄色，腹部银白色或浅灰色。

生活习性： 底层鱼类，适应性强，多栖息于底质松软、水草丛生的水体。冬季游动迟缓，在深水底层越冬。杂食性鱼类，多以螺、蚌、蚬和水生昆虫的幼虫等底栖动物为主食，也食相当数量的高等植物和丝状藻类。通常 2 龄成熟，4～5 月是盛产期，一般于清明前后在河湾或湖汊水草丛生的地方繁殖，分批产卵，黏附于水草上发育。我国东北地区比较寒冷，6 月才开始产卵。中国除西部高原外，各地淡水中都有分布。

经济价值： 我国主要经济鱼类之一，普遍作为池塘、网箱和流水养殖的对象，为淡水鱼中总产量最高的一种。

采集地： 沅水、澧水、资江。

散鳞镜鲤 *Cyprinus carpio* var. *mirror*（彩图 5-60-2）

地方名： 镜鲤、三道鳞、大鳞鲤鱼。

分类地位： 鲤形目鲤科鲤亚科鲤属。

形态特征： 体纺锤形，较粗壮，侧扁。头较小，头后背部隆起，眼较大。体色随栖息环境不同而有所变异，通常背部棕褐色，体侧和腹部浅黄色。体表鳞片较大，沿边缘排列，背鳍两侧各有 1 行相对称的连续完整鳞片，各鳍基部均有鳞。侧线大多较平直、不分枝，侧线中后部有几枚大型鳞片。本书所列洞庭湖水系散鳞镜鲤与国家标准散鳞镜鲤在体长/体高、体长/尾柄高数据上较为接近，而在体长/头长、体长/尾柄长、头长/吻长等数据上与普通鲤较接近，推测洞庭湖水系散鳞镜鲤出现混杂，混杂的一方可能来源于鲤。

生活习性： 本种为从德国引进种。多栖息于水域中下层，以富营养水域底泥砂质静水域为主，有集体群游习性。性成熟年龄雌鱼 3～4 龄，雄鱼 2～3 龄。最适水温 19～22℃。杂食性鱼类，以小型无脊椎动物与底栖动物为主。

经济价值： 散鳞镜鲤鳞片少、生长速度快、含肉率高、肉质好、食用价值高，已被中国水产良种审定委员会审定为适合在中国推广的水产优良养殖品种。

采集地： 沅水、澧水、资江。

鲫 *Carassius auratus*（彩图 5-61-1）

地方名：鲫壳子、鲫拐子、土鲫、喜头。

分类地位：鲤形目鲤科鲤亚科鲫属。

形态特征：体呈流线形（梭形），体较高而侧扁，腹部圆，尾柄宽短。头较小，吻短，圆钝。眼较大。口小，端位，弧形，下颌稍上斜。下唇较上唇为厚，唇后沟长，无须。鳃丝细长，呈针状，排列紧密，鳃耙数 100～200。下咽齿 1 行。鳃耙长，呈披针形，排列紧密，鳃盖膜连于颊部。鳞较大，侧线完全，侧线鳞 28～31。背鳍外缘平直或微凹，背鳍、臀鳍第 3 根硬刺较强，后缘有锯齿。背、腹鳍起点相对或腹鳍略前。胸鳍末端圆，后伸可达腹鳍起点。腹鳍末端不达肛门。肛门紧靠臀鳍起点。尾鳍浅分叉。腹膜黑色或黑褐色。体背部灰黑色，体侧银灰色或略带黄色，腹部白色，各鳍灰白色，根据生长水域不同，鲫的体色深浅有差异。

生活习性：鲫的适应性强，属底栖鱼类，一般情况下，都在水下游动、觅食、栖息，在气温、水温较高时，也会到水的中下层、中上层游动、觅食。杂食性鱼类，主要以植物性食料为主，如维管束水草的茎、叶、芽、果实、硅藻等，也以小虾、蚯蚓、幼螺、昆虫等动物性饵料为食。鲫的遗传背景复杂，形成具有不同特征的地方品种（系）。分布于除青藏高原外全国各地水系淡水水体中。

经济价值：鲫肉质细嫩，味道鲜美，有较高的营养价值，为我国重要的食用鱼类之一。其变种金鱼，经长期选育，形成许多品种，具有较大的观赏价值。

采集地：沅水、澧水、资江。

青鲫 *Carassius auratus indigentiaus*（彩图 5-61-2）

地方名：洞庭青鲫、鲫鱼、鲫拐子、喜头、粑粑鲫。

分类地位：鲤形目鲤科鲤亚科鲫属。

形态特征：体形短，体侧扁而高，呈纺锤形。头较小而尖。吻短钝。口端位，弧形，斜向下方，下唇厚，唇后沟仅限于口角。无须。眼小，位于头侧上方，眼间距较宽，突起。鳃膜与颊部相连。头后背部隆起。体被整齐的大圆鳞，侧线完全略弯，每一鳞片的边缘颜色较深。尾柄高一般小于尾柄长。背鳍基部较长，外缘平直，起点与腹鳍相对，第 Ⅳ 根硬刺粗大，后缘锯齿粗。胸鳍相对短小，不达腹鳍，末端达胸、腹鳍间距的约 2/3 处。腹鳍不达臀鳍。臀鳍基较短，第 Ⅲ 根硬刺粗大有锯齿。尾鳍分叉浅，上下叶末端钝圆。肛门近臀鳍。下咽齿锥形。鳃耙较长，排列紧密。鳔分 2 室，后室长大，约为前室长的 1.5 倍。腹膜黑色。生活时背部青色，体侧颜色从背部到下腹部由深变浅，腹部白色。背鳍、臀鳍均为青色。

生活习性：底栖鱼类，适应性强，适应池塘、湖泊、水库、网箱等养殖环境。杂食性，主要摄食浮游植物、水生植物、有机碎屑等，也以小虾、蚯蚓、幼螺、昆虫等动物性饵料为食。生长快，青鲫夏花增殖当年个体平均达 158g/尾，2 龄增殖个体平均达 300g/尾。性成熟年龄 1～2 龄，生长快的可当年成熟。主要分布于澧水流域。

经济价值： 青鲫生长速度快，肉质细嫩，味道鲜美，营养价值高，具有广阔的养殖发展前景。

采集地： 澧水。

10）鳅鮀亚科 Gobiobotinae

南方鳅鮀 *Gobiobotia meridionalis*（彩图 5-62）

地方名： 龙须公。

分类地位： 鲤形目鲤科鳅鮀亚科鳅鮀属。

形态特征： 体长圆筒形，后部略侧扁。头大，略低。头背部具发达的皮质颗粒和条纹。口下位，弧形。吻部在鼻孔之前稍下陷，吻圆钝。唇稍厚，上唇具皱褶，下唇光滑。鳃耙细弱，呈小乳突状。下咽齿细长，上端匙状，末端钩曲。眼大，侧上位。须 4 对，较粗长。侧线完全。背鳍起点在腹鳍起点之前。胸鳍较长，末端接近腹鳍基部，鳍条稍突出鳍膜。臀鳍起点约位于腹鳍起点和尾鳍基部之间的中点。肛门位于腹鳍起点与臀鳍起点间前 1/3 处。尾鳍叉形，下叶稍长。腹膜灰白色，固定标本体背棕黑色、腹面灰白色。背部和体侧上部各鳞片的基部有 1 黑点。背鳍和尾鳍的鳍条基部微黑，在尾鳍基部组成 1 道显著黑纹，其他鳍无明显斑纹。

生活习性： 多生活于水体底层，栖息在沙石底的江河中。以底栖动物和水生昆虫幼虫等为食。2 龄鱼可达性成熟。产卵季节在 5 月。分布于珠江水系、长江中游各支流、元江及澜沧江下游。

经济价值： 小型鱼类，在产区数量较少，个体小，生长较慢，经济价值不大。

采集地： 沅水。

11）鲌亚科 Danioninae

马口鱼 *Opsariichthys bidens*（彩图 5-63）

地方名： 桃花鱼。

分类地位： 鲤形目鲤科鲌亚科马口鱼属。

形态特征： 体长而侧扁，腹部圆。吻钝。口亚上位，斜裂。下颌稍长于上颌，上下颌之侧缘凹凸相嵌。无口须。鳃耙稀疏。下咽骨弧形，较窄。咽齿锥形，末端钩状。眼较小，侧上位。鳞中大，侧线完全。背鳍起点约与腹鳍起点相对或稍前。胸鳍末端稍尖，向后不达腹鳍起点。腹鳍较钝，末端不及肛门。肛门紧挨于臀鳍之前。尾鳍叉形，末端尖，下叶稍长。腹膜灰白，间或带有细小的黑点。生活时背部灰黑，腹部银白。颊部及偶鳍和尾鳍下叶橙黄，背鳍的鳍膜带有黑色斑点，体侧有浅蓝色垂直条纹，胸鳍、腹鳍和臀鳍为橙黄色。雄鱼在生殖期出现"婚装"，头部、吻部和臀鳍有显眼的追星，臀鳍第 1～4 根分枝鳍条特别延长，全身具有鲜艳的婚姻色。

生活习性： 马口鱼栖息于山涧溪流，喜低温的水流，尤以水流较急的浅滩和沙砾底的小溪为多见，是一种小型凶猛的肉食性鱼类，以小鱼和水生昆虫为食。1 龄鱼即有繁殖能力，生殖期多集中在 3～6 月，在较急的水流中产卵。分布极广，南起海南岛、沅江，北至黑龙江流域的我国东部（台湾岛除外）的各江河均有分布。

经济价值： 在某些山区种群数量较大，为小型经济鱼类。

采集地： 沅水、澧水、资江。

宽鳍鱲 *Zacco platypus*（彩图 5-64）

地方名： 鱲鱼、双尾鱼。

分类地位： 鲤形目鲤科鿂亚科鱲属。

形态特征： 体长而侧扁，体高略大于头长，腹部圆。吻钝。口端位，斜裂，上颌骨向后延伸仅达眼前缘垂直下方。下颌前端有 1 不明显的突起与上颌凹陷相吻合。无口须。鳃耙稀疏。咽齿锥形，末端略带钩状。眼较小，侧上位。眼后头长大于吻长。鳞较大，侧线完全。背鳍起点约与腹鳍起点相对。胸鳍末端尖。腹鳍稍钝，末端可达肛门。肛门紧挨于臀鳍之前。臀鳍条长，向后延伸超过尾鳍基部。尾鳍叉形，下叶稍长。生活时体色十分鲜艳，雄鱼比雌鱼更为明显。一般背部灰黑色带绿色，腹部银白色。体侧具有 10～13 条蓝色的垂直条纹，在条纹之间杂有粉红色斑点，体侧鳞上有金属光泽。背鳍灰色；胸鳍灰白色，其上有许多黑色斑点；腹鳍浅红色或白色；臀鳍粉红色或红色带绿色光泽；尾鳍灰色，后缘呈黑色。生殖季节雄鱼头部、体侧和尾柄上有追星，臀鳍上有粗颗粒状追星。

生活习性： 与马口鱼生活习性相似，两种鱼经常群集在一起，喜欢嬉游于水流较急、底质为砂石的浅滩。江河的支流中较多，而深水湖泊中则少见。杂食性鱼类，以浮游甲壳类为食，兼食一些藻类、小鱼及水底的腐殖质。繁殖期为 4～6 月，急流中产卵。分布极广，在中国、朝鲜、日本均有记载，在我国分布于澜沧江、珠江、长江、黄河、黑龙江及东部沿海各溪流。

经济价值： 体小，较肥壮，为普通食用杂鱼之一。在南方省份山区形成一种特殊的小渔业，为山区的主要经济鱼类之一。其肉可入药。

采集地： 沅水、澧水、资江。

2. 胭脂鱼科 Catostomidae

胭脂鱼 *Myxocyprinus asiaticus*（彩图 5-65）

地方名：血排、粉排、火烧鳊、红鱼、紫鳊、燕雀鱼、火排等。

分类地位：鲤形目胭脂鱼科胭脂鱼属。

形态特征：体侧扁，背部在背鳍起点处隆起。头短，吻圆钝。口下位，呈马蹄状。唇发达，上唇与吻褶形成一深沟。下唇翻出呈肉褶，唇上密布细小乳状突起，无须。腹部平直。背鳍无硬刺，基部很长，延伸至臀鳍基部后上方。臀鳍短，尾柄细长，尾鳍叉形。鳞大呈圆形，侧线完全。在不同生长阶段，体形变化较大。仔鱼期（体长 1.6～2.2cm）时，体形特别细长，体长为体高的 4.7 倍；幼鱼期（体长 12～28cm）时，体长为体高的 2.5 倍；成鱼期（体长为 58.4～98.0cm），体长约为体高的 3.4 倍。体色也随个体大小而变化。仔鱼阶段呈深褐色，体侧各有 3 条黑色横条纹，背鳍、臀鳍上叶灰白色，下叶下缘灰黑色。成熟个体体侧为淡红、黄褐或暗褐色，从吻端至尾基有一条胭脂红色的宽纵带，背鳍、尾鳍均呈淡红色。

生活习性：喜在水体中部和底部活动，杂食性，主食丰年虫、红蚯蚓和蔬菜。胭脂鱼生活在湖泊、河流中，幼鱼喜集群于水流较缓的砾石间，多活动于水体上层，亚成体则在中下层，成体喜在江河的敞水区，其行动迅速敏捷。每年 2 月中旬性腺接近成熟的亲鱼均要上溯到上游，于 3～5 月在急流中繁殖产卵。主要分布于长江地区，以上游数量居多。

经济价值：著名的高级食用和观赏鱼类，中国特有的淡水珍稀物种，国家二级保护野生动物。

采集地：澧水。

3. 鳅科 Cobitidae

1）花鳅亚科 Cobitinae

泥鳅 *Misgurnus anguillicaudatus*（彩图 5-66）

分类地位：鲤形目鳅科花鳅亚科泥鳅属。

形态特征：体长，在腹鳍以前呈圆筒状，向后渐侧扁。头较尖。口下位，呈马蹄形，触须 5 对，其中吻须 1 对，位于吻端，上颌须 2 对，位于上颌两侧，下颌须 2 对，位于颐部。吻部倾斜角度大。吻长小于眼后头长。鳃孔小，鳃裂止于胸鳍基部。眼小，被皮膜覆盖，侧上位，无眼下刺。眼间头背前狭后宽。侧线完全。背鳍起点距吻端较距尾基为远。胸鳍远离腹鳍。腹鳍起点位于背鳍基部中下方，鳍条末端不达肛门。肛门靠近臀鳍。尾鳍圆形。体背部及两侧灰黑色，全体有许多小的黑斑点，头部和各鳍上亦有许多黑色斑点，背鳍和尾鳍膜上的斑点排列成行，尾柄基部有 1 个明显的黑斑。其他各鳍灰白色。

生活习性：泥鳅喜欢栖息于湖泊、池塘、沟渠的淤泥表层，以浮游生物、水生昆虫及甲壳动物为食，性成熟年龄为 2 冬龄，每年 4 月开始繁殖。广泛分布于辽河以南至澜沧江以北的河川、沟渠、水田、池塘、湖泊及水库等天然淡水水域，尤其在长江和珠江流域中下游分布极广。

经济价值：泥鳅群体数量大、生命力强、产量高、营养丰富，是一种经济价值较大的小型淡水鱼类。

采集地：沅水、澧水、资江。

大鳞副泥鳅 *Paramisgurnus dabryanus*（彩图 5-67）

地方名：泥鳅、大泥鳅。

分类地位：鲤形目鳅科花鳅亚科副泥鳅属。

形态特征：体中等长，侧扁。尾部扁薄。头较短。口下位，呈马蹄形。下唇中央有 1 个小缺口。触须 5 对，其中吻须 1 对，位于吻端两侧，上颌须 2 对，位于颌侧。下颌须 2 对，位于颐部。眼小，侧上位。眼间头背后部平坦。鼻孔靠近眼。眼被皮膜覆盖。无眼下刺。鳃孔小，鳃裂止于胸鳍基上侧。侧线完全。背鳍起点距吻端较距尾基为远。胸鳍远离腹鳍。腹鳍起点位于背鳍基部中下方，鳍条末端不达肛门。肛门距臀鳍近于腹鳍。尾柄起点与背鳍基末相接，末端与尾鳍相连。尾鳍圆形。头部无鳞，体鳞较泥鳅稍大，较厚。体色灰褐，背部色暗，腹部黄白色。体侧具有不规则的斑点。胸鳍和腹鳍为浅黄色带灰色，其上有少数黑色斑点。背鳍、臀鳍和尾鳍为浅灰黄色，其上具有不规则的黑色斑点。分布于长江中下游及其附属水体。

生活习性：大鳞副泥鳅常见于底泥较深的湖边、池塘、稻田、水沟等浅水水域。生活水温为 10～30℃，最适水温为 25～27℃。杂食性鱼类，幼鱼阶段摄食动物性饵料，以浮游动物、摇蚊幼虫、丝蚯蚓等为食。长大后，饵料范围扩大，除可食多种昆虫外，也可摄食丝状藻类、植物根、茎、叶及腐殖质等。成鳅则以摄食植物性食物为主。一般多为夜间摄食。性成熟年龄为 2 冬龄，每年 4 月开始繁殖。分布于长江、嘉陵江、岷江、浙江、辽河、黄河、黑龙江等水系。

经济价值：大鳞副泥鳅含有较高的人体必需氨基酸，经济价值较高，可作为一种优良的养殖品种。

采集地：沅水、澧水。

中华花鳅 *Cobitis sinensis*（彩图 5-68）

地方名：花泥鳅。

分类地位： 鲤形目鳅科花鳅亚科花鳅属。

形态特征： 体延长，侧扁，腹部圆，背、腹轮廓几平行。头短小。吻端钝。口小，下位。唇较厚。吻须较短，口角须较长。眼侧上位，眼间距甚小。眼下刺分叉。鼻孔小，离眼前缘较近。鳃孔小，下角终止于胸鳍基部上方。鳃耙短小，排列稀疏，末端钝。侧线不完全，仅在胸鳍上方存在。背鳍较长，外缘凸出，起点位于眼前缘至尾鳍基部距离的中点。胸鳍较小，末端稍钝，后伸不及胸、腹鳍基部距离的 1/3。腹鳍小，其起点约与背鳍第二根分枝鳍条相对，后伸不达肛门。臀鳍较短，后缘平截。尾鳍较宽，后缘截形。尾柄较短，侧扁。肛门在臀鳍起点之前。体被细鳞，颊部裸露，体侧鳞片稍大，胸部鳞片较小。头部有许多不规则的褐色斑纹，吻和眼间有 1 条细小的黑纹。体背部褐色，有 13 个方形的褐色斑点。体侧中线上方和背部中间散有不规则的褐色花纹，鳃盖后缘至尾鳍基部的体侧有 10～14 个黄褐色斑点。腹部白色。背鳍和尾鳍具 2～3 列由小黑斑连成的弧形条纹。胸鳍、腹鳍和臀鳍颜色较浅，呈黄白色。尾鳍基部侧上方有一较大的深黑色斑纹。

生活习性： 小型底栖鱼类，生活于江河溪流的水流缓慢处。杂食性，以小型底栖无脊椎动物及藻类、高等植物碎屑为食。分布于长江干流、支流及其附属水体，地方性较常见种。

经济价值： 小型食用鱼类，是鳅科鱼类中观赏性较高的品种，具有一定的经济价值。

采集地： 沅水、澧水、资江。

大斑花鳅 *Cobitis macrostigma*（彩图 5-69）

地方名： 花泥鳅。

分类地位： 鲤形目鳅科花鳅亚科花鳅属。

形态特征： 吻端较尖。口小，下位。触须 4 对，短小，吻端、上颌、口角和下唇各 1 对。鳃孔仅开口于胸鳍基部区域。眼小，侧上位。眼间头背狭窄。眼下方有一尖端向后的叉状细刺。前后鼻孔靠近，前鼻孔呈管眼状，后鼻孔呈平眼状。侧线不完全，仅在鳃盖后缘和胸鳍中部之间有侧线管。背鳍无硬刺，起点距吻端较距尾基为近。胸鳍末端远离腹鳍。腹鳍起点位于背鳍基中部稍后，鳍条末端与背鳍末端相齐或稍前。肛门靠近臀鳍，远离腹鳍。臀鳍起点距腹鳍起点较距尾基稍近。尾柄有尾柄脊。尾鳍后缘稍圆或平齐。鳞片细小。体色灰黄。头部散布黑点，吻端至眼前缘有一黑色斑纹。背部有 12～13 个褐色的方形斑点。体上方有许多不规则斑纹。从鳃盖后缘至尾鳍基部有 6～9 个较大的褐方形斑点。腹部白色。尾鳍基上部有 1 个黑色斑点。背鳍、尾鳍各有数列不连续的斑条，其他各鳍黄白色。

生活习性： 小型底栖鱼类。生活在江河、湖泊的浅水区。分布于长江中下游及其附属湖泊。

经济价值：小型食用鱼类。个体小，数量不多，渔业价值不大。

采集地：沅水。

2）沙鳅亚科 Botiinae

武昌副沙鳅 *Parabotia banarescui*（彩图 5-70）

分类地位：鲤形目鳅科沙鳅亚科副沙鳅属。

形态特征：体长，由前向后渐侧扁。尾柄高。头长而尖。口下位，呈马蹄形。吻端尖突。上下颌分别与上下唇分离。触须 3 对，其中 2 对吻须相互靠拢，位于吻端，1 对颌须位于口角，较短。鳃孔止于胸鳍基部下缘。眼侧上位。眼间头背宽平。眼下有 1 根尖端向后的叉状细刺。鼻孔位于眼后缘到吻端的中间。侧线完全。背鳍起点距鼻孔约等于距尾基的距离。胸鳍不达腹鳍。腹鳍起点位于背鳍第 3～4 根分枝鳍条的下方，鳍条末端后伸达或超过肛门。腹鳍基至肛门的距离为腹鳍基至臀鳍起点距离的 40%～47%。肛门约在腹鳍起点到臀鳍的中点。臀鳍距腹鳍起点较距尾基为近。尾鳍分叉，上下叶等长。鳞片小，深陷皮内。背侧灰黄色，腹部及腹面各鳍基部黄白色。头部从吻端到眼有 4 条纵行的黑色条纹。背侧有 13～16 条垂直黑条纹。奇鳍黄白色，上有数列黑斑条。

生活习性：小型鱼类。生活于江湖底层。多栖息于泥沙底质的河边浅水处，以水生昆虫和藻类为食。分布于长江中游及其附属水体。

经济价值：个体小，无较大的经济价值。

采集地：沅水、澧水、资江。

洞庭副沙鳅 *Parabotia sp.*（彩图 5-71）

分类地位：鲤形目鳅科沙鳅亚科副沙鳅属。

形态特征：体中等长，稍侧扁。头长小于体高。口下位。吻端圆突。下唇腹面有一近似倒置的凹字形突起。触须 3 对。触须长度都短于眼径。鳃孔止于胸鳍基部下缘。眼稍大，侧上位，眼下方有一根叉状细刺，埋于皮内。侧线完全。背鳍起点距吻端约等于距尾基的距离。胸鳍不达腹鳍。腹鳍起点位于背鳍起点下方稍后，末端不达肛门。肛门约在腹鳍起点和臀鳍之间的 3/4 处。臀鳍起点距腹鳍基末端稍大于距尾基的距离。尾柄宽阔。尾鳍分叉。鳞片细小。体呈棕色，背侧色暗，腹部色淡。头部散布许多褐斑点。全身有许多长短不一的垂直条纹及斑点，下侧多于上侧。偶鳍灰褐色。奇鳍灰白色，间有几列褐斑条。

生活习性：小型鱼类。生活于江湖底层。多栖息于泥沙底质的河边浅水处。目前仅在洞庭湖及其附属水系偶有发现。

经济价值： 个体不大，数量少，经济价值低。

采集地： 沅水、资江。

点面副沙鳅 *Parabotia maculosa*（彩图 5-72）

地方名： 花泥鳅、长沙鳅。

分类地位： 鲤形目鳅科沙鳅亚科副沙鳅属。

形态特征： 体圆而细长。头长而尖。口下位，呈马蹄形。上下颌分别与上下唇分离。触须 3 对，其中吻须 2 对，相互靠拢，位于吻端。颌须 1 对，位于口角。眼小，侧上位。眼下方有 1 根尖端向后的叉状细刺，通常埋于皮内。鼻孔距眼较距吻端为近。侧线完全。背鳍起点与腹鳍起点相对，或稍前。胸鳍末端离臀鳍有相当一段距离。腹鳍起点位于胸鳍起点和臀鳍之间的中点，或稍后。肛门位于腹鳍基末和臀鳍间的中点，或稍后。臀鳍起点距腹鳍基末较距尾基稍远。尾鳍分叉，下叶长于上叶。鳞细小，深陷皮内。背部灰黄色，腹部黄白色。头背面和侧面散布不规则的斑点。尾鳍基中央具一明显黑斑。背鳍具 3～5 列由斑点组成的不规则斜行条纹；尾鳍上下叶具 4～5 条斜行黑带纹；背部和体侧具 12～18 条棕黑色垂直带纹，这些带纹在幼鱼甚为明显，且延伸至腹部，成鱼明显或模糊。

生活习性： 小型底栖鱼类，栖息于江河砂石底的浅水处。常见体长 100～200mm。点面副沙鳅为多次性产卵鱼类。在自然条件下，4 月上旬开始繁殖，5～6 月是产卵盛期，一直延续到 9 月还可产卵。分布于长江、闽江、珠江等水系。

经济价值： 个体不大，经济价值低。

采集地： 沅水。

花斑副沙鳅 *Parabotia fasciata*（彩图 5-73）

地方名： 花沙鳅。

分类地位： 鲤形目鳅科沙鳅亚科副沙鳅属。

形态特征： 体长，胖圆，尾部侧扁。头长而尖。口下位，呈马蹄形。上下颌分别与上下唇分离。触须 3 对，其中 2 对吻须相互靠拢，位于吻端。眼侧上位。眼下方有 1 根尖端向后的叉状细刺，埋于皮内。侧线完全。背鳍起点位于腹鳍稍前，距吻端较距尾基为远。胸鳍不达腹鳍。腹鳍起点位于背鳍第 3 根分枝鳍条的下方，腹鳍末端后伸远不达肛门。腹鳍基至肛门的距离为腹鳍基至臀鳍起点距离的 62%～77%。肛门位于腹鳍起点和臀鳍之间的后 1/5～1/3 处。尾柄宽。尾鳍分叉。鳞片细小。体色黄褐色，腹部黄白色。从鳃盖后缘至尾鳍基部有 15～17 条较宽的深褐色横列斑纹，尾柄基部在侧线的终点处，有 1 个墨黑色斑点。背鳍、尾鳍上各有数列不连续的黑斑条。胸鳍、腹鳍、臀鳍色泽与腹部相同。

生活习性： 常栖息于沙石底质的江河底层，以水生昆虫和藻类为食。繁殖季节在每年的 6～8 月。分布于长江、珠江、钱塘江、淮河、黄河、黑龙江等水系。

经济价值： 小型鱼类，肌肉中常量和微量元素含量丰富且组成比例合理，有一定的经济价值。

采集地： 沅水、澧水、资江。

漓江副沙鳅 *Parabotia lijiangensis*（彩图 5-74）

分类地位： 鲤形目鳅科沙鳅亚科副沙鳅属。

形态特征： 体长，稍侧扁。头较短，稍长于体高。口下位。须短，3 对，其中吻须 2 对，口角须 1 对。吻圆钝，吻长等于眼后头长。眼大，侧上位。眼下刺分叉，末端达到或稍超过眼中央。侧线完全。背鳍前长为体长的 50%～52%；最长背鳍条约等于背鳍基长。腹鳍起点约位于背鳍第 2 或 3 分枝鳍条下方，其末端达到或超过肛门。肛门至腹鳍基的距离为腹鳍基至臀鳍起点距离的 63%～69%。尾柄短，其长约等于尾柄高。尾鳍上、下叶等长，末端尖形。体上部为灰褐色，下部浅黄色。体具 10～13 条棕黑色垂直条纹，延伸至腹部。头背部具 2 条棕黑色横条纹，1 条位于头后部，伸至鳃孔上角，另 1 条位于眼间，伸至眼上缘。吻端背面具 "∩" 形黑带纹。鳞较大，易脱落，颊部有鳞。尾鳍基中央具 1 黑斑。背鳍具 2 条由斑点组成的斜行黑条纹，尾鳍具 3～4 列斜行黑带纹，靠近臀鳍起点具 1 条不明显黑色条纹，鳍间具 1 条明显黑色条纹，腹鳍具 2 条不明显的黑色条纹。

生活习性： 小型鱼类，生活于江河底层。杂食性，以底栖无脊椎动物和藻类为食。文献记载漓江副沙鳅分布于广西漓江，本次调查表明本种在湖南沅水、澧水均有分布。

经济价值： 个体小，经济价值不大。

采集地： 沅水、澧水、资江。

紫薄鳅 *Leptobotia taeniops*（彩图 5-75）

分类地位： 鲤形目鳅科沙鳅亚科薄鳅属。

形态特征： 体侧扁。头较尖。口下位，呈马蹄形。上唇中央被一细缝分隔，两侧呈皮片状向上翻卷。上下颌分别与上下唇分离。触须 3 对，均很细短，其中 2 对吻须相互靠拢，位于吻端，1 对颌须位于口角。眼细小，侧上位。眼下刺不分叉，通常埋于皮内。侧线完全，平直。背鳍稍前于腹鳍，起点距吻端稍大于距尾基的距离。胸鳍末端不达腹鳍。腹鳍末端超过肛门。肛门距腹鳍起点大于或等于距臀鳍的距离。臀鳍起点与背鳍末端相对或稍后。尾鳍分叉。鳞片薄，陷于皮内。体呈紫色。头部及背侧有许多虫蚀状的褐斑块，体侧具蠕虫形花纹。奇鳍上各有 1～2 列褐斑条。其他各鳍灰白色。

生活习性： 底栖性鱼类，喜生活在流水环境中。以底栖无脊椎动物为食。分布于长江中上游及其附属水体。

经济价值： 个体小，数量不多，经济价值不大。

采集地： 沅水、澧水。

长薄鳅 *Leptobotia elongata*（彩图 5-76）

地方名： 花斑鳅。

分类地位： 鲤形目鳅科沙鳅亚科薄鳅属。

形态特征： 体长而侧扁。头尖。口近下位，口裂呈"八"字形。唇肥厚，上唇呈皮片状向上翻卷，下唇在颌部中间隔断。触须 3 对，其中 2 对位于吻端，1 对位于口角。眼细小，侧上位。眼间头背横向圆隆，纵向稍倾斜。眼下刺不分叉。鳃孔较大，鳃裂止于胸鳍基部下缘。侧线完全。背鳍起点距吻端大于距尾基的距离。胸鳍远离腹鳍。腹鳍起点约位于背鳍第一根分枝鳍条下方，末端超过肛门。肛门位于腹鳍起点和臀鳍间的中点。臀鳍起点距腹鳍起点较距尾基稍近。尾鳍深分叉。鳞细小。背侧灰黄色，腹部黄白色。背侧及腹鳍后的下侧间有数列长形的深褐色横纹，大个体则呈不规则斑纹。背鳍基部及靠边缘的地方有两列深褐色斑纹，背鳍带有黄褐色泽。胸鳍、腹鳍呈橙黄色并有褐色斑点。臀鳍有两列褐色斑纹，尾鳍浅黄褐色，间有 3～4 条褐色条纹。

生活习性： 生活于江河中上游，水流较急的河滩、溪涧。常集群在水底沙砾间或岩石缝隙中活动，是一种凶猛性的底层鱼类。主要的食物是小鱼，尤其是小型底层鱼类。江河涨水时有溯水上游的习性，生殖期在 3～5 月，卵黏性，黏附在石上孵化。中国特有种，主要分布于长江中上游干、支流及其附属水域。

经济价值： 观赏和食用兼备的名贵鱼类，且有利尿、滋阴等药效。在《中国物种红色名录》和《中国濒危动物红皮书　鱼类》中均被列为易危（VU）等级。

采集地： 沅水。

桂林薄鳅 *Leptobotia guilinensis*（彩图 5-77）

分类地位： 鲤形目鳅科沙鳅亚科薄鳅属。

形态特征： 体长而侧扁，尾柄侧扁而长。头长大于体高。口小，下位。须短小，3 对。其中吻须 2 对；口角须 1 对，末端不达眼前缘。眼小，侧上位；眼间距等于或稍大于眼径。眼下刺分叉，末端达眼后缘。侧线完全，平直。体被细鳞，不明显，易脱落；颊部具细鳞，但不明显。各鳍短小。鳔前室部分为骨质囊所包，后室长约为前室一半或等长。背部棕黑色，腹部棕黄色。体侧具 15～18 个不规则垂直狭黑条纹，其宽度约为间隔条纹一半，这些条纹仅延伸至侧线上部，靠近尾柄的垂直纹或为马鞍形斑点所替代。头部无任何条纹。背鳍具 1 条由斑点组成的黑条纹，尾鳍基具 1 条不甚明显的"3"形垂直黑条纹，尾鳍上有 3 条不规则的斜行黑带纹。

生活习性：底层鱼类，多栖息于底质为砂石的流水中。个体小，常见体长 100mm 左右。主要分布于广西漓江，本次调查表明本种在湖南沅水、澧水也有分布。

经济价值：个体小，经济价值不大。

采集地：沅水、澧水、资江。

汉水扁尾薄鳅 *Leptobotia tientaiensis hansuiensis*（彩图 5-78）

分类地位：鲤形目鳅科沙鳅亚科薄鳅属。

形态特征：体长形，侧扁，腹部圆。尾柄侧扁。头短，稍侧扁。口小，下位，呈马蹄形。上颌光滑，略长于下颌，下颌边缘匙形。唇稍厚，有皱褶。须 3 对，其中吻须 2 对，约等长，口角须 1 对，较长。吻短，前端钝。眼小，侧上方，具眼下刺，不分叉。侧线完全，平直。背鳍短，无硬刺，外缘凸出，其起点至吻端大于至尾鳍基部距离。胸鳍短，末端圆形。腹鳍小，其起点约与背鳍起点相对。臀鳍短小，外缘平截，后伸不达尾鳍基部。尾鳍短而宽阔，后缘分叉浅，上下叶约等长，末端圆钝。肛门约位于腹、臀鳍起点距离的 1/2 处。体被细鳞，腹鳍基部有腋鳞。体背部深褐色，腹部浅黄色或黄白色，背鳍前背部正中央有 8～10 个黄白色圆斑点。背鳍后背中间也有数个黄白色圆斑点。背鳍上有 2 列黑色带纹。臀鳍基部有一不明显的黑色带纹。胸、腹鳍颜色较浅。尾鳍基部有一黑色垂直带纹，尾鳍上具 2～3 列不甚规则的斜行黑色带纹。

生活习性：生活于溪河底层。文献记载汉水扁尾薄鳅分布于汉江、清江水系，本次调查表明本种在湖南的资江、澧水也有分布。

经济价值：小型鱼类，经济价值不大。

采集地：澧水、资江。

4. 平鳍鳅科 Homalopteridae

平鳍鳅亚科 Homalopterinae

下司华吸鳅 *Sinogastromyzon hsiashiensis*（彩图 5-79）

地方名：爬石鱼、爬岩固。

分类地位：鲤形目平鳍鳅科平鳍鳅亚科华吸鳅属。

形态特征：头部宽扁，较大。背部圆隆，腹面宽平。口下位，呈新月形。吻宽圆，呈铲状。上下颌为角质。口角有 2 对触须，外侧的稍长。鳃裂止于胸鳍基上方。侧线完全。背鳍不分枝鳍条为硬刺，起点位于吻端和尾基之间的正中或稍前。胸鳍平展，左右分离，两腹鳍连为一体，后缘圆形，无缺口。胸、腹鳍均有发达的肌肉基。肛门约在腹、臀鳍正中，被腹鳍掩盖。臀鳍不分枝鳍条为硬刺，最长鳍条达尾基。尾柄短而侧扁。尾鳍内凹，下叶长于上叶。体鳞细小，腹部和胸鳍基部及被胸鳍覆盖的体侧裸露无鳞。背侧暗绿色，间有许多不规则的褐斑块。腹面黄白色。奇鳍灰白色。偶鳍微黄色。各鳍上均有数列黑色斑条。

生活习性：生活于山区急流浅滩，身体吸附在水底岩石上。以小型动植物为食。分布于长江中上游及其附属水系。

经济价值：小型鱼类，经济价值不大。

采集地：沅水、澧水。

犁头鳅 *Lepturichthys fimbriata*（彩图 5-80）

地方名：铁丝鱼、细尾鱼。

分类地位：鲤形目平鳍鳅科平鳍鳅亚科犁头鳅属。

形态特征：身体从臀鳍向前渐宽扁，尾柄细长。背部微隆。腹部宽平。头部前狭后宽，形状像犁头。口下位，呈新月形。上下颌为角质。吻端下缘有 1 排触须，外侧 1 行稍长，口下缘的触须排列不规则，一般较口上缘的触须为短，口角 2 对触须略长。鳃裂止于胸鳍基部下方。侧线完全。背鳍不分枝鳍条基部稍硬，末端柔软。背鳍起点与腹鳍起点相对或稍前，距吻端远较距尾基为近。胸鳍不达腹鳍。腹鳍不达或达到肛门。肛门位于腹鳍基末到臀鳍的 2/3 处或稍后。臀鳍较小。尾鳍浅分叉，下叶长于上叶。体鳞细小，鳞片上有刺，手触动有粗糙感；胸、腹部无鳞。背侧棕褐色，腹面黄白色。背部有以白边相间的 6~9 个大褐斑纹。各鳍均有数列褐色斑条。

生活习性：栖息于山涧溪河水流湍急的石头滩上的底栖性小型鱼类。对水质、溶氧量要求高。生活时胸、腹鳍平展，吸附于石块上以免被水冲走。以固生藻类为食。生殖季节在 4 月中旬到 6 月初，卵漂流性。分布于长江水系。

经济价值：小型鱼类，经济价值不大。

采集地：澧水。

5.5　鲇形目 Siluriformes

特征：体长形，裸露无鳞或被以骨板。口不能伸缩。上下颌常具齿带，齿多为绒毛状。须 1~4 对。通常具脂鳍。无顶骨和下鳃盖骨。背、胸鳍常具硬刺。第三与第四脊椎骨合并。侧线完全或不完全。

1. 鲇科 Siluridae

鲇 *Silurus asotus*（彩图 5-81）

地方名：猫鱼、青花鱼、油胴鱼、鲭鱼、青条鱼、鲇巴郎、鲇拐子。

分类地位：鲇形目鲇科鲇属。

形态特征：体延长，前部略呈短圆筒形，后部渐侧扁。吻宽且纵扁。口大，亚上位。口裂浅，末端仅与眼前缘相对。唇厚，口角唇褶发达。下颌突出于上颌。上、下颌具绒毛状细齿。犁齿带连成一片。眼小，侧上位，为皮膜覆盖。前鼻孔呈短管状，后鼻孔圆形。须2对。颌须较长，后伸达胸鳍基后端；颐须短。鳃盖膜不与鳃颊相连。背鳍短小，无硬刺，约位于体前1/3处。臀鳍基部甚长，后端与尾鳍相连。胸鳍骨质硬刺前缘具明显锯齿，后缘锯齿强。尾鳍微凹，上、下叶等长。体色随栖息环境不同而有所变化，一般生活时体呈灰褐色，体侧色浅，具不规则的灰黑色斑块，腹面白色，各鳍色浅。

生活习性：中型湖泊定居性鱼类，喜昼伏夜出，营穴居生活，常生活于水草丛生、水流较缓的泥底。肉食性，主要食物为小鱼、小虾及水生昆虫等。性成熟年龄为1冬龄，4～6月繁殖，卵大，具黏性。各水系均有分布。

经济价值：中型经济鱼类，生长速度快，肉质嫩、刺少。

采集地：沅水、澧水、资江。

大口鲇 *Silurus meridionalis*（彩图5-82）

地方名：南方大口鲇、南方鲇。

分类地位：鲇形目鲇科鲇属。

形态特征：体延长，前部粗圆，后部侧扁。吻宽、圆钝。口大，亚上位，弧形，口角唇褶发达。下颌突出于上颌，露齿。口裂深，后伸至少达眼球中央垂直下方。上、下颌及犁骨均具锥形略带钩状的细齿。眼小，侧上位。眼间宽平。前鼻孔呈短管状，后鼻孔圆形。须2对。颌须长，后伸可及腹鳍起点之垂直上方；颐须较短。鳃盖膜不与鳃颊相连。背鳍基甚短，无骨质硬刺。臀鳍基很长，后端与尾鳍相连。胸鳍圆扇形，具骨质硬刺，前缘具颗粒状突起，后缘中部至末端具弱锯齿。尾鳍小，近斜截形或略内凹，上叶略长于下叶。活体灰褐色，腹部灰白色，各鳍灰黑色。

生活习性：大型湖泊定居性鱼类。生活在水体中下层。肉食性鱼类，主要以鱼、虾、水生昆虫、底栖生物等为食。一般4龄开始性成熟，产卵期较长，4～6月为产卵盛期。分布于珠江、长江、淮河、黄河、黑龙江等水系。

经济价值：大型名贵经济鱼类，具有生长快、肉质细嫩、抗寒、易起捕等特点，是渔业优良养殖对象。

采集地：沅水、澧水、资江。

2. 胡子鲇科 Clariidae

胡子鲇 *Clarias fuscus*（彩图5-83）

地方名：土虱、塘角鱼、塘虱鱼。

分类地位：鲇形目胡子鲇科胡子鲇属。

形态特征：体延长。头平扁而宽，呈楔形。头顶部及两侧有骨板，被皮肤覆盖，上枕骨棘向后远不及背鳍起点。吻宽而圆钝。口大，亚下位，弧形。上颌略突出于下颌，下颌齿带中央有断裂。眼很小，侧上位，眼间宽平。前鼻孔呈短管状，后鼻孔呈圆孔状。须 4 对，鼻须位于后鼻孔前缘；颌须接近或超过胸鳍起点，外侧颏须略长于内侧颏须。鳃盖膜不与鳃颊相连。背鳍基长，无硬刺，鳍条隐于皮膜内。臀鳍基长，但短于背鳍基。胸鳍小，硬刺前缘粗糙，后缘具弱锯齿。尾鳍不与背鳍、臀鳍相连，圆形。活体一般呈褐黄色，有些个体的背部呈褐黑色，腹部色浅。体侧有一些不规则的白色小斑点。

生活习性：中、小型底栖鱼类。常栖息于水草丛生的江河、池塘、沟渠、沼泽和稻田的洞穴内或暗处。性群栖，数十尾或更多地聚集在一起。因其鳃腔内具辅助呼吸器官，故适应性很强，离水后存活时间较长。以水生昆虫及其幼虫、小虾、寡毛类、小型软体动物和小鱼等为食。产卵期 5～7 月。鱼卵受精后，雄鱼离去，雌鱼守穴防守，直至仔鱼能自由游动觅食方始离去。分布较广，南自海南岛，北至长江中下游，西自云南，东至台湾。

经济价值：经济鱼类，肉质细嫩，具食用和药用价值。

采集地：沅水、澧水、资江。

3. 鲿科 Bagridae

黄颡鱼 *Pelteobagrus fulvidraco*（彩图 5-84）

地方名：黄呀姑、黄角丁、黄骨鱼、黄沙古、黄腊丁、刺黄股。

分类地位：鲇形目鲿科黄颡鱼属。

形态特征：体延长，稍粗壮，后部侧扁。背鳍前距大于体长的 1/3。头背大部裸露，上枕骨棘宽短。吻部钝圆。口大，下位，弧形。眼中大，侧上位；眼间隔宽，略隆起。前后鼻孔相距较远，前鼻孔呈短管状。鼻须位于后鼻孔前缘，伸达或超过眼后缘。颌须 1 对，向后伸达或超过胸鳍基部。背鳍短小，具骨质硬刺，前缘光滑，后缘具细锯齿。脂鳍短。臀鳍鳍条 16～20。胸鳍骨质硬刺前缘锯齿细小而多，后缘锯齿粗壮而少。尾鳍深分叉，末端圆，上、下叶等长。活体背部黑褐色，至腹部渐浅黄色。沿侧线上下各有一狭窄的黄色纵带，约在腹鳍与臀鳍上方各有一黄色横带，交错形成断续的暗色斑块。

生活习性：小型湖泊定居性鱼类。生活于水体底层。以肉食性为主的杂食性鱼类，主要以小鱼、虾、各种陆生和水生昆虫、小型软体动物及其他水生无脊椎动物为食。一般 2～4 冬龄达性成熟，产卵期为 4～7 月。分布于长江、黄河、珠江、闽江、海河、黑龙江、松花江等水系。

经济价值： 小型经济鱼类，其肉质细嫩、肉味鲜美、无肌间刺、营养价值较高。
采集地： 沅水、澧水、资江。

瓦氏黄颡鱼 *Pelteobagrus vachelli*（彩图 5-85）

地方名： 江黄颡、硬角黄腊丁、黄古、肥坨。
分类地位： 鲇形目鲿科黄颡鱼属。
形态特征： 体延长，前部略圆，后部侧扁，尾柄略细长。头顶有皮膜覆盖；上枕骨棘常裸露。口较小，下位，略呈弧形。吻钝，略呈锥形。上颌突出于下颌。眼中大，侧上位，眼缘不游离。眼间稍平。前后鼻孔相隔较远，前鼻孔呈短管，位于吻端；后鼻孔前缘有小的鼻须，后伸超过眼后缘。颌须略粗壮，后端超过胸鳍基后端；外侧颏须长于内侧颏须，后伸达胸鳍。背鳍骨质硬刺前缘光滑，后缘具弱锯齿，长于胸鳍硬刺，起点约在体前部 1/3 处。脂鳍短，后缘游离。臀鳍基长，大于脂鳍基；臀鳍鳍条 21～24。胸鳍硬刺前缘光滑，后缘具强锯齿，后伸不达腹鳍。尾鳍深分叉，上、下叶末端圆钝，等长。活体背部灰褐色，体侧灰黄色，腹部浅黄色。各鳍暗色，边缘略带灰黑色，尾鳍下叶边缘灰黑色。

生活习性： 中小型湖泊定居性鱼类，栖息于江河湖泊的缓流或静水区。生活在水体底层。以肉食性为主的杂食性鱼类，主要以小鱼、小虾、水生昆虫等为食，也摄食禾本科植物碎片和种子等。一般 3 龄性成熟，产卵期为 5～7 月。瓦氏黄颡鱼为中国特有种，广泛分布于长江、珠江、钱塘江、淮河、黄河及其支流、湖泊。

经济价值： 小型经济鱼类，其肉质细嫩、肉味鲜美、无肌间刺、营养价值较高。
采集地： 沅水、澧水、资江。

光泽黄颡鱼 *Pelteobagrus nitidus*（彩图 5-86）

地方名： 油黄古、黄甲、尖嘴黄颡鱼。
分类地位： 鲇形目鲿科黄颡鱼属。
形态特征： 体长形，头部稍扁平，头后体渐侧扁。头顶后部裸露，上枕骨棘明显，末端接近项背骨，而不连接。吻端钝圆。口下位，口裂呈弧形。上颌突出于下颌。须 4 对，均较短。鼻须后伸可超过眼前缘，上颌须可超过眼后缘。眼中大，侧上位，眼缘不游离。眼间隔略隆起。前后鼻孔相隔较远，前鼻孔呈短管状，位于吻端；后鼻孔前缘有鼻须，末端可达眼中央。背鳍短小，骨质硬刺长于胸鳍硬刺，前缘光滑，后缘具细锯齿。脂鳍肥厚，后缘游离，鳍基长明显短于臀鳍基。臀鳍基较长，鳍条约有 25 根。胸鳍硬刺前缘光滑，后缘锯齿发达。腹鳍小，末端超过臀鳍起点。尾鳍深分叉，上、下叶等长，末端细尖。肛门靠近臀鳍起点。生殖突明显。体裸露无鳞。侧线平直。活体灰黄色，背色深，体侧有 2 块暗色斑纹，腹部浅黄白色。各鳍浅灰色。

生活习性: 小型湖泊定居性鱼类。一般栖息于湖泊、江河支流的中下层,白天很少活动,夜间外出觅食。以肉食性为主的杂食性鱼类,主要以水生昆虫和小虾等为食。一年可达性成熟,产卵期为4～5月。长江及其附属水系有分布。

经济价值: 小型鱼类,经济价值不大。

采集地: 沅水、澧水、资江。

长须黄颡鱼 *Pelteobagrus eupogon*(彩图 5-87)

地方名: 江黄古、岔尾黄颡鱼。

分类地位: 鲇形目鲿科黄颡鱼属。

形态特征: 体较修长,前背长小于体长的1/3。腹鳍前稍粗壮,后部渐侧扁。头较小,背面光滑,有皮肤覆盖。口下位,口裂呈弧形。前后鼻孔相距较远,前鼻孔呈短管状。鼻须位于后鼻孔前缘,后端伸达或超过眼后缘。颌须最长,后端向后伸超过胸鳍基后端;颏须均纤细,外侧颏须长于内侧颏须,后伸超过胸鳍起点。眼侧上位;眼间隔宽,略隆起。背鳍短,位前,骨质硬刺长约等于或短于胸鳍硬刺,其前缘光滑,后缘具弱锯齿。脂鳍较短,后端游离。臀鳍鳍条18～23。胸鳍硬刺前缘具弱锯齿,通常包于皮内,后缘锯齿较强。尾鳍深分叉,上叶较长,后端圆钝。活体全身灰黄色,至腹部色渐浅。背侧有黑斑。各鳍灰黄色。

生活习性: 小型湖泊定居性鱼类。生活于水体底层,以肉食性为主的杂食性鱼类,主要以昆虫、小型鱼虾和螺蛳等为食。一般性成熟年龄为 2 龄,繁殖季节为5～7月。主要分布于长江干流及其附属湖泊中,尤以中下游湖泊居多。

经济价值: 小型鱼类,经济价值不大,但由于过度捕捞、水域环境恶化等因素影响,其种群数量急剧下降,在《中国物种红色名录》中被列为易危(VU)物种。

采集地: 沅水、澧水、资江。

粗唇鮠 *Leiocassis crassilabris*(彩图 5-88)

地方名: 乌嘴肥、黄姑鲢、黄腊丁。

分类地位: 鲇形目鲿科鮠属。

形态特征: 体延长,前部略粗壮,后部侧扁。体高一般大于体长的1/5。头钝,侧扁,头顶被厚皮膜;上枕骨棘不裸露,略长,接近项背骨。吻圆钝,突出,略呈锥形。眼中等大,侧上位,被以皮膜;眼缘不游离。眼间隔宽,略隆起。口下位,略呈弧形,唇略厚。上颌突出于下颌。须均细弱,鼻须位于后鼻孔前缘,后伸达眼后缘,颌须较短,后伸达鳃盖骨,颏须短于颌须。背鳍短小,骨质硬刺前缘光滑,后缘具细弱锯齿或齿痕。脂鳍发达,长于臀鳍。臀鳍鳍条13～19。胸鳍硬刺较宽扁,前缘光滑,后缘具 10～14 个锯齿,后伸远不及腹鳍。尾鳍深分叉,上、下叶等长,末端圆钝。活体全身灰褐色，体侧色浅，腹部浅黄色。各鳍灰黑色。

生活习性：小型湖泊定居性鱼类。生活在水体底层。肉食性鱼类，主要以小虾、水生昆虫和软体动物等为食。一般性成熟年龄为 2 龄，产卵期为 5～7 月。分布于长江、珠江、闽江等水系。

经济价值：小型鱼类，因其具有肉质鲜嫩、味道鲜美、鳞下胶质丰富、无肌间刺等特点，具有较高的经济价值。

采集地：沅水、澧水、资江。

长吻鮠 *Leiocassis longirostris*（彩图 5-89）

地方名：鮰鱼、江团、肥沱、肥王鱼、白哑肥。

分类地位：鲇形目鲿科鮠属。

形态特征：体延长，前部粗短，后部侧扁。头略大，后部隆起，不被皮膜所盖；上枕骨棘粗糙，裸露。吻颇尖且突出，锥形。口下位，呈弧形。唇肥厚。上颌突出于下颌。眼小，侧上位。眼间隔宽，隆起。前后鼻孔相隔较远，前鼻孔呈短管状，位于吻前端下方；后鼻孔为裂缝状。鼻须位于后鼻孔前缘，后端达眼前缘；颌须较短，后端超过眼后缘；颏须短于颌须，外侧颏须较长。背鳍短，骨质硬刺前缘光滑，后缘具锯齿；其硬刺长于胸鳍硬刺。脂鳍短。臀鳍鳍条 14～18。胸鳍硬刺后缘有锯齿。腹鳍小。尾鳍深分叉，上、下叶等长，末端稍钝。体粉红色，背部暗灰，腹部色浅。头及体侧具不规则的紫灰色斑块。各鳍灰黄色。

生活习性：中型湖泊定居性鱼类。生活在水体底层。凶猛肉食性鱼类，幼鱼主要以浮游类、毛翅类、双翅类等的幼虫为食，成鱼完全以鱼为食，在食物缺乏时相互蚕食。一般 3～5 年可达性成熟，产卵期为 4～6 月。分布于我国辽河、淮河、长江、闽江、珠江等水系及朝鲜西部，以我国长江水系为主。

经济价值：长吻鮠肉质细嫩鲜美、营养丰富、鱼鳔肥厚、滋补价值高，是珍贵的经济鱼类。

采集地：沅水、资江。

乌苏拟鲿 *Pseudobagrus ussuriensis*（彩图 5-90）

地方名：乌苏里鮠、牛尾巴、黄昂子、回鳇鱼。

分类地位：鲇形目鲿科拟鲿属。

形态特征：体延长，前部粗圆，后部侧扁。头纵扁，头顶有皮膜覆盖；上枕骨棘几裸露，与项背骨接近。吻稍尖圆。口下位，横裂。唇厚。上颌突出于下颌。眼小，侧上位，位于头的前部，眼缘不游离，被皮膜覆盖。眼前略隆起。前后鼻孔相距较远，前鼻孔呈短管状，位于吻端；后鼻孔裂缝状。须细短，鼻须后伸达眼后缘，颌须不达鳃盖膜；外侧颏须后伸超过眼后缘。背鳍骨质硬刺前缘光滑，后缘具弱锯齿，刺长稍长于胸鳍硬刺。脂鳍略低且长，等于或略长于臀鳍基，后缘游离。臀鳍鳍条 15～19。胸鳍硬刺前缘光滑，后缘具强锯齿，鳍条后伸不达腹鳍。腹鳍后伸不达臀鳍。尾鳍内凹，上叶稍长，末端圆钝。活体背及体侧灰黄色，腹部色浅。

生活习性： 湖泊定居性鱼类。生活于水体底层。杂食性鱼类，主要以水生昆虫、底栖生物和小鱼等为食。一般性成熟年龄为 3 龄，产卵期 6～7 月。分布于珠江至黑龙江各水系。

经济价值： 中小型经济鱼类。

采集地： 沅水、澧水、资江。

圆尾拟鲿 *Pseudobagrus tenuis*（彩图 5-91）

地方名： 别耳姑、牛尾巴。

分类地位： 鲇形目鲿科拟鲿属。

形态特征： 体延长，在腹鳍以前较胖圆，向后渐侧扁。头中等大，眼位于头的前部，侧上位。眼缘不游离，被皮膜覆盖。眼间宽阔。吻端圆钝。前后鼻孔分隔较远，前鼻孔呈小管状，位于吻端，后鼻孔在吻端到眼睛前缘的中点。口下位，口裂呈弧形。4 对触须都较细短，鼻须接近或稍超过眼前缘，但较上颌须为短；颌须较短，末端可达眼后缘。背鳍刺前缘光滑，后缘稍粗糙，其长度大于胸鳍刺。脂鳍末端游离，脂基长稍大于臀鳍基。臀鳍鳍条 20～23。腹鳍末端超过肛门。肛门距臀鳍较距腹鳍为近。尾鳍圆形。全身裸露无鳞。侧线平直。腹膜色淡。鳔 2 室。背侧灰黄色，腹部黄白色，各鳍浅灰色，尾鳍边缘为白色。一般雄鱼体细长，雌鱼体粗短，个体较小。

生活习性： 小型湖泊定居性鱼类。生活在水体底层。杂食性鱼类，以水生昆虫及其幼虫、小螺、小鱼虾等为主要食物。一般性成熟年龄为 2 龄，产卵期为 4～5 月，多在近岸水域产沉性卵。分布于长江至闽江水系。

经济价值： 小型经济鱼类。

采集地： 沅水、澧水、资江。

细体拟鲿 *Pseudobagrus pratti*（彩图 5-92）

地方名： 竹筒黄鲇、黄腊丁。

分类地位： 鲇形目鲿科拟鲿属。

形态特征： 体细长，前部略粗圆，后部侧扁。背鳍前距等于或小于体长的 1/3。鳃耙 7～9。尾柄高等于或小于头长的 1/3。头略纵扁，被皮肤所覆盖。吻宽，钝圆。口大，下位，口裂略呈弧形。唇厚，边缘具梳状纹，在口角处形成发达的唇褶。上颌突出于下颌。眼小，侧上位。前后鼻孔相隔较远。须细短，鼻须后伸达眼中央，颌须后端稍过眼后缘。背鳍短，骨质硬刺前后缘均光滑，短于鳍条。脂鳍低长，约等于臀鳍。臀鳍鳍条 19~22。胸鳍硬刺前缘光滑，后缘具锯齿 8~10 枚，鳍条后伸不达腹鳍。尾鳍浅凹形，上下叶末端圆钝。活体呈褐色，至腹部渐浅，无斑。背鳍、尾鳍末端灰黑。

生活习性： 小型湖泊定居性鱼类。生活在水体底层。杂食性，主要摄食小鱼、小虾、昆虫幼虫、蠕虫及底栖甲壳动物等。多分布于长江以南各水系。

经济价值： 小型经济鱼类。

采集地： 沅水、澧水、资江。

长脂拟鲿 *Pseudobagrus adiposalis*（彩图 5-93）

地方名： 脂鮠鱼、牛尾巴。

分类地位： 鲇形目鲿科拟鲿属。

形态特征： 体细长，前部略平扁，后部侧扁。尾柄高大于头长的 1/3。头小，圆钝且平扁，头背面被厚皮。吻圆钝、略宽。口下位，口裂宽于眼间距。唇厚，在口角处形成发达的唇褶。上颌突出，上、下颌及腭骨具绒毛状细齿，形成齿带。眼小，侧上位，位于头的前半部。前后鼻孔相隔较远，前鼻孔呈短管状，近吻端，后鼻孔呈一狭缝，位于眼前上方，后鼻孔距前鼻孔与距眼前缘约相等。须 4 对，均较短：鼻须 1 对，由后鼻孔前缘伸出，后伸达眼中央；上颌须 1 对，后伸略过眼后缘；颏须 2 对，均短于颌须，外侧颏须长于内侧颏须。鳃孔大，鳃盖膜不与鳃颊相连。背鳍短小，基部膨大，骨质硬刺前后缘光滑或仅后缘具齿痕，起点距吻端大于或等于距脂鳍起点。脂鳍较发达，后缘游离，脂鳍基与臀鳍基等长，基部位于背鳍后端至尾鳍中央。臀鳍起点位于脂鳍起点垂直下方之后，距尾鳍基大于距胸鳍基后端。胸鳍下侧位，硬刺前缘光滑，后缘有锯齿，长于背鳍硬刺，鳍条后伸不及腹鳍基。腹鳍起点位于背鳍基后端垂直下方之后，距胸鳍基后端大于距臀鳍起点。肛门距臀鳍起点较距腹鳍基后端近。尾鳍微内凹，上叶略长于下叶。

生活习性： 小型湖泊定居性鱼类。生活在水体底层。杂食性，主要以水生昆虫、底栖生物和小鱼等为食。分布于广东的西江及台湾的淡水河等水系，此次调查发现该鱼已北扩至长江水系的湖南西北部。

经济价值： 小型经济鱼类。

采集地： 沅水、澧水。

大鳍鳠 *Mystus macropterus*（彩图 5-94）

地方名： 牛尾子、江鼠、罐巴子、白须鳅、柳根、岩扁头。

分类地位： 鲇形目鲿科鳠属。

形态特征： 体延长，前端略纵扁，后部侧扁。上枕骨棘不外露。吻钝。口略大，次下位，唇于口角处形成发达的唇褶。上颌突出于下颌。眼大，侧上位，眼缘游离，眼间宽平。前鼻孔呈管状，后鼻孔为裂缝。鼻须位于后鼻孔前缘，末端超过眼中央或达眼后缘，颌须长，后伸达胸鳍条后端。外侧颏须后端达胸鳍起点。背鳍短小，骨质硬刺前后缘均光滑，短于胸鳍硬刺。脂鳍低且长，长于臀鳍的 2 倍，后缘略斜或截形而不游离。臀鳍鳍条 11～13。胸鳍硬刺前缘具细锯齿，后缘锯齿发达。尾鳍分叉，上叶长于下叶，末端圆钝。活体背灰褐色，体侧色浅，腹部白色，体及鳍均散布暗色小斑点，各鳍色灰，尾鳍上叶微黑。

生活习性： 山溪流水性鱼类，喜在流水环境中生活，生活于水体底层。杂食性鱼类，主要食物为浮游生物、水生昆虫及小鱼虾等。一般 2～3 龄性成熟，产卵期为 5～7 月。分布于长江至珠江各水系。

经济价值： 中小型经济鱼类。

采集地： 沅水、澧水、资江。

4. 鮰科 Ictaluridae

斑点叉尾鮰 *Ictalurus punctatus*（彩图 5-95）

地方名： 沟鲶、钳鱼。

分类地位： 鲇形目鮰科鮰属。

形态特征： 体形较长，前部略平扁，后部侧扁。头较小，口亚下位。吻稍尖。侧线完全，皮肤上有明显的侧线孔。眼侧上位。2 对鼻孔前后分离。4 对触须长短各异，其中颌须最长，末端超过胸鳍基部；鼻须最短，位于后鼻孔前端，末端超过眼后缘。鳃孔较大，鳃盖膜不连于颊部。胸鳍、背鳍均 1 鳍棘，鳍棘后缘呈锯齿状。脂鳍小，短于臀鳍。臀鳍鳍条 26～29。尾鳍分叉较深。体侧背部淡灰色，腹部乳白色，各鳍均为深灰色。幼鱼体两侧有明显而不规则的斑点，成鱼斑点渐不明显或消失。

生活习性： 引进种，原产于北美洲，中型湖泊定居性鱼类。生活于水体底层。以肉食性为主的杂食性鱼类，主要以底栖动物、水生昆虫、浮游动物等为食。一般 4 龄可达性成熟，产卵期为 6～7 月。

经济价值： 中型经济鱼类。

采集地： 沅水、澧水、资江。

云斑鮰 *Ictalurus nebulosus*（彩图 5-96）

地方名： 肥古、褐首鲶。

分类地位： 鲇形目鮰科鮰属。

形态特征： 体形短，前部宽肥，后部侧扁，头大，吻宽而钝，口端位，前后鼻孔各 1 对。无鳞，黏液丰富，侧线完全。身体背部及体两侧有不太明显的斑纹。触须 4 对，长短各异，以口角须最长，末端超过胸鳍基部，2 对颐须较短，外侧的长于内侧的，鼻须末端超过眼后缘。鳃孔较大，鳃膜不连于颊部。各鳍均为灰褐色，背鳍和胸鳍各有 1 根硬棘，胸鳍硬刺前缘光滑，后缘具弱锯齿，尾鳍截形，脂鳍基短于臀鳍基。体色为黄褐色或金黄色，在侧线以下由黄褐色逐渐变淡，至腹部为乳白色，而幼鱼及产卵季节的雄鱼体色则为黑褐色。

生活习性：引进种，原产于北美洲，中型湖泊定居性鱼类。生活于水体底层，天然条件下摄食底栖生物、水生昆虫、浮游动物、有机碎屑等。在池塘、江河、湖泊中均能自然繁殖形成种群。

经济价值：中型经济鱼类，现已人工养殖。

采集地：沅水、澧水、资江。

5. 钝头鮠科 Amblycipitidae

白缘䱀 *Liobagrus marginatus*（彩图 5-97）

地方名：水蜂子、鱼蜂子。

分类地位：鲇形目钝头鮠科䱀属。

形态特征：体长形，前躯较圆，肛门以后逐渐侧扁。头宽大而其腹面较平。背缘拱形，自吻端向后上斜，背鳍至脂鳍起点较平缓，向后逐渐下斜，腹面在腹鳍以前略平直。头部向吻端逐渐纵扁，背面有一纵沟，两侧鼓起。吻端钝圆，眼小，背位，眼缘模糊。口大，端位，横裂。须 4 对，均甚发达。腮孔大，鳃盖膜不与鳃颊相连。背鳍硬刺包覆于皮膜之中，背鳍外缘圆凸。脂鳍基较长，起点不甚明显，后端以一缺刻与尾鳍明显分开。臀鳍外缘圆凸。胸鳍具短刺，顶端尖，包覆于皮膜之中，其长度不及最长鳍条之半，前缘光滑，后缘靠近基部有锯齿 3～4 枚，基部有毒腺。胸鳍后缘圆凸，起点略前于腮孔上角的垂直下方。腹鳍起点约位于吻端至尾鳍基的中点，肛门靠前，距腹鳍基后端较距臀鳍起点为近。尾鳍接近平截，有时后缘微凸。全身灰黑，腹面色较浅。各鳍具灰白或淡黄色边缘。

生活习性：小型湖泊定居性鱼类。生活于山溪、小河河底多砾石、砂石水体底层。以肉食性为主的杂食性鱼类，主要以水生昆虫、浮游动物、软体动物、虾蟹类等为食。分布于长江及其附属水系。

经济价值：小型经济鱼类。

采集地：沅水、澧水。

司氏䱀 *Liobagrus styani*（彩图 5-98）

地方名：水蜂子。

分类地位：鲇形目钝头鮠科䱀属。

形态特征：体长形，前躯较圆，肛门以后逐渐侧扁。头宽扁。吻钝圆。鳃膜不连于颊部。前后鼻孔距离很近。上、下颌约等长。颌须最长，外侧颏须等于或略短于颌须，鼻须短于外侧颏须，内侧颏须最短。背鳍起点距吻端小于距脂鳍起点。背鳍分枝鳍条 6 根。脂鳍与尾鳍相连，中间有一缺刻。臀鳍平放达到尾鳍下缘基部。背鳍与胸鳍硬刺较弱，埋于皮内。胸鳍刺内缘光滑无锯齿。肛门距腹鳍基较距臀鳍起点为近。尾鳍圆形。浸制标本呈棕色，腹面较淡，体侧有分布不规则的淡色小点，背鳍、脂鳍色较浓，各鳍有较宽的淡色边缘。

生活习性：小型湖泊定居性鱼类。生活在水体底层。杂食性，主要以水生昆虫、虾、鱼卵、小鱼和螺蛳等为食。分布于长江中下游水系。

经济价值：小型经济鱼类。

采集地：沅水、澧水、资江。

6. 鮡科 Sisoridae

中华纹胸鮡*Glyptothorax sinense*（彩图 5-99）

地方名：石黄古、黄腊丁。

分类地位：鲇形目鮡科纹胸鮡属。

形态特征：体细长，背缘隆起，腹缘略圆凸，体后部略侧扁。头小，纵扁，背面被皮肤。吻扁钝或略尖。眼小，背侧位。口裂小，下位，横裂；下颌前缘近横直；上颌齿带小，新月形，口闭合时齿带前部显露。鼻须后伸达其基至眼前缘的 2/3 处；颌须后伸达或超过胸鳍基后端；外侧颏须达到或伸过胸鳍起点；内侧颏须伸达胸吸着器前部。匙骨后突明显，部分裸出。第五脊椎横突远端突出于体表，与体侧皮肤连接。皮肤表面具疏密不等的细颗粒，头背面皮肤偶有细长的纵向嵴突。侧线完全。胸吸着器纹路清晰完整，中部不具无纹区，后端开放。背鳍刺粗短，后缘粗糙或具微锯齿；项背骨明显，近三角形，被薄皮肤，前突与上枕骨棘几相触。脂鳍小，后缘游离。臀鳍起点与脂鳍起点相对或稍后，鳍条后伸过脂鳍后缘垂直下方。胸鳍刺强，后缘具 8～11 枚锯齿。腹鳍起点位于背鳍基后端垂直下方之后。距吻端较尾鳍基为远，鳍条达或几达臀鳍起点。尾鳍深分叉，下叶略长于上叶。偶鳍不分枝鳍条腹面无羽状皱褶。浸制标本灰色，腹面灰白色，背鳍、脂鳍下方及尾鳍基各有一黑灰色横向斑块或宽带。各鳍灰色，中部和基部具深浅不等的黑色斑块或横带。

生活习性：小型淡水鱼类，栖息于急流环境中，用胸腹面发达的皱褶吸附于石上。生活于水体底层。肉食性鱼类，主要摄食昆虫幼虫，如蜉蝣目、襀翅目、毛翅目、蜻蜓目、双翅目等昆虫的幼虫。产卵期为 5～6 月，在急流石滩上产卵，卵黏附于石块上。分布于长江中下游及其附属水体。

经济价值：小型经济鱼类。

采集地：沅水、资江。

5.6　颌针鱼目 Beloniformes

特征：体细长，柱形，尾部细而侧扁。下颌延长形成喙状，向前延伸如针，具细齿。胸鳍位置较高。背鳍后移，与臀鳍相对，接近尾鳍。尾鳍分叉或圆形。体被圆鳞，易脱落。鳃耙发达，鳃盖膜不与颊部相连。侧线位低，靠近腹缘。

鱵科 Hemiramphidae

鱵 *Hemiramphus kurumeus*（彩图 5-100）

地方名：穿针子、针公、针杆子。

分类地位：颌针鱼目鱵科鱵属。

形态特征：体细长，呈圆柱状，尾部侧扁。下颌向前延伸特别长，呈针形。上颌短小，呈三角形，三角形高大于底边。鼻孔 1 对，大，位于眼的前上方。眼大，侧位。背鳍无硬刺，在体的后部。胸鳍短而尖，短于或等于头长，远离腹鳍。腹鳍小，末端不达臀鳍；腹鳍起点距胸鳍基部较距尾鳍基部为近。臀鳍起点在背鳍起点的稍前方。肛门靠近臀鳍。尾鳍叉形，下叶较长。体鳞薄，易脱落。头部和上颌具鳞。侧线完全，位于体侧近腹缘处，侧线鳞 64～74。体呈银白色，背部自头后至尾鳍有灰黑色条纹，两旁有排列整齐的小黑点。体侧中部有 1 条银白色斑带（浸制后变为黑色）。背鳍和尾鳍均为灰黑色，其他各鳍为黄白色。

生活习性：小型湖泊定居性鱼类。生活于水体中上层。肉食性鱼类，以桡足类、枝角类等为主要食物，其次为昆虫等浮游动物。繁殖期在 5～6 月。广泛分布于长江中下游及附属湖泊。

经济价值：小型经济鱼类。

采集地：沅水、澧水、资江。

5.7　合鳃目 Synbranchiformes

特征：体呈鳗形；左右鳃孔相连为一。胸鳍和腹鳍全无。背鳍、臀鳍退化成皮褶。尾部尖细。体表光滑无鳞。侧线孔不明显。

合鳃鱼科 Synbranchidae

黄鳝 *Monopterus albus*（彩图 5-101）

地方名：鳝鱼。

分类地位：合鳃目合鳃鱼科黄鳝属。

形态特征：体圆而细长，呈蛇形。头部上下隆凸。眼小，位于头的前部，侧上位。2 对鼻孔前后分离，后鼻孔靠近眼，前鼻孔位于吻端。口大，端位，口裂深。两鳃孔合为一体，开口于腹面，鳃裂呈"V"字形。无胸鳍和腹鳍。背鳍和臀鳍退化成皮褶。尾部尖细。体表光滑，无鳞片。侧线孔不明显。身体在侧线上部灰黑色，侧线以下灰黄色。背侧有 5 纵列小黑点，或全身散布黑点。腹部有许多不规则的黑白相间的花纹。

生活习性：中小型湖泊定居性鱼类。栖息于腐殖质多的水底泥窟中，喜穴居。生活于水体底层。肉食性鱼类，主要摄食昆虫及幼虫、小鱼、小虾等。黄鳝为性逆转的鱼种，生活史为先雌后雄，至 3 龄以上产卵后才会转变为雄性鳝鱼。4～8 月产卵。分布于亚洲东南部，中国除西部高原外的全国各水域。

经济价值：中小型经济鱼类。

采集地：沅水、澧水、资江。

5.8　鲈形目 Perciformes

特征：上颌口缘由前颌骨构成。鳃盖常有棘。背鳍通常 2 个，第 1 背鳍全部由鳍棘组成，第 2 背鳍与臀鳍相对，若只有 1 个，则鳍基稍长而第 1 枚为棘。胸鳍垂直而位不高。如腹鳍存在，则胸位或喉位，有时颏位或亚胸位。鳞片多栉鳞或圆鳞。鳔无鳔管。

1. 鳢科 Channidae

乌鳢 *Channa argus*（彩图 5-102）

地方名：财鱼、黑鱼。

分类地位：鲈形目鳢科鳢属。

形态特征：体长而肥胖，稍侧扁。头长，较窄。眼侧上位，靠近吻端；眼间宽平。吻短钝。2 对鼻孔前后分离。口大，斜裂，近上位，口裂深。背鳍基和臀鳍基长。背鳍鳍条 47～50，起点在腹鳍前上方。胸鳍长圆形，末端超过腹鳍中部。腹鳍较小，末端不达肛门。臀鳍鳍条 31～36。尾鳍长圆形。全身被圆鳞。头顶及鳃盖鳞片较小，腹鳍前鳞较体侧鳞小。侧线在臀鳍起点的上方骤然下弯或断裂，前段行于体侧上部，后段行于体侧正中；侧线鳞 60～69。头部及背侧灰褐带绿色，腹部灰白色，间有许多不规则的褐色斑块。头侧从眼到鳃盖后缘有 2 条纵行的褐色条纹。体侧有 2 列不规则的大型褐色斑块。偶鳍稍带橘红色，奇鳍深灰色，间有许多不连续的褐斑点。

生活习性： 中大型湖泊定居性鱼类。生活在水底。凶猛肉食性鱼类，以鱼、虾等为食。性成熟年龄一般为 2 龄，体重在 500g 以上，产卵期 4～8 月，亲鱼有营巢和护幼习性。主要分布于长江流域以及北至黑龙江一带，尤以湖北、江西、安徽、河南、辽宁等省居多。

经济价值： 中大型经济鱼类。

采集地： 沅水、澧水、资江。

斑鳢 *Channa maculata*（彩图 5-103）

地方名： 财鱼、生鱼、斑鱼。

分类地位： 鲈形目鳢科鳢属。

形态特征： 体延长，头尖，较窄。吻略钝。口大，口裂后端越过眼后缘下方。前颌骨具绒状牙带，缝合部后方具 2 犬牙；下颌两侧枝牙锥状，较稀疏；犁骨为半月形牙带，中央凹入。被圆鳞。头顶及鳃盖鳞片较小，腹鳍前鳞较体侧鳞小。背鳍鳍条 38～44，背鳍起点在腹鳍基上方。腹鳍较小，末端不达肛门。侧线在体中部突然下折一鳞后直达尾基；侧线鳞 50～56。臀鳍鳍条为 24～29。体浅黑褐色，腹部较淡，体侧从前至后有 23 行短斑块，排列较为整齐，头部有斜纹，奇鳍有多数斑点，尾基有 2～3 条弧形横斑。

生活习性： 中型湖泊定居性鱼类。生活在水底。凶猛肉食性鱼类，以鱼、虾等为食。一般性成熟年龄为 1～2 冬龄，产卵期为 5～7 月。主要分布于长江流域以南地区，尤其是广东、广西、台湾、福建、云南等地较常见。

经济价值： 中型经济鱼类。

采集地： 沅水、澧水、资江。

月鳢 *Channa asiatica*（彩图 5-104）

地方名： 七星鱼、山花鱼、山斑鱼。

分类地位： 鲈形目鳢科鳢属。

形态特征： 头大而宽扁，吻短而圆钝，口大，鼻管粗大，向前伸过上唇。鳞较大，头顶鳞片扩大，但不规则；头侧鳞片也较大。背鳍起点在胸鳍基部稍后上方，末端鳍条伸达尾鳍基，背鳍条 41～47 根；胸鳍和尾鳍均为圆形；无腹鳍。体缘黑色乃至灰黑色，腹部灰白色。头侧眼后部有 2 条黑色纵带延伸至鳃孔。体侧有 7～9 条尖端向前的"人"字形黑色横带，横带上具白色斑点；背鳍、臀鳍灰褐色，上有白色小斑点。胸鳍基部后上方有 1 块黑色大斑，尾鳍基底有 1 黑色眼状斑，斑周白色或为 1 圈白色斑点。

生活习性： 喜栖居于山区溪流，也生活在江河、沟塘等水体。有喜阴暗、爱打洞、穴居、集居、残食的生活习性。性凶猛，动作迅速。偏动物性的杂食鱼类，以鱼、虾、水生昆虫等为主食。初次性成熟年龄为 2 冬龄，生殖期为 4～6 月。分布于长江以南各水系，以上游相对较多。

经济价值： 小型经济鱼类，营养丰富，肉质细嫩，味鲜美，并有生肌、活血等药效。

采集地： 资江。

2. 鮨科 Serranidae

鳜 *Siniperca chuatsi*（彩图 5-105）

地方名： 桂鱼、桂花鱼、季花鱼。

分类地位： 鲈形目鮨科鳜属。

形态特征： 体高而侧扁，背部隆起较高。眼较大，侧上位；眼间头背狭窄；眼径等于或大于眼间距。吻部宽短，其长度稍大于眼径。口大，近上位，斜裂，上颌骨末端达到眼后缘下方或稍后，具明显的辅上颌骨。下颌突出于上颌。下颌两侧犬牙发达。2 对鼻孔相隔颇近。前鳃盖骨后缘呈锯齿状，下缘有 4～5 个大刺。后鳃盖骨的后缘有 1～2 个大刺。背鳍鳍棘部与鳍条部相连，之间具浅缺刻。腹鳍有硬刺，鳍基前移近胸位。臀鳍由硬刺和软鳍条组成。尾鳍圆形。体被小圆鳞，侧线浅弧形，伸达尾基；侧线有孔鳞 110～142。从吻端穿眼到背鳍前部有 1 条斜行的褐色带纹，第 5～7 根背鳍刺下有 1 条横行的褐色斑带，体侧有许多不规则的褐色斑块和斑点。

生活习性： 中型湖泊定居性鱼类。栖息于河流或湖泊中，生活在水体中上层，常侧卧水底，夜出活动。鳜为凶猛肉食性鱼类，以小鱼、小虾等为食。雄鱼 1 龄性成熟，雌鱼 2 龄性成熟，5～7 月分批产浮性卵。广泛分布于长江干流及其附属水体。

经济价值： 名贵淡水经济鱼类。

采集地： 沅水、澧水、资江。

大眼鳜 *Siniperca kneri*（彩图 5-106）

地方名： 羊眼桂鱼。

分类地位： 鲈形目鮨科鳜属。

形态特征： 外部形态和翘嘴鳜相似。体高而侧扁，背部隆起显著，腹部稍下凸。眼大，侧上位。眼间头背狭窄。眼径大于眼间距。2 对鼻孔互相靠近。吻部宽短。口大，近上位，斜裂，具一辅上颌骨。上颌骨末端不达眼后缘下方。下颌突出于上颌。上下颌、口盖骨及犁骨上都有大小不等的齿，其中以上颌中央两侧及下颌后段的齿较发达。前鳃盖骨后缘有小锯齿，下缘有 4 个大刺，间鳃盖骨下缘光滑，后鳃盖骨后缘有 2 个大刺。背鳍鳍棘部与鳍条部相连，之间具浅缺刻；背鳍由数目较多的硬刺和软鳍条两部分组成，一般硬刺长度短于软鳍条长。胸鳍圆形。腹鳍有硬刺，鳍基前移近胸位。臀鳍由硬刺和软鳍条组成。尾鳍圆形。体被小圆鳞。侧线浅弧形，伸达尾基；侧线有孔鳞 85～98。从吻端穿眼到背鳍前部有 1 条斜行的褐色带纹，第 4～7 根背鳍刺下有 1 条不明显的宽阔带纹包于背侧。体侧有许多褐色斑块和斑点。奇鳍上有数列不连续的褐斑点。

生活习性：中小型湖泊定居性鱼类。栖息于河流或湖泊中，常侧卧水底，夜出活动。生活在水体中上层。肉食性凶猛鱼类，食物以鱼为主，次为虾类。雄鱼 1 龄性成熟，雌鱼 2 龄性成熟，5～7 月分批产浮性卵。分布于长江流域、黄河下游。

经济价值：中小型名贵经济鱼类。

采集地：沅水、澧水、资江。

斑鳜 *Siniperca scherzeri*（彩图 5-107）

地方名：岩鳜鱼。

分类地位：鲈形目鮨科鳜属。

形态特征：体中等长，稍侧扁。背部隆起呈弧形，腹部下凸不甚明显。口大，端位，稍向上倾斜，具一细长辅上颌骨。下颌突出于上颌。犬齿发达，上颌仅前端有犬齿，排列不规则。口并拢时，下颌前端的齿部分外露。颌骨末端达眼中部或眼后缘的下方。前鳃盖骨后缘有 1 列较密的锯齿，下缘有几个大刺，后鳃盖骨的后缘有 2 个大刺，一般都包于皮内。间鳃盖骨下缘具弱锯齿。背鳍鳍棘部与鳍条部相连，之间具浅缺刻；背鳍硬刺长度短于软鳍条长。头体被圆鳞，侧线斜直，伸达尾基；侧线有孔鳞 108～114。生活时体色鲜明，为黄色或黑褐色，腹部色淡。背侧散布许多豹纹状斑块，背缘两侧常有 3～4 个深色大斑，有的个体在体侧中下部的斑块周缘间有白圈。各鳍浅灰色。奇鳍上有许多不连续的褐斑条。

生活习性：中小型湖泊定居性鱼类。生活在水体中上层。肉食性凶猛鱼类，捕食虾类和鲫、鳑鲏等小型鱼类。一般性成熟年龄为 2～3 龄，产卵期为 4～6 月。广泛分布于长江流域各水体。

经济价值：中小型名贵经济鱼类。

采集地：沅水、澧水、资江。

暗鳜 *Siniperca obscura*（彩图 5-108）

地方名：岩鳜鱼。

分类地位：鲈形目鮨科鳜属。

形态特征：体较短，呈卵圆形，侧扁。背部隆起，腹部下凸。眼大，侧上位。

眼径大于眼间距。吻长约等于眼径。口大，端位，斜裂，具一辅上颌骨。上颌骨末端达眼中部以后，下颌稍长于上颌。上下颌、犁骨及口盖骨上有细齿，犬牙很弱，排列成对。口并拢时，下颌前端的齿不外露。前鳃盖骨的后缘有细齿，下缘有 2～3 根大刺；间鳃盖骨的后下缘有细齿；后鳃盖骨的后缘有 2 个大刺，下缘后段光滑无刺。背鳍鳍棘部与鳍条部相连，之间具浅缺刻；背鳍硬刺长度通常短于软鳍条长。胸鳍圆形。腹鳍近胸位，第 1 根鳍条为硬刺。尾鳍圆形。体被小圆鳞。侧线浅弧形，伸达尾基，侧线有孔鳞 102～113。体色棕黄，体侧色暗或杂有不明显的深色斑点和浅黄色短斑纹，有时在侧线后部近尾柄处有一眼斑。各鳍灰色，奇鳍上有数列不连续的黑斑点。

生活习性：小型湖泊定居性鱼类，喜栖息于清澈的流水中。生活在水体中上层。肉食性鱼类，以小鱼、小虾为食。性成熟年龄为 1～2 冬龄，体长 75mm 个体即有成熟卵粒，产卵期为 5～8 月。分布于湖南、广西、贵州、江西、福建、浙江等地。

经济价值：小型经济鱼类。

采集地：沅水、澧水、资江。

中国少鳞鳜 *Coreoperca whiteheadi*（彩图 5-109）

地方名：石鳜、桂婆。

分类地位：鲈形目鮨科少鳞鳜属。

形态特征：体形较小，体延长，侧扁，背腹成浅弧形；体被小圆鳞，颊部、鳃盖与后头部被鳞；头侧扁，中大，头部不被硬骨板；口上位，大而斜裂，下颌稍向前突出，上颌末端游离，几达眼后缘。两颌、犁骨和腭骨牙为绒状带，无大型锥状牙；舌长条形，位于第一对基舌骨前段口腔底部，前部约 1/3 游离，后部紧贴于口腔底壁。前鳃盖骨后缘有细锯齿，鳃盖骨后缘有 2 扁棘；鳃耙发达，浅梳状；侧线完全。背鳍鳍棘部与鳍条部相连，之间具浅缺刻。臀鳍基底短于背鳍基底；背鳍后缘超过尾鳍基起点；臀鳍后缘不超过尾鳍起点；腹鳍胸位，后伸远未达肛门，肛门靠近臀鳍起点；尾鳍近圆形。体黄褐色，满布不规则斑块；眼后具 3 条深色放射纹，伸达鳃盖后缘；胸、腹部色淡；鳃盖骨边缘有一深色眼状斑。

生活习性：小型湖泊定居性鱼类。栖息于水流较急、水质较清的溪流水体底层。凶猛肉食性鱼类，主要以小鱼、虾、蠕虫和水生昆虫等为食。一般性成熟年龄为 1 龄。主要分布于云南、广西、贵州、广东及浙江等地。本次在湖南境内发现的中国少鳞鳜可能是由沅水上游的贵州进入湖南境内的。

经济价值：小型经济鱼类。

采集地：沅水。

3. 太阳鱼科 Centrarchidae

加州鲈 *Micropterus salmoides*（彩图 5-110）

地方名：大口黑鲈、美洲大口鲈。

分类地位：鲈形目太阳鱼科黑鲈属。

形态特征：体延长而侧扁，稍呈纺锤形，横切面为椭圆形。头中等大，较长。眼大，眼珠突出。吻长，口大，上位，斜裂。上颌骨延长超过眼。鳃盖骨末端尖，顶端常有一边缘不清的黑斑。上下颌骨、腭骨、犁骨均具绒毛状细齿。背鳍2个，硬棘与鳍条部之间有深缺刻，仅基部相连。臀鳍圆形，基底比背鳍鳍条部大。腹鳍胸位。尾柄长且高。尾鳍正尾型，稍向内凹。体被小栉鳞。侧线完全，微向上弯。体侧背部灰黑色，往下渐变淡绿色或全绿色，1条明显而宽阔的黑色纵带在体侧中部穿过鳃盖，越过眼直达吻部，幼鱼较明显，成鱼则间断或消失。腹部灰白。

生活习性：引进种，原产于北美洲。纯淡水广温性鱼类。喜栖息于缓流的清新水质中。一般性成熟年龄为1龄，繁殖期2～5月。生活于水体中下层。凶猛肉食性鱼类，幼鱼主要以浮游动物为食，成鱼以小鱼、小虾、昆虫等为食。

经济价值：中型经济鱼类。

采集地：沅水、澧水。

4. 塘鳢科 Eleotridae

中华沙塘鳢 *Odontobutis sinensis*（彩图 5-111）

地方名：木奶奶、爬爬鱼、土哑巴。

分类地位：鲈形目塘鳢科沙塘鳢属。

形态特征：体延长，粗壮，前部亚圆筒形，后部侧扁。头宽大，平扁。眼小，上侧位。眼间宽而稍凹，眼间距大于眼径，眼的后方无感觉管孔，前下方横行感觉乳突线端部乳突排列呈团状或具分支。上下颌各有多行绒毛状细齿。犁骨和腭骨无齿。前鳃盖骨边缘无棘。鼻孔每侧2个，分离。体被栉鳞，腹部和胸鳍基部被圆鳞。无侧线。背鳍2个，分离。胸鳍宽圆，扇形。左、右腹鳍相互靠近，不愈合成吸盘。尾鳍圆形。浸制标本的头、体为棕褐带青色，体侧具3～4个宽而不整齐的三角形黑色斑块。胸鳍基部上、下方各具1长条状黑斑。尾鳍边缘白色，基底有时具2个黑色斑块。

生活习性：小型湖泊定居性鱼类，栖息于江河湖泊的浅水区。生活在水体底层。肉食性鱼类，以小鱼、小虾、浮游动物及水生昆虫为食。一般性成熟年龄为1龄，繁殖期在4～5月。分布于长江中上游的江西、湖北、湖南及珠江水系的广东、广西、海南等地。

经济价值：小型名贵经济鱼类。
采集地：沅水、澧水、资江。

黄黝 *Hypseleotris swinhonis*（彩图 5-112）

地方名：黄肚鱼、黄麻嫩。
分类地位：鲈形目塘鳢科黄黝属。
形态特征：体延长，颇侧扁；背缘浅弧形，腹缘稍平直。头中大，较尖，颇侧扁。头部具感觉管及 5 个感觉管孔。颊部不突出，具 4 条感觉乳突线。吻短钝。眼大，背侧位，眼上缘突出于头部背缘。眼间隔狭窄，稍内凹，稍小于眼径。鼻孔 2 对，分离，相互接近。口中大，上位，斜裂，下颌长于上颌，稍突出。上颌骨后端不伸达眼前缘下方。上、下颌齿细小，尖锐，绒毛状，无犬齿，多行排列，呈带状；犁骨、腭骨及舌上均无齿。舌游离，前端浅弧形。前鳃盖骨边缘光滑，无棘，后缘具 4 个感觉管孔，鳃盖骨上方无感觉管孔。颊部狭窄，左、右鳃盖膜在颊部的中部相遇，并在稍前方相互愈合，其同时与颊部亦有小部分相连。鳃盖条 6 根。具假鳃。鳃耙短小，柔软。体被中大栉鳞，头部、前鳃盖骨前部被圆鳞，鳃盖骨被小栉鳞，吻部和眼间隔处无鳞。胸部和胸鳍基部被小圆鳞。无侧线。纵列鳞 23～41。背鳍 2 个，分离。胸鳍宽圆，下侧位，后缘几乎伸达肛门上方。腹鳍略短于胸鳍，圆形，左、右腹鳍分离，不愈合成一吸盘。尾鳍圆形。雄鱼生殖乳突细长而尖，雌鱼生殖乳突短钝，后缘微凹入。液浸标本的头、体灰褐带浅棕色，背部色较深，体侧中央具 12～16 条暗色横带，横带成对排列，眼前下方至口角上方具 1 暗纹，胸鳍基的前上方具 1 细长黑斜纹。鳃盖膜和背鳍灰黑色，胸鳍和腹鳍灰白色，臀鳍暗灰色。
生活习性：小型湖泊定居性鱼类，伏卧水底作间歇性缓游。生活在水体底层。肉食性鱼类，摄食水生昆虫、枝角类、桡足类、藻类及幼鱼。体长 40～50mm 性成熟，5～6 月产卵。分布于长江及其附属水系。
经济价值：小型鱼类，经济价值不大。
采集地：沅水、澧水、资江。

5. 斗鱼科 Belontiidae

圆尾斗鱼 *Macropodus chinensis*（彩图 5-113）

地方名：火烧鳊、狮公鱼。
分类地位：鲈形目斗鱼科斗鱼属。
形态特征：体小，长形，侧扁且薄。头较大，口小，上位，裂斜，下颌略突出。上下颌均有小齿。犁骨和腭骨无齿。吻短而尖突。唇明显。2 对鼻孔前后分离，前鼻孔呈短管状，近吻端，后鼻孔凹陷，靠近眼。眼大，侧上位，眼间隔狭窄，稍隆起，约与眼径等长。鳃膜连于颊部。背鳍1个，鳍基甚长，较臀鳍略前。背鳍前部不分枝鳍条短小，呈刺状；后部分枝鳍条延伸很长，几达尾鳍末端。臀鳍与背鳍同形，其基与尾鳍间隔较小。胸鳍不发达。腹鳍胸位，左右分离，有延伸较长的鳍条。肛门靠近臀鳍，尾鳍圆形。雌鱼各鳍的延伸鳍条较雄鱼为短。全身披鳞，头部为圆鳞，侧部为栉鳞。无侧线。圆尾斗鱼的体色以栖息环境的不同而有所变化，一般体为紫红色，间有十多条蓝绿色斑纹。鳃盖后缘有一蓝黑色圆斑。背鳍、臀鳍灰黑而有红色边缘，腹鳍第1鳍条及尾鳍亦为红色。雄鱼颜色较鲜艳。

生活习性： 小型湖泊定居性鱼类，多栖息于湖泊的汊弯、沟港等杂草丛生的浅水区。肉食性为主的杂食性鱼类，以枝角类、桡足类、轮虫、水生昆虫及其幼虫等为食。1龄性成熟，产卵期为5～7月。分布于长江流域以北的广大地区。

经济价值： 小型观赏鱼类。

采集地： 沅水、资江。

叉尾斗鱼 *Macropodus opercularis*（彩图 5-114）

地方名： 中国斗鱼、天堂鱼、兔子鱼。

分类地位： 鲈形目斗鱼科斗鱼属。

形态特征： 体形与圆尾斗鱼相似。体侧扁。口短位。胸鳍较长，后端尖圆；腹鳍互相紧靠，有1根分节鳍条特别延长，雄鱼鳍条延长尤甚；尾鳍分叉，上下叶外侧鳍条延长。鳃盖后角有1块暗绿色圆斑。体侧有10余条蓝褐色的横带纹。背鳍、臀鳍呈深蓝色，有浅蓝色或白色边缘；尾鳍呈红色。

生活习性： 多生活于山塘、稻田及水泉等浅水地区。以肉食性为主的杂食性鱼类，以枝角类、桡足类、轮虫、水生昆虫及其幼虫等无脊椎动物为食。叉尾斗鱼对水质要求不严，在水温20～25℃的脏水中生长良好。繁殖期雄鱼吐泡沫为巢，将卵汇集于其中，雄鱼有护巢的习性。分布于长江上游及南方各省。

经济价值： 小型鱼类，体色鲜艳，且雄鱼好斗，是著名的观赏鱼。

采集地： 资江。

6. 鰕虎鱼科 Gobiidae

子陵吻鰕虎鱼 *Rhinogobius giurinus*（彩图 5-115）

地方名： 狗尾鱼、磨底嫩。

分类地位： 鲈形目鰕虎鱼科吻鰕虎属。

形态特征： 体小，延长，前段近圆筒形，后段侧扁。头宽大，略平扁，吻圆钝。口端位，口裂稍斜，上颌骨后端达眼前缘的下方。上下颌前部具多行细齿。

犁骨和腭骨均无齿。舌发达，游离，前端近圆形。鼻孔 2 对，分离，前鼻孔近吻端。头部具 5 个感觉管孔。眼中大，眼下缘具 5～6 条放射状感觉乳突线。体被弱栉鳞，腹部为圆鳞，无侧线，背鳍 2 个，分离。左、右腹鳍愈合成长吸盘状。胸鳍宽大，近圆形。尾鳍圆形。液浸标本的体侧有 6～7 个宽而不规则的黑色横斑，有时不明显。头部在眼前方有数条黑褐色蠕虫状条纹，颊部及鳃盖有 5 条斜向前下方的暗色细条纹。胸鳍基底上端具 1 黑斑点。雄鱼生殖乳突细长而尖，雌鱼生殖乳突短钝。

生活习性： 小型山溪流水性鱼类，栖息于江河湖泊浅水区。生活在水体底层，以肉食性为主的杂食性鱼类，摄食水生昆虫、小虾、鱼卵、幼鱼等，也食水生环节动物和藻类。体长 28mm 以上的 1 龄鱼开始性成熟，4～6 月产卵。分布于除西北以外的各大水系。

经济价值： 小型鱼类，经济价值不大。

采集地： 沅水、澧水、资江。

溪吻鰕虎鱼 *Rhinogobius duospilus*（彩图 5-116）

地方名： 磨底嫩。

分类地位： 鲈形目鰕虎鱼科吻鰕虎属。

形态特征： 体前部近圆筒形，后部侧扁。头中大，稍平扁。吻较长。口中大，端位，口裂下斜，上颌骨后端伸达眼前缘下方。两颌几等长。上下颌具多行细齿。犁骨和腭骨均无齿。舌前端圆形，游离。鼻孔 2 对，前鼻孔近上唇。眼中大，上侧位，在头的前半部。头部感觉乳突线不明显，仅在上唇后缘近口角处有 1 短纵线，在其上方有 6～7 个感觉管孔排成 1 列。前鳃盖骨后缘光滑。体被栉鳞，颊部、鳃盖、胸部均无鳞，腹面被圆鳞。背鳍 2 个，分离。第 2 背鳍和臀鳍基部长。胸鳍宽，长圆形。左、右腹鳍愈合成一圆形吸盘。头、体灰褐色，腹部浅色。体侧具 6 个暗色斑块，最后斑块在尾鳍基底中部。颊部有 3 条斜向后下方的暗色条纹。胸鳍基部有 2 个小黑斑。

生活习性： 小型山溪流水性鱼类，栖息于南方各淡水河川中。生活在水体底层。肉食性鱼类，摄食水生昆虫、底栖甲壳类。一般性成熟年龄为 1 龄，4～6 月产卵。

经济价值： 小型鱼类，经济价值不大。

采集地： 澧水。

7. 刺鳅科 Mastacembelidae

刺鳅 *Mastacembelus aculeatus*（彩图 5-117）

地方名： 钢鳅、沙鳅。

分类地位：鲈形目刺鳅科刺鳅属。

形态特征：体长，头体侧扁。头小，吻尖长，具游离皮褶，吻突长小于眼径。眼小，侧上位。眼下斜前方有一尖端向后的小刺，埋于皮内。两对鼻孔前后分离较远。口端位，口裂几成三角形，口裂深，延至眼前缘之下。上下颌有多行细齿。前鳃盖骨无棘。胸鳍小而圆。无腹鳍。背鳍和臀鳍基部甚长，分别与尾鳍连接。尾鳍长圆形或略尖。背鳍刺 32～34，臀鳍刺 3。体被小圆鳞。侧线不明显。背、腹部有许多网眼状花纹。体侧有数十条垂直褐斑。胸鳍浅黄色。其他各鳍灰褐色。

生活习性：小型湖泊定居性鱼类。生活在水体底层。肉食性鱼类，以小虾及昆虫幼虫为食。一般 1 龄可达性成熟，产卵期 5～6 月。分布于全国东部各水系。

经济价值：小型经济鱼类。

采集地：沅水、澧水、资江。

大刺鳅 *Mastacembelus armatus*（彩图 5-118）

地方名：刀枪鱼、刀鳅、锯齿泥鳅。

分类地位：鲈形目刺鳅科刺鳅属。

形态特征：体细长，鳗状，前段稍侧扁，肛门以后扁薄。头长而尖。吻长远不及眼后头长。吻端向下伸出成吻突，其长度大于眼径。眼小，眼下刺尖锐，埋于皮内。眼间头背自后向前渐狭长；眼被皮膜覆盖。2 对鼻孔前后分离较远。口小，下位，口裂几成三角形，口裂浅，后缘仅达后鼻孔之下。上下颌有绒毛状齿带。前鳃盖骨后角具 3 棘。胸鳍小而圆。无腹鳍。背鳍和臀鳍基长，分别与尾鳍连接。尾鳍长圆形。背鳍刺 34，臀鳍刺 2。肛门靠近臀鳍。头体均被小圆鳞。侧线完全。背部灰褐色，腹部灰黄色。胸鳍黄白色，其他各鳍灰黑色，鳍缘有一灰白边。

生活习性：中小型湖泊定居性鱼类，栖息于砾石底的江河溪流中，常藏匿于石缝或洞穴。肉食性鱼类，以小型无脊椎动物、鱼卵及少量植物为食。一般性成熟年龄为 1 冬龄，产卵期 4～6 月。分布于长江流域以南及海南岛、台湾等地。

经济价值：中小型经济鱼类。

采集地：澧水。

第6章

洞庭湖水系鱼类染色体

6.1 染色体组型研究及其意义

染色体（chromosome）是细胞核内遗传物质的主要载体，是生物遗传、变异、发育和进化的物质基础。染色体最早由 Hofmeister 于 1848 年发现，Waldeyer 于1888 年定名。研究发现，染色体能被溶于乙酸的染料（如地衣红、洋红等）和碱性染料（如苏木精、结晶紫等）染色，形成光学显微镜下可以看到的杆状或粒状小体，染色体在细胞分裂过程中呈周期性变化，通常在有丝分裂的中后期才明显可见。在细胞分裂间期，由于染色体在细胞核内极度伸长变细，失去染色体的形态，只有相对浓缩的部位才被染上颜色，因而在显微镜下只能看到细胞核膜内出现许多不规则的网状或点状染色物质，称为染色质。而染色质和染色体实际上是同一物质在细胞分裂周期中不同时期的两种机能形态。在有丝分裂间期，染色体解螺旋表现为分散而略呈网状的染色质；在分裂期，染色质则经多级螺旋、四级包装而高度螺旋化表现为有一定形态和构造的染色体。中期染色体具有比较稳定的形态，它由两条彼此以着丝粒相连的姐妹染色单体（chromatid）构成。核型（即染色体组型）就是利用这种比较稳定的染色体形态，根据同源染色体大小形态相似的原理，按照其长短、形态进行分组、排队、配对。染色体研究在分类学、发育生物学、染色体病诊断，以及探讨物种起源、进化地位和种族关系等方面都有极其重要的作用，是整个遗传学的建立和发展的细胞学基础。

在脊椎动物中，鱼类的染色体偏小而数目偏多，给鱼类染色体的研究工作带来了一定的难度，但是随着外周血短期培养（Ojima，1970）、上皮细胞培养、活体肾细胞植物凝集素（phytohemagglutinin，PHA）短期培养、秋水仙碱活体处理及空气与火焰干燥法制片等（小岛吉雄，1991）技术在鱼类染色体研究中的运用，加之 Levan 等（1964）的染色体命名法和先进仪器如显微图像分析仪应用到鱼类的染色体研究中，极大地促进了鱼类细胞遗传学的研究发展。据不完全统计，目前世界上已报道染色体核型的鱼类约为 2100 种，约占世界鱼类种数的 10%（高文，2005）。我国早在 20 世纪 70 年代就开始进行鱼类染色体核型的研究（凌均秀，1982），至 90 年代末，我国已报道染色体核型的鱼有 300 多种（楼允东，1997），主要集中在淡水鱼类。考察鱼类的染色体，不仅对于鱼类分类和系统演化具有不可忽视的作用，而且对于鱼类的遗传、变异、性别决定、良种选育及水域环境污染的监测等都具有十分重要的理论和应用价值。

6.2　鱼类活体肾细胞染色体制备及组型分析方法

6.2.1　肾细胞染色体标本的制备

1）实验前准备

实验前 1 天按质量比 10μg/g 鱼体重在实验鱼胸鳍基部往腹腔注射 PHA，隔 12h 后，按 8μg/g 鱼体重再次给实验鱼腹腔注射 PHA，4.5h 后，按 2μg/g 鱼体重给实验鱼腹腔注射秋水仙素。

2）取材

注射秋水仙素 1.5～2h 后，剪断实验鱼的鳃血管，失血 10min，解剖取出肾（头肾）放入盛有 0.8% 生理盐水的培养皿中清洗 2～3 遍，剔除脂肪组织和血块，然后再置入少量生理盐水的培养皿中，用小剪刀剪碎，吸入 10ml 离心管，用吸管充分吹打（100 次以上），再吸入一些生理盐水至 10ml，混合均匀，静置 5min 后吸取上层细胞悬液 8ml 至另一离心管，离心（1000r/min）10min，弃去上清液，重复两次用生理盐水洗涤以去除残余的脂肪组织和血块（是否重复视材料的干净程度和多少而定）。

3）低渗

将上述离心后的细胞沉淀加入 0.075mol/L KCl 8ml，吹打混匀，25℃左右低渗 50～60min。

4）预固定

低渗完后加入 0.5～1ml 卡诺固定液（甲醇和冰醋酸体积比为 3∶1，现配现用）吹打均匀，离心（1000r/min）8min，弃去上清液（如果材料太少，此步可以省略）。

5）固定

在上述离心后的细胞沉淀中加入 4ml 卡诺固定液吹打均匀，固定 50min；离心（1000r/min）5min，再固定 30min 后，离心（1000r/min）5min，弃去上清液。

6）制滴片用悬液

将上述离心后的细胞沉淀加固定液（甲醇和冰醋酸体积比为 2∶1）1～2ml（视材料多少而定，切忌过多），用吸管轻轻吹吸，混合均匀制成细胞悬液。

7）滴片

取干净冷冻玻片（处理方法：将载玻片分散放入肥皂液中后煮沸 30min，趁热擦洗干净，自来水冲洗后放入蒸馏水中浸泡 1d，更换数次蒸馏水，再浸入 95% 乙醇保存待用。滴片前放入玻片盒，干燥后放入−20℃冷冻结霜），吸取细胞悬液滴于玻片 2～3 滴，在酒精灯火焰上干燥。

8）染色

用磷酸缓冲液将 Giemsa 母液按（7～9）∶1 稀释，配成工作液（临时配制）；将染色体玻片平放，细胞面向上，滴数毫升工作液铺满整个玻片；室温下染色 60～120min 后，吸去染液，用自来水小心冲洗，晾干。

9）镜检

将制备好的染色体玻片标本置于显微图像仪上观察，拍片。

附　肾细胞染色体标本制备所用试剂与配制

（1）0.8%生理盐水：8g NaCl 溶于 1000ml 蒸馏水，4℃存放。

（2）PHA 注射液：将 10mg PHA 粉剂溶于 100ml 灭菌生理盐水，即得到浓度为 100μg/ml 的 PHA 注射液。PHA 注射液的配制浓度必须根据鱼的体重大小来确定。PHA 注射液最好现配现用，也可以 4℃短期存放。

（3）秋水仙素注射液：1mg 秋水仙素溶于 100ml 灭菌生理盐水得到 10μg/ml 注射液。秋水仙素注射液的配制浓度也必须根据鱼的体重大小来确定。配制好的秋水仙素注射液置 4℃冰箱存放。

（4）0.075mol/L KCl：5.59g KCl 溶于 1000ml 蒸馏水，置 4℃冰箱存放。

（5）卡诺氏固定液：甲醇∶冰醋酸（体积比）=3∶1，现配现用，充分混匀。

（6）Giemsa 染液：用 1ml Giemsa 母液加 7～9ml 磷酸缓冲液（即 PBS，pH6.8）稀释后备用。

Giemsa 母液配制：Giemsa 粉（1g）+甘油（66ml）充分研磨混匀，置 60℃水浴中溶 2～3h，室温冷却后加 66ml 甲醇充分混匀，置磨口瓶中室温静置 3 周，滤纸过滤得母液，装入有色瓶保存待用。

（7）PBS（pH6.8）混合溶液的配制：

先配制：甲液——KH_2PO_4 9.078g 加蒸馏水至 1000ml；乙液——$Na_2HPO_4 \cdot 2H_2O$ 11.876g（或 $Na_2HPO_4 \cdot 12H_2O$ 23.8g）加蒸馏水至 1000ml。

再配制 pH6.8 PBS：若为 100ml，则取甲液 50.8ml+乙液 49.2ml 混合而成。

6.2.2　染色体组型分析方法

1）染色体数目的确定

在显微镜下选取 100 个左右分散良好的分裂象进行观察，记录每个分裂象的染色体数目，统计染色体众数分布，确定 2N 值。

2）染色体形态的观察

按照染色体的基本形态学特征，其重要参数有以下几个。

（1）染色体绝对长度（μm）：即染色体实测长度，用 AL（actual length）表示。测量方法：在油镜下找到一个标准物，用目微尺测量其长度，并拍照，根据照片上标准物与染色体的长度比计算染色体的实际长度，具体计算公式如下。

$$染色体实际长度=\frac{照片上染色体的测量长度}{照片上标准物的测量长度}×标准物实际长度$$

（2）染色体相对长度（%）：即各条染色体长度与单倍体组染色体总长度的比值，用 RL（relative length）表示。具体计算公式如下。

$$染色体相对长度=\frac{每条染色体的长度}{单倍体组染色体总长度}×100\%$$

（3）臂比：即长臂同短臂的比率，用 AR（arm ratio）表示。具体计算公式如下。

$$臂比=\frac{长臂的长度}{短臂的长度}=\frac{q}{p}$$

按 Levan 等（1964）的标准划分：臂比在 1.0～1.7 为中部着丝粒染色体（M）；在 1.7～3.0 为亚中部着丝粒染色体（SM）；在 3.0～7.0 为亚端部着丝粒染色体（ST）；>7.0 为端部着丝粒染色体（T）。

（4）染色体臂数（fundamental arm number，NF）：染色体臂数是根据着丝粒的位置来确定的，端部或亚端部着丝粒染色体，其臂数记为 1 个，中部或亚中部染色体，臂数计为 2 个。

3）测量和数据统计

染色体经测量分析，用 Microsoft Excel 2007 统计出有关核型数据。

4）图像处理

每种鱼选取 1 个分散良好的分裂象进行染色体图像处理。在 Photoshop 图像处理软件中经套索工具选择—复制—粘贴到新图层—经编辑中的变换—旋转工具使染色体短臂向上，长臂向下—经移动工具将其移动到相应位置，排列成组型图。排列染色体组型图时，按其典型特征，如染色体长度、着丝粒位置等将染色体一对对地进行排列。有的染色体可能一个是直的，另一个是弯的，但只要基本特征相同，就可视为一对。排列的原则是：①长染色体在前，短的在后；②不同类型染色体分开排列；③着丝粒粘贴在同一水平线上；④每条染色体一律是短臂向上，长臂向下，垂直粘贴。

6.3　洞庭湖水系鱼类染色体图谱

6.3.1　*鲤形目* Cypriniformes

1. **鲤科** Cyprinidae

1）*雅罗鱼亚科* Leuciscinae

赤眼鳟 *Squaliobarbus curriculus*（图 6-1）

采集地：沅水、澧水　　　　　染色体数（2N）：48
尾数及性别：3♀2♂　　　　　核型公式：32M+14SM+2T
制片材料：肾细胞　　　　　　臂数（NF）：94

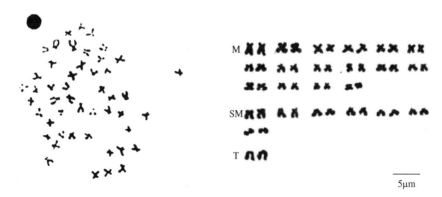

5μm

图 6-1　赤眼鳟染色体中期分裂象及组型

2）鲌亚科 Cultrinae

𬶋 *Hemiculter leucisculus*（图 6-2）

采集地：沅水　　　　　　　　　染色体数（2N）：48
尾数及性别：3♀3♂　　　　　　核型公式：16M+24SM+8ST
制片材料：肾细胞　　　　　　　臂数（NF）：88

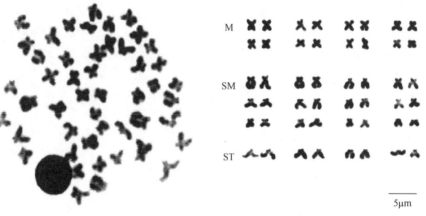

5μm

图 6-2　𬶋染色体中期分裂象及组型

鳊 *Parabramis pekinensis*（图 6-3）

采集地：沅水、澧水　　　　　　染色体数（2N）：48
尾数及性别：2♀3♂　　　　　　核型公式：12M+28SM+8T
制片材料：肾细胞　　　　　　　臂数（NF）：88

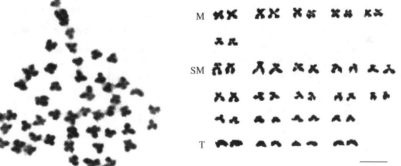

5μm

图 6-3　鳊染色体中期分裂象及组型

翘嘴鲌 *Culter alburnus*（图 6-4）

采集地：国家级湖南洞庭鱼类良种场　染色体数（2*N*）：48
尾数及性别：12♀8♂　核型公式：18M+10SM+18ST+2T
制片材料：肾细胞　臂数（NF）：76

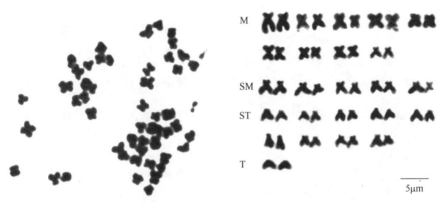

图 6-4　翘嘴鲌染色体中期分裂象及组型

蒙古鲌 *Culter mongolicus mongolicus*（图 6-5）

采集地：益阳大通湖　染色体数（2*N*）：48
尾数及性别：2♀1♂　核型公式：18M+22SM+2ST+6T
制片材料：肾细胞　臂数（NF）：88

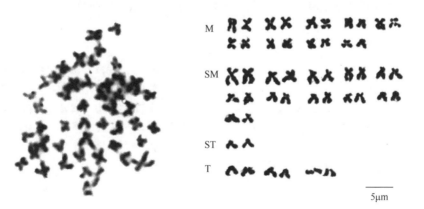

图 6-5　蒙古鲌染色体中期分裂象及组型

达氏鲌 *Culter dabryi dabryi*（图 6-6）

采集地：沅水、澧水　　　　　染色体数（2*N*）：48
尾数及性别：2♀3♂　　　　　核型公式：16M+22SM+10T
制片材料：肾细胞　　　　　　臂数（NF）：86

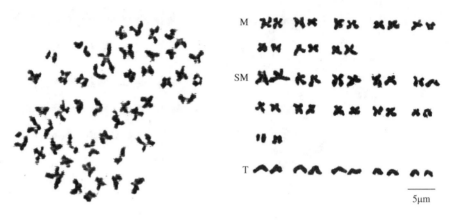

图 6-6　达氏鲌染色体中期分裂象及组型

3）鲴亚科 Xenocyprinae

银鲴 *Xenocypris argentea*（图 6-7）

采集地：沅水、澧水　　　　　染色体数（2*N*）：48
尾数及性别：1♀2♂　　　　　核型公式：20M+26SM+2ST
制片材料：肾细胞　　　　　　臂数（NF）：94

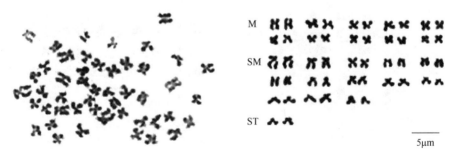

图 6-7　银鲴染色体中期分裂象及组型

4）鲢亚科 Hypophthalmichthyinae

鲢 *Hypophthalmichthys molitrix*（图 6-8）

采集地：沅水、澧水　　　　染色体数（2*N*）：48

尾数及性别：2♀2♂　　　　核型公式：24M+14SM+10ST

制片材料：肾细胞　　　　　臂数（NF）：86

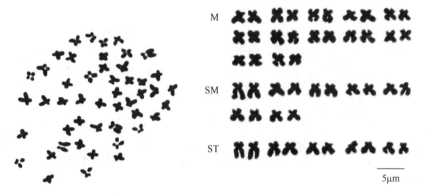

图 6-8　鲢染色体中期分裂象及组型

鳙 *Aristichthys nobilis*（图 6-9）

采集地：沅水、澧水　　　　染色体数（2*N*）：48

尾数及性别：2♀2♂　　　　核型公式：20M+20SM+8ST

制片材料：肾细胞　　　　　臂数（NF）：88

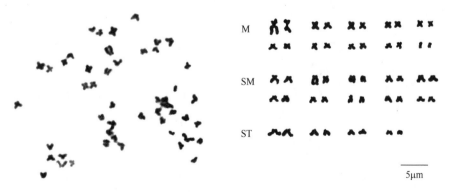

图 6-9　鳙染色体中期分裂象及组型

5）鉤亚科 Gobioninae

花鳈 *Hemibarbus maculatus*（图 6-10）

采集地：沅水、澧水   染色体数（2N）：50

尾数及性别：3♀3♂   核型公式：16M+14SM+16ST+4T

制片材料：肾细胞   臂数（NF）：80

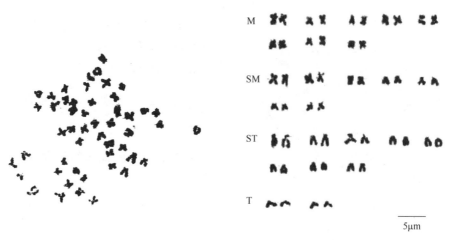

图 6-10 花鳈染色体中期分裂象及组型

华鳈 *Sarcocheilichthys sinensis sinensis*（图 6-11）

采集地：沅水、澧水   染色体数（2N）：50

尾数及性别：6♀4♂   核型公式：18M+22SM+8ST+2T

制片材料：肾细胞   臂数（NF）：90

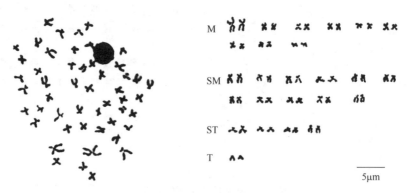

图 6-11 华鳈染色体中期分裂象及组型

江西鰁 *Sarcocheilichthys kiangsiensis*（图 6-12）

采集地：沅水、澧水

尾数及性别：3♀3♂

制片材料：肾细胞

染色体数（2*N*）：50

核型公式：18M+22SM+8ST+2T

臂数（NF）：90

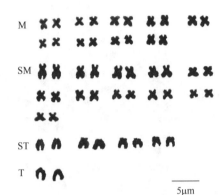

图 6-12　江西鰁染色体中期分裂象及组型

麦穗鱼 *Pseudorasbora parva*（图 6-13）

采集地：沅水、澧水

尾数及性别：3♀3♂

制片材料：肾细胞

染色体数（2*N*）：50

核型公式：18M+22SM+10ST

臂数（NF）：90

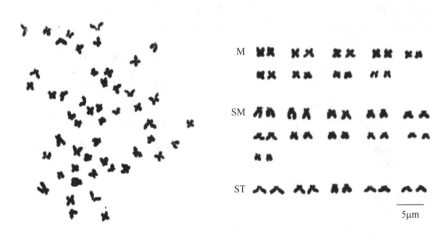

图 6-13　麦穗鱼染色体中期分裂象及组型

棒花鱼 *Abbottina rivularis*（图 6-14）

采集地：沅水、澧水　　　　　染色体数（2N）：50

尾数及性别：3♀3♂　　　　　核型公式：28M+20SM+2ST

制片材料：肾细胞　　　　　　臂数（NF）：98

图 6-14　棒花鱼染色体中期分裂象及组型

蛇鮈 *Saurogobio dabryi*（图 6-15）

采集地：沅水、澧水　　　　　染色体数（2N）：50

尾数及性别：3♀2♂　　　　　核型公式：18M+26SM+6ST

制片材料：肾细胞　　　　　　臂数（NF）：94

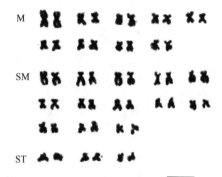

图 6-15　蛇鮈染色体中期分裂象及组型

6）鱊亚科 Acheilognathinae

大鳍鱊 *Acheilognathus macropterus*（图 6-16）

采集地：沅水、澧水
尾数及性别：2♀2♂
制片材料：肾细胞

染色体数（2*N*）：44
核型公式：14M+18SM+10ST+2T
臂数（NF）：76

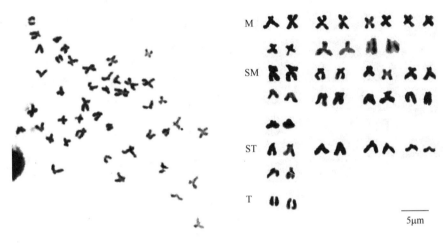

图 6-16　大鳍鱊染色体中期分裂象及组型

短须鱊 *Acheilognathus barbatulus*（图 6-17）

采集地：沅水、澧水
尾数及性别：2♀1♂
制片材料：肾细胞

染色体数（2*N*）：42
核型公式：16M+12SM+8ST+6T
臂数（NF）：70

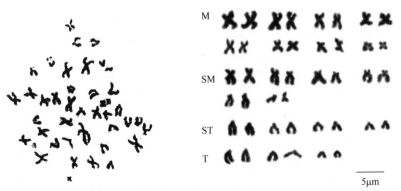

图 6-17　短须鱊染色体中期分裂象及组型

7）鲃亚科 Barbinae

带半刺光唇鱼 *Acrossocheilus hemispinus cinctus*（图 6-18）

采集地：资江
尾数及性别：3♀3♂
制片材料：肾细胞

染色体数（2N）：50
核型公式：18M+12SM+20ST
臂数(NF)：80

5μm

图 6-18　带半刺光唇鱼染色体分裂象及组型

吉首光唇鱼 *Acrossocheilus jishouensis*（图 6-19）

采集地：沅水
尾数及性别：3♀3♂
制片材料：肾细胞

染色体数（2N）：50
核型公式：14M+16SM+12ST+8T
臂数（NF）：80

5μm

图 6-19　吉首光唇鱼染色体中期分裂象及组型

8）鲤亚科 Cyprininae

鲤 *Cyprinus carpio*（图 6-20）

采集地：沅水、澧水　　　　染色体数（2N）：100

尾数及性别：2♀1♂　　　　核型公式：20M+28SM+36ST+16T

制片材料：肾细胞　　　　　臂数（NF）：148

图 6-20　鲤染色体中期分裂象及组型

鲫（二倍体）*Carassius auratus*（图 6-21）

采集地：沅水、澧水　　　　染色体数（2N）：100

尾数及性别：8♀7♂　　　　核型公式：28M+22SM+28ST+22T

制片材料：肾细胞　　　　　臂数（NF）：150

图 6-21　鲫（二倍体）染色体中期分裂象及组型

鲫（三倍体）*Carassius auratus*（图 6-22）

采集地：沅水、澧水

尾数及性别：73♀12♂

制片材料：肾细胞

染色体数（3*N*）：150

核型公式：42M+33SM+42ST+33T

臂数（NF）：225

5μm

（箭头示 b 染色体）

图 6-22　鲫（三倍体）染色体中期分裂象及组型

青鲫 *Carassius auratus indigentiaus*（图 6-23）

采集地：澧县北民湖

尾数及性别：10♀8♂

制片材料：肾细胞

染色体数（2*N*）：100

核型公式：30M+20SM+26ST+24T

臂数（NF）：150

5μm

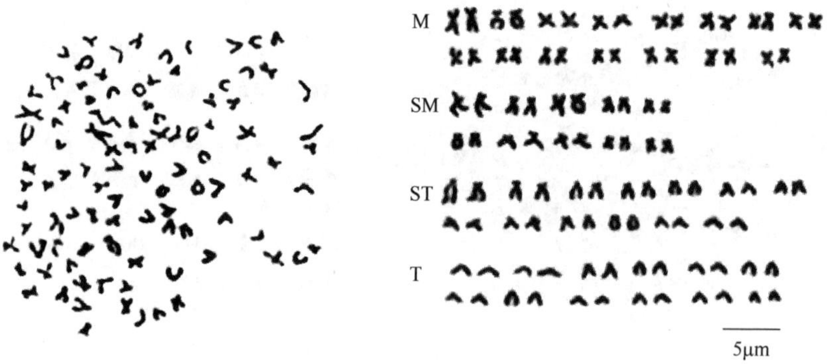

图 6-23　青鲫染色体中期分裂象及组型

2. 鳅科 Cobitidae

花斑副沙鳅 *Parabotia fasciata*（图 6-24）

采集地：沅水、澧水　　　　染色体数（2*N*）：50

尾数及性别：3♀3♂　　　　核型公式：8M+8SM+14ST+20T

制片材料：肾细胞　　　　　臂数（NF）：66

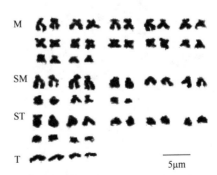

图 6-24　花斑副沙鳅染色体中期分裂象及组型

6.3.2　鲇形目 Siluriformes

1. 鲇科 Siluridae

鲇 *Silurus asotus*（图 6-25）

采集地：沅水、澧水　　　　染色体数（2*N*）：58

尾数及性别：3♀2♂　　　　核型公式：24M+16SM+14ST+4T

制片材料：肾细胞　　　　　臂数（NF）：98

图 6-25　鲇染色体中期分裂象及组型

大口鲇 *Silurus meridionalis*（图 6-26）

采集地：沅水、澧水
尾数及性别：2♀2♂
制片材料：肾细胞

染色体数（2*N*）：58
核型公式：20M+20SM+14ST+4T
臂数（NF）：98

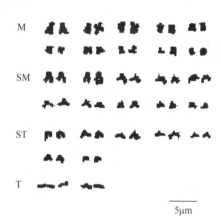

5μm

图 6-26　大口鲇染色体中期分裂象及组型

2. 鲿科 Bagridae

黄颡鱼 *Pelteobagrus fulvidraco*（图 6-27）

采集地：沅水、澧水
尾数及性别：3♀3♂
制片材料：肾细胞

染色体数（2*N*）：52
核型公式：20M+12SM+10ST+10T
臂数（NF）：84

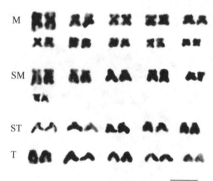

5μm

图 6-27　黄颡鱼染色体中期分裂象及组型

瓦氏黄颡鱼 *Pelteobagrus vachelli*（图 6-28）

采集地：沅水、澧水　　　　　染色体数（2*N*）：52

尾数及性别：3♀3♂　　　　　核型公式：18M+10SM+12ST+12T

制片材料：肾细胞　　　　　　臂数（NF）：80

5μm

图 6-28　瓦氏黄颡鱼染色体中期分裂象及组型

光泽黄颡鱼 *Pelteobagrus nitidus*（图 6-29）

采集地：沅水、澧水　　　　　染色体数（2*N*）：52

尾数及性别：3♀3♂　　　　　核型公式：24M+14SM+14ST

制片材料：肾细胞　　　　　　臂数（NF）：90

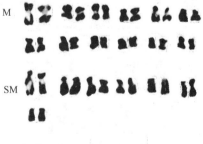

5μm

图 6-29　光泽黄颡鱼染色体中期分裂象及组型

长须黄颡鱼 *Pelteobagrus eupogon*（图 6-30）

采集地：沅水、澧水　　　　　染色体数（2*N*）：50

尾数及性别：3♀3♂　　　　　核型公式：18M+16SM+14ST+2T

制片材料：肾细胞　　　　　　臂数（NF）：84

5μm

图 6-30　长须黄颡鱼染色体中期分裂象及组型

圆尾拟鲿 *Pseudobagrus tenuis*（图 6-31）

采集地：沅水、澧水　　　　　染色体数（2*N*）：52

尾数及性别：2♀1♂　　　　　核型公式：24M+16SM+12ST

制片材料：肾细胞　　　　　　臂数（NF）：92

5μm

图 6-31　圆尾拟鲿染色体中期分裂象及组型

细体拟鲿 *Pseudobagrus pratti*（图 6-32）

采集地：沅水、澧水　　　　　　染色体数（2N）：52

尾数及性别：3♀3♂　　　　　　核型公式：20M+12SM+8ST+12T

制片材料：肾细胞　　　　　　　臂数（NF）：84

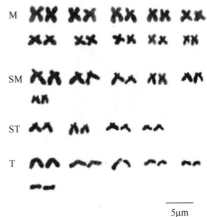

5μm

图 6-32　细体拟鲿染色体中期分裂象及组型

大鳍鱯 *Mystus macropterus*（图 6-33）

采集地：沅水、澧水　　　　　　染色体数（2N）：60

尾数及性别：3♀3♂　　　　　　核型公式：20M+12SM+16ST+12T

制片材料：肾细胞　　　　　　　臂数（NF）：92

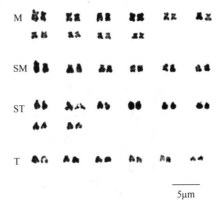

5μm

图 6-33　大鳍鱯染色体中期分裂象及组型

3. 鮰科 Ictaluridae

斑点叉尾鮰 *Ictalurus punctatus*（图 6-34）

采集地：沅水
尾数及性别：3♀3♂
制片材料：肾细胞

染色体数（2N）：58
核型公式：8M+10SM+26ST+14T
臂数（NF）：76

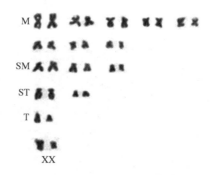

图 6-34　斑点叉尾鮰染色体中期分裂象及组型

4. 钝头鮠科 Amblycipitidae

司氏鉠（雌）*Liobagrus styani*（图 6-35）

采集地：沅水
尾数及性别：2♀
制片材料：肾细胞

染色体数（2N）：30
核型公式：18M+6SM+4ST+2T
臂数（NF）：54

图 6-35　司氏鉠（雌）染色体中期分裂象及组型

司氏鮠（雄）*Liobagrus styani*（图 6-36）

采集地：沅水
尾数及性别：2♂
制片材料：肾细胞

染色体数（2N）：30
核型公式：17M+6SM+5ST+2T
臂数（NF）：53

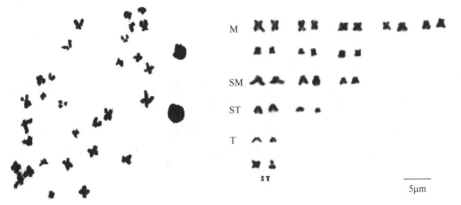

5μm

图 6-36　司氏鮠（雄）染色体中期分裂象及组型

6.3.3　合鳃鱼目 Synbranchiformes

合鳃鱼科 Synbranchidae

黄鳝 A（体表深黄含黑褐色细斑）*Monopterus albus*（图 6-37）

采集地：沅水
尾数及性别：3♀2♂
制片材料：肾细胞

染色体数（2N）：24
核型公式：24T
臂数（NF）：24

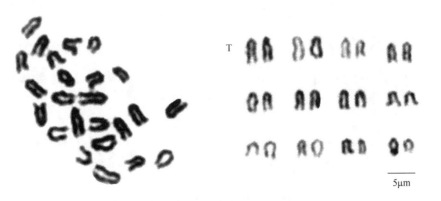

5μm

图 6-37　黄鳝 A 染色体中期分裂象及组型

黄鳝 B（体表呈泥黑色）*Monopterus albus*（图 6-38）

采集地：沅水

尾数及性别：3♀2♂

制片材料：肾细胞

染色体数（2N）：24

核型公式：24T

臂数（NF）：24

5μm

图 6-38　黄鳝 B 染色体中期分裂象及组型

6.3.4　鲈形目 Perciformes

1. 鳢科 Channidae

乌鳢 *Channa argus*（图 6-39）

采集地：沅水

尾数及性别：3♀3♂

制片材料：肾细胞

染色体数（2N）：48

核型公式：4SM+20ST+24T

臂数（NF）：52

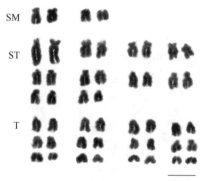

5μm

图 6-39　乌鳢染色体中期分裂象及组型

斑鳢 *Channa maculata*（图 6-40）

采集地：沅水

尾数及性别：3♀3♂

制片材料：肾细胞

染色体数（2N）：42

核型公式：4M+2SM+16ST+20T

臂数（NF）：48

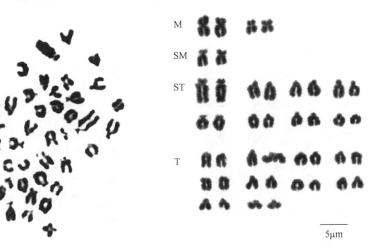

5μm

图 6-40　斑鳢染色体中期分裂象及组型

月鳢 *Channa asiatica*（图 6-41）

采集地：资江

尾数及性别：3♀3♂

制片材料：肾细胞

染色体数（2N）：44

核型公式：6M+6SM+16ST+16T

臂数（NF）：56

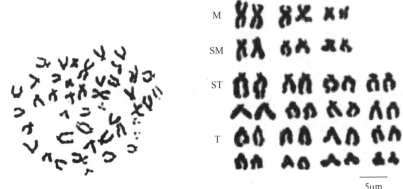

5μm

图 6-41　月鳢染色体中期分裂象及组型

2. 鮨科 Serranidae

鳜 *Siniperca chuatsi*（图 6-42）

采集地：沅水、澧水　　　　　染色体数（2*N*）：48

尾数及性别：3♀3♂　　　　　核型公式：2SM+18ST+28T

制片材料：肾细胞　　　　　　臂数（NF）：50

5μm

图 6-42　鳜染色体中期分裂象及组型

大眼鳜 *Siniperca kneri*（图 6-43）

采集地：沅水、澧水　　　　　染色体数（2*N*）：48

尾数及性别：3♀3♂　　　　　核型公式：6SM+12ST+30T

制片材料：肾细胞　　　　　　臂数（NF）：54

5μm

图 6-43　大眼鳜染色体中期分裂象及组型

斑鳜 *Siniperca scherzeri*（图 6-44）

采集地：沅水、澧水　　　　　染色体数（2*N*）：48
尾数及性别：3♀3♂　　　　　核型公式：2SM+24ST+22T
制片材料：肾细胞　　　　　　臂数（NF）：50

图 6-44　斑鳜染色体中期分裂象及组型

3. 太阳鱼科 Centrarchidae

加州鲈 *Micropterus salmoides*（图 6-45）

采集地：沅水、澧水　　　　　染色体数（2*N*）：46
尾数及性别：1♀1♂　　　　　核型公式：2M+2ST+42T
制片材料：肾细胞　　　　　　臂数（NF）：48

图 6-45　加州鲈染色体中期分裂象及组型

4. 塘鳢科 Eleotridae

中华沙塘鳢 *Odontobutis sinensis*（图 6-46）

采集地：沅水、澧水
尾数及性别：5♀3♂
制片材料：肾细胞

染色体数（2N）：44
核型公式：8ST+36T
臂数（NF）：44

 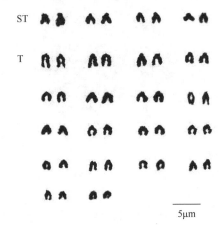

图 6-46　中华沙塘鳢染色体中期分裂象及组型

第 7 章

洞庭湖水系常见鱼类染色体组型分析

7.1 鳌的形态及染色体组型分析

鳌 *Hemiculter leucisculus* 隶属于鲤形目鲤科鲌亚科鳌属，是一种适应性极强的小型杂食性经济鱼类，广布于全国诸河流及湖泊（陈宜瑜，1998）。鳌生长周期短，繁殖迅速，易形成天然群体（李宝林和王玉亭，1995），在水体中可作为大型凶猛鱼类的饵料（曾国权等，2012），因此，鳌对保持水域中鱼类群落的生态平衡具有重要的作用。同时鳌因肉质鲜嫩、营养价值高（曾国权等，2012）而受到消费者的喜爱；随着家养水生宠物的兴起，鳌作为优质的饵料鱼也备受青睐，市场价格不断攀升，有很大的养殖前景。迄今为止，国内学者曾对鳌的生物学（李宝林和王玉亭，1995；李强等，2009；贾艳菊和陈毅峰，2008）、含肉率和肌肉营养成分（曾国权等，2012；郭永丽等，2009）及个体生殖力（李强等，2008；杜华，2014）等方面做过研究；在染色体组型及其遗传多态性方面，李渝成等（1983）、常重杰和余其兴（1997）对湖北地区武昌、沙市的鳌进行了研究；马俊霞等（2008）对广东地区新丰水库鳌的核型进行了研究，其结果与李渝成等（1983）、常重杰和余其兴（1997）的存在差异。本研究以洞庭湖水系沅水的鳌为实验对象，对其形态特征和染色体组型进行分析，从形态和细胞遗传方面探讨鳌的遗传多样性，研究结果对于充实鳌的基础生物学资料及其资源保护与开发利用具有一定的意义。

7.1.1 材料与方法

实验用鱼取自洞庭湖水系沅水下游常德江段，共 56 尾，其中 50 尾用于形态学指标观察，6 尾（3 雌 3 雄）用于染色体组型分析。用于染色体组型分析的鳌的体长为 11～14cm，体重为 32～57g。实验鱼取回后，放入室内水族箱（控温 21～24℃）暂养 7d 后开始实验。

形态学性状测定包括可数性状和可量性状的测定，可数性状包括背鳍、臀鳍、侧线鳞，可量性状包括体长、体高、头长、吻长、眼径、尾柄长、尾柄高。将可量性状转变为比例性状，可以消除鱼体大小对可量性状的影响。所有结果均采用 Microsoft Excel 2007 软件进行统计分析。

染色体标本的制备和组型分析方法同第 6 章 6.2 节。

7.1.2 结果与分析

1）鳌的形态特征

对选取的 50 尾鳌进行统计分析，结果见表 7-1。

表 7-1 洞庭湖水系与湖北、广东鳌的形态特征比较

形态指标	洞庭湖水系	湖北（杨干荣，1987）	广东（中国水产科学研究院珠江水产研究所，1991）
体长/体高	4.0～4.8	4.1～4.7	4.0～5.1
体长/头长	4.4～5.1	4.2～4.9	4.0～4.6
头长/吻长	3.3～3.6	3.4～4.0	3.0～3.7
头长/眼径	3.9～4.4	3.5～4.5	3.2～3.7
头长/眼间距	3.0～3.5	3.1～3.4	3.0～3.9
背鳍	Ⅲ-7～9	Ⅲ-7	Ⅲ-7
臀鳍	3-11～13	3-11～13	3-11～13
侧线鳞	49～52	49～57	49～55
鳃耙	16～19	16～20	15～18

由表 7-1 可知，湖南洞庭湖水系与湖北长江干流的鳌在各性状上差别较小，仅在头长/吻长这一比例性状上差异稍大；湖南洞庭湖水系与广东珠江水系的鳌在各性状上差别稍大，尤其在头长/眼径、头长/眼间距、体长/头长 3 个比例性状上具有较大差异；而湖北长江干流与广东珠江水系的鳌在各性状上也存在一定差异，两者在头长/吻长、头长/眼径 2 个比例性状上存在较大差异。

2）鳌的染色体数目

计数 6 尾鳌的中期分裂象共 50 个，结果显示（表 7-2）：染色体数目在 45 以下和 47 的有 1 个细胞，染色体数为 45、46、50 的有 2 个细胞，为 48 的有 42 个细胞，为 49 和超过 50 的有 0 个细胞。染色体数为 48 的占计数细胞总数的 84%，由此可确定洞庭湖水系鳌的标准染色体数目 $2N=48$（图 6-2）。

表 7-2 洞庭湖水系鳌的染色体数目分布

总分裂象数	项目	染色体数目								染色体众数
		<45	45	46	47	48	49	50	>50	
100	细胞数	1	2	2	1	42	0	2	0	$2N=48$
	百分率/%	2	4	4	2	84	0	4	0	

3）鳘的染色体组型

根据染色体相对长度和臂比的测量结果（表 7-3），将鳘的全部染色体配成 24 对，按 Levan 等（1964）的染色体命名法，洞庭湖水系鳘的核型由 8 对中部着丝粒染色体、12 对亚中部着丝粒染色体、4 对亚端部着丝粒染色体组成（图 6-2），核型公式为 $2N=16M+24SM+8ST$，染色体臂数（NF）=88。染色体相对长度相近的 2 对染色体差异不大。在鳘的雌、雄个体间未发现与性别有关的异形性染色体，也未发现带有随体或次缢痕等特殊标志性特征的染色体。

表 7-3　鳘的核型数据

类型	相对长度/%	臂比	类型	相对长度/%	臂比
M_1	4.78±0.06	1.15±0.04	SM_5	4.36±0.02	2.39±0.10
M_2	4.47±0.04	1.11±0.04	SM_6	4.31±0.02	2.33±0.02
M_3	4.47±0.06	1.33±0.01	SM_7	4.24±0.10	2.13±0.01
M_4	4.40±0.03	1.24±0.02	SM_8	3.81±0.09	1.77±0.05
M_5	4.24±0.03	1.08±0.04	SM_9	3.78±0.02	1.74±0.01
M_6	3.94±0.00	1.08±0.01	SM_{10}	3.70±0.05	2.19±0.18
M_7	3.87±0.05	1.28±0.05	SM_{11}	3.29±0.03	1.94±0.16
M_8	3.53±0.04	1.11±0.05	SM_{12}	3.12±0.28	2.55±0.17
SM_1	5.72±0.03	2.17±0.09	ST_1	4.65±0.05	4.47±0.15
SM_2	5.04±0.07	2.26±0.18	ST_2	4.22±0.06	3.89±0.22
SM_3	4.46±0.02	1.95±0.05	ST_3	3.90±0.03	4.52±0.20
SM_4	4.45±0.02	2.83±0.15	ST_4	3.24±0.37	4.69±0.16

根据已报道的鳘的染色体核型（表 7-4）可知，湖南洞庭湖水系、湖北长江干流、广东珠江水系的鳘的染色体数目是一致的，但在染色体组型上存在一定差异；且湖南洞庭湖水系的鳘与湖北长江干流的鳘的染色体组型差异较小，而与广东珠江水系的鳘的核型差异较大。

表 7-4　不同水域鳘的核型比较

采集地	染色体数	核型	染色体臂数	参考文献
湖北沙市	48	16M+26SM+6ST	90	李渝成等，1983
湖北武昌	48	16M+26SM+6ST	90	常重杰和余其兴，1997
广东新丰水库	48	20M+26SM+2ST	94	马俊霞等，2008
沅水	48	16M+24SM+8ST	88	杨春英等，2016a

7.1.3　讨论

本实验用鱼购自湖南省常德市沅水河洑码头，由于鳘离开水面容易死去，对水质要求也很高，很难饲养，故采用就近原则取该处的鲹进行研究；又因常德江段处于沅水干流下游入湖口，故可用该处的鲹作为洞庭湖水系鲹的代表。用于形态学分析的鲹共计 50 尾，其体长在 5.2～14.3cm 均匀分布，具有一定的代表性。鲹的雌性与雄性在生长方面存在显著不同，主要表现为雌鱼在任何年龄组的体长都大于雄鱼（王腾，2012），但两种性别的鱼在各比例性状和各鳍的鳍式方面并无差异。故在对不同水域的鲹进行形态学分析时，采取对各比例性状和鳍式进行比较是较合理的。在对各鳍进行比较时，本研究主要参照《湖北鱼类志》（杨干荣，1987）和《广东淡水鱼类志》（中国水产科学研究院珠江水产研究所，1991），选取背鳍和臀鳍的鳍式来进行分析；同时背鳍和臀鳍在各鳍中相对较大，实际操作中不容易由人为的原因而引起误差。

　　本研究对鲹的形态学分析结果表明，湖南洞庭湖水系、湖北长江干流、广东珠江水系的鲹在形态上均存在不同差异。形态学上的差异可能是由于环境因素的影响，也可能是遗传物质的变化引起的。染色体是遗传物质的主要载体，鱼类染色体核型分析对研究鱼类的分类、系统演化、遗传变异、性别决定、杂交育种等具有重要意义。本研究在对洞庭湖水系鲹的形态研究的基础上，对其染色体核型进行了研究。结果表明，洞庭湖水系与湖北长江干流、广东珠江水系的鲹在染色体组型上存在差异，表现出一定的多态性。不同水域的鲹表现出的染色体多态现象，可能与其所处的不同的纬度和地理环境有关。洞庭湖水系沅水为长江支流，湖北沙市、武昌位于长江主干道，三者均属于长江水系，纬度和地理环境的差别较小，而形态学和细胞遗传学分析结果表明，湖南洞庭湖水系与长江干流的鲹差别很小，故三地的鲹可能属于同一地理种群；广东新丰水库属于珠江水系，与长江水系的纬度、地理环境差别较大，故该地域的鲹可能属于另一地理种群。不同的地理种群生活在不同的纬度，适应不同的地理环境，它们由地理隔离造成实际上的基因无法交流，致使它们在形态特征、染色体组型等方面出现差异，这可能是广东新丰水库鲹与湖南洞庭湖水系、湖北沙市和武昌鲹在形态和染色体组型方面存在差异的重要原因。而湖南洞庭湖水系与长江干流的鲹在染色体组型方面存在的极小的差异，可能与鲹不同研究者所采用的实验方法及取材时间不同有关。

　　由于鲹分布极广（陈宜瑜，1998），还可收集更多水域鲹的材料，从生化和分子生物学等角度进一步分析其多态性。

7.2　翘嘴鲌的染色体组型分析

　　翘嘴鲌 *Culter alburnus* 的地方名有翘嘴、鲌鱼、大白鱼等。在分类上隶属鲤科鲌亚科鲌属，翘嘴鲌肉质洁白细嫩、味道鲜美、营养丰富，是鱼中上品，为长江流域的优质经济鱼类之一。翘嘴鲌体细长，侧扁，呈柳叶形，头背面平直，头后背部隆起，口上位，下颌厚而突出，向上翘，体背及体侧上部略呈青灰色，腹侧银色，全身被银灰色细鳞，易脱落，是凶猛肉食性鱼类。其生长速度较快，最大个体可达 10kg，常见的为 2～2.5kg。在人工饲养条件下，经过 8～10 个月，体长 7cm 左右的鱼种可长为 0.5kg 的商品鱼。作为长江流域优质经济鱼类，翘嘴鲌适合于大湖放养增殖。本研究主要对洞庭湖水系野生种群经驯化的翘嘴鲌染色体数目、组型及倍性进行了分析，为进一步研究洞庭湖区野生翘嘴鲌的种群分化、遗传育种等提供基础性资料和细胞遗传学依据。

7.2.1　材料与方法

实验鱼取自沅水下游国家级湖南洞庭鱼类良种场实验鱼塘，随机选取 20 尾活体翘嘴鲌进行染色体组型分析，个体大小为 140～250g，尾均重 180g，12 雌 8 雄。染色体标本的制备和组型分析方法同第 6 章 6.2 节。

7.2.2　结果

1）翘嘴鲌的染色体数目

翘嘴鲌的中期分裂象染色体数目统计结果见表 7-5，翘嘴鲌的完整中期分裂象的染色体数目大多在 48 条左右，最少 36 条，最多 50 条，含 48 条染色体的分裂象占 70%。所以，翘嘴鲌的染色体众数为 48，众数百分率为 70%。

表 7-5　翘嘴鲌染色体数目的分布

项目	染色体数目						总分裂象数	众数百分率/%
	36～38	40	42	44	48	50		
百分率/%	2	2	8	16	70	2	100	70

2）翘嘴鲌的染色体组型

根据翘嘴鲌的染色体数均为 2 的整倍及 48 条基本染色体可以明显二二配对的事实，可以把染色体倍性确定为二倍体。依据染色体臂比及相对长度（表 7-6），按照 Levan 等（1964）的染色体命名法，将其染色体分为 4 组：中部着丝粒染色体（M）18 条，亚中部着丝粒染色体（SM）10 条，亚端部着丝粒染色体（ST）18 条和端部着丝粒染色体（T）2 条。每组按相对长度和臂比进行同源染色体配对，其中部着丝粒染色体共配成 9 对，亚中部着丝粒染色体共配成 5 对，亚端部着丝粒染色体共配成 9 对，端部着丝粒染色体共配成 1 对，依据其相对长度排列，制成翘嘴鲌染色体组型图（图 6-4），翘嘴鲌的核型公式为 2N=18M+10SM+18ST+2T，染色体臂数（NF）=76。

表 7-6 翘嘴鲌的核型数据

类型	相对长度/%	臂比	类型	相对长度/%	臂比
M_1	6.89±0.09	1.45	SM_4	3.84±0.12	2.71
M_2	6.60±0.10	1.19	SM_5	3.69±0.14	2.41
M_3	5.76±0.06	1.34	ST_1	3.55±0.15	4.14
M_4	4.83±0.09	1.51	ST_2	3.45±0.09	3.67
M_5	4.63±0.10	1.61	ST_3	2.95±0.09	4.45
M_6	4.43±0.11	1.57	ST_4	2.76±0.12	4.10
M_7	4.09±0.09	1.67	ST_5	2.75±0.10	4.00
M_8	3.89±0.11	1.63	ST_6	2.74±0.12	4.30
M_9	3.79±0.09	1.65	ST_7	2.72±0.09	4.40
SM_1	5.17±0.07	2.00	ST_8	2.69±0.13	4.10
SM_2	4.43±0.08	2.33	ST_9	2.68±0.12	3.90
SM_3	4.19±0.08	2.27	T_1	3.49±0.09	∞

7.2.3 讨论

1）翘嘴鲌染色体的一些特性

翘嘴鲌染色体根据命名法可分为 4 组染色体对，其中中部着丝粒染色体 18 条，亚中部着丝粒染色体 10 条，亚端部着丝粒染色体 18 条和端部着丝粒染色体 2 条。中部着丝粒染色体和亚端部着丝粒染色体较多，都是 9 组，并且中部着丝粒染色体上有 1 对染色体比一般的染色体要大，亚中部着丝粒染色体上有 1 对比同组的其他染色体要大。同时，具有端部染色体，但数目较少，只配成了 1 组端部染色体。翘嘴鲌染色体数目为 36～50，范围较广，染色体众数为 48，众数百分率为 70%，与陈敏容等统计的鲤科鱼类染色体因为染色体数目都在 100 条以下，所以其众数百分率除个别为 74%和 64%以外，都高于 75%，有的甚至高达 95%之说有所区别，染色体数目在 100 条以下的鱼类染色体众数百分率以 75%为常规标准，这可能是在实验过程中鱼活体培养时水温较低而没有达到理想培养温度导致的一些误差。

2）与其他区域鲌属鱼核型比较

翘嘴鲌的染色体数目为 2N=48，18M+10SM+18ST+2T，NF=76。李敏等（2009）

报道贵州地区翘嘴鲌染色体为 2*N*=48，16M+26SM+6ST，NF=90；赵春霞等（2008）报道兴凯湖翘嘴鲌染色体为 2*N*=44，16M+16SM+12ST，NF=76；张伟明等（2003）报道过翘嘴鲌染色体为 2*N*=48，20M+24SM+4ST，NF=92。本次实验结果与以上三个地区报道的研究结果在染色体倍性上相同，均为二倍体，但在核型分组上，本研究结果出现了端部染色体，与上述三个区域的报道有别，与兴凯湖翘嘴鲌二倍体染色体数为 44 的结果差异更大，这些差异的产生，可能由各地区翘嘴鲌品种的遗传分化，抑或染色体分组时的主观误差所致。

本研究结果还与同批实验的蒙古鲌染色体研究结果进行了比较，蒙古鲌染色体组型为 2*N*=48，18M+18SM+12ST，NF=84（未发文），从翘嘴鲌与蒙古鲌的染色体组型可以看出，二者的二倍体染色体数目相同，核型分组上也较为相似，中部和亚中部着丝粒染色体都明显多于亚端部或端部染色体。这些结果表明这两种鱼的遗传学特征相似，亲缘关系相近。

7.3 三种鮈亚科鱼（棒花鱼、花鳕、麦穗鱼）的染色体组型分析

鮈亚科 Gobioninae 隶属于鲤形目鲤科，是鲤科鱼类中种类最多的亚科之一，世界范围内鮈亚科鱼类包括 30 属 201 种（Eschmeyer，2014），主要分布在东亚地区。我国的鮈亚科鱼类可分为 22 属 90 种和亚种，以小型为主，多分布在黑龙江以南、南岭以北的江河平原地区（陈宜瑜，1998）。

棒花鱼属 *Abbottina*、鳕属 *Hemibarbus*、麦穗鱼属 *Pseudorasbora* 是鮈亚科中常见的属。棒花鱼 *Abbottina rivularis* 俗名爬虎鱼、麻嫩子、沙锤，隶属于鮈亚科棒花鱼属。花鳕 *Hemibarbus maculatus* 俗称麻鲤、大鼓眼等，隶属于鮈亚科鳕属。麦穗鱼 *Pseudorasbora parva* 又名麻嫩子、青皮嫩等，隶属于鮈亚科麦穗鱼属。棒花鱼、花鳕、麦穗鱼是洞庭湖水系各江河支流和湖泊常见的小型野生经济鱼类，具有较高的经济价值。本实验以取自洞庭湖水系沅水和澧水的上述 3 种鮈亚科鱼为对象，对其染色体核型进行了分析，旨在了解洞庭湖水系鮈亚科鱼类染色体的遗传多样性及亲缘遗传关系，为洞庭湖水系 3 种鮈亚科鱼的资源保护与开发利用提供理论依据。

7.3.1 材料与方法

3 种鮈亚科鱼均采自洞庭湖水系的沅水、澧水及其分支河流，各随机取活体 6 尾（含雌、雄个体）用于染色体组型分析。实验用鱼运回后，放入室内小型养殖池（控温 20～25℃）暂养 7d 后开始实验。

染色体标本的制备和组型分析方法同第 6 章 6.2 节。

7.3.2　结果

1）3种鮈亚科鱼体细胞染色体数目

每种鮈亚科鱼选100个图像清晰、染色体分散良好的中期分裂象细胞进行计数，取其2N数出现最多的为众数。统计得出棒花鱼、花鳕和麦穗鱼染色体众数均为50，具染色体众数的3种鮈亚科鱼的细胞中期分裂象数分别占全部计数细胞的78%、82%和84%（表7-7）。

表7-7　洞庭湖水系3种鮈亚科鱼的染色体数目

实验鱼	染色体数（2N）	观察细胞总数	众数百分率/%
棒花鱼	50	100	78.0
花鳕	50	100	82.0
麦穗鱼	50	100	84.0

2）3种鮈亚科鱼的核型

根据染色体相对长度和臂比的测量结果（表7-8），棒花鱼、花鳕和麦穗鱼的全部染色体配成25对。按照Levan等（1964）的染色体命名法，棒花鱼的染色体可分为3组，其中：中部着丝粒染色体（M组）14对、亚中部着丝粒染色体（SM组）10对和亚端部着丝粒染色体（ST组）1对（图6-14），其核型公式为2N=28M+20SM+2ST，NF=98；花鳕的染色体可分成4组，分别是：M组8对、SM组7对、ST组8对和T组2对（图6-10），其核型公式为2N=16M+14SM+16ST+4T，NF=80；麦穗鱼的染色体分为3组：M组9对、SM组11对和ST组5对（图6-13），其核型公式为2N=18M+22SM+10ST，NF=90。在3种鮈亚科鱼的雌、雄个体之间未发现与性别有关的异形性染色体和随体次缢痕的出现。

表7-8　洞庭湖水系3种鮈亚科鱼的核型数据

棒花鱼			花鳕			麦穗鱼		
类型	相对长度/%	臂比	类型	相对长度/%	臂比	类型	相对长度/%	臂比
M_1	4.77±0.13	1.51±0.05	M_1	5.03±0.15	1.58±0.01	M_1	4.42±0.30	1.52±0.07
M_2	4.54±0.20	1.66±0.01	M_2	4.46±0.13	1.08±0.03	M_2	4.22±0.54	1.26±0.02
M_3	4.09±0.19	1.38±0.02	M_3	4.37±0.14	1.46±0.05	M_3	4.16±0.43	1.20±0.04
M_4	4.09±0.53	1.17±0.07	M_4	4.07±0.10	1.22±0.02	M_4	4.11±0.13	1.56±0.08
M_5	3.96±0.41	1.49±0.06	M_5	3.92±0.19	1.32±0.02	M_5	3.97±0.13	1.39±0.01
M_6	3.89±0.09	1.18±0.08	M_6	3.84±0.10	1.22±0.02	M_6	3.78±0.20	1.18±0.06

棒花鱼			花鳅			麦穗鱼		
类型	相对长度/%	臂比	类型	相对长度/%	臂比	类型	相对长度/%	臂比
M_7	3.85±0.19	1.44±0.17	M_7	3.43±0.12	1.27±0.03	M_7	3.71±0.25	1.46±0.04
M_8	3.81±0.27	1.52±0.25	M_8	3.33±0.12	1.24±0.03	M_8	3.47±0.21	1.61±0.09
M_9	3.76±0.04	1.39±0.18	SM_1	5.22±0.13	1.90±0.03	M_9	2.63±0.43	1.38±0.01
M_{10}	3.76±0.01	1.38±0.03	SM_2	5.14±0.20	1.97±0.03	SM_1	4.74±0.52	2.11±0.07
M_{11}	3.73±0.01	1.59±0.12	SM_3	4.52±0.12	2.21±0.02	SM_2	4.53±0.46	2.84±0.07
M_{12}	3.55±0.34	1.35±0.02	SM_4	3.26±0.11	2.20±0.02	SM_3	4.35±0.41	2.13±0.17
M_{13}	3.52±0.05	1.43±0.07	SM_5	2.88±0.17	2.06±0.09	SM_4	4.11±0.28	2.66±0.16
M_{14}	3.20±0.14	1.34±0.08	SM_6	2.85±0.11	1.73±0.06	SM_5	4.10±0.39	1.81±0.10
SM_1	5.33±0.23	2.21±0.01	SM_7	2.72±0.10	1.82±0.01	SM_6	3.88±0.30	2.55±0.07
SM_2	5.01±0.49	1.98±0.20	ST_1	4.86±0.12	3.97±0.07	SM_7	3.78±0.15	1.94±0.21
SM_3	4.28±0.19	2.09±0.06	ST_2	4.68±0.20	3.97±0.04	SM_8	3.63±0.15	2.88±0.01
SM_4	4.21±0.08	1.98±0.18	ST_3	4.68±0.40	3.20±0.09	SM_9	3.25±0.32	2.62±0.05
SM_5	3.99±0.22	1.78±0.09	ST_4	4.51±0.10	3.63±0.10	SM_{10}	3.21±0.35	1.97±0.09
SM_6	3.84±0.06	1.75±0.01	ST_5	4.48±0.09	3.47±0.08	SM_{11}	3.17±0.21	1.88±0.02
SM_7	3.80±0.19	1.81±0.06	ST_6	4.25±0.12	3.69±0.09	ST_1	4.62±0.34	3.65±0.16
SM_8	3.79±0.05	1.79±0.11	ST_7	3.26±0.14	3.08±0.01	ST_2	4.56±0.23	3.65±0.15
SM_9	3.62±0.23	1.89±0.08	ST_8	3.55±0.14	3.08±0.08	ST_3	4.20±0.34	4.28±0.23
SM_{10}	3.59±0.05	1.87±0.13	T_1	2.95±0.10	∞	ST_4	4.19±0.51	4.12±0.33
ST_1	3.99±0.43	3.12±0.01	T_2	2.74±0.11	∞	ST_5	3.95±0.33	3.37±0.02

7.3.3 讨论

关于鮈亚科鱼类的染色体核型，国内已有一些报道。王雪和沈俊宝（1989）曾对采自黑龙江抚远的 11 种鮈亚科鱼的染色体组型进行了研究，其中棒花鱼的核型为 $2N=50$，22M+24SM+4ST；麦穗鱼为 $2N=50$，18M+22SM+10ST。李树深等（1983）对产于云南昆明的麦穗鱼进行核型分析，发现其核型为 $2N=50$，20M+26SM+4ST。李康等（1984）和常重杰等（1995）对湖北、广东等地的多种鮈亚科鱼类进行了核型分析，其中棒花鱼的核型均为 $2N=50$，24M+24SM+2ST。顾若波等（2008）对江苏苏州的花鳅进行核型分析，得到其核型为 $2N=50$，20M+12SM+10ST+8T。

本书报道的洞庭湖水系棒花鱼、花鳅、麦穗鱼在二倍体染色体数目上与其他水域报道的鮈亚科鱼类属种完全一致（王雪和沈俊宝，1989；李康等，1984；洪云汉等，1984），均为 2N=50，这可以视为鮈亚科鱼类核型的一个基本特征，也反映了这些鱼之间具有较近的亲缘关系。然而，在染色体核型组成上，不同水域的 3 种鮈亚科鱼类存在差异（表 7-9）：本书报道的洞庭湖水系棒花鱼与其他水域的棒花鱼相比，存在 M 染色体增多、SM 染色体减少的现象；花鳕与湖北武汉、江西南昌、广东韶关等地的核型一致，但与江苏苏州地区的花鳕核型差异明显；麦穗鱼与黑龙江、湖北等地的核型一致，但与云南昆明的麦穗鱼核型存在差异。其原因可能是测量误差，也可能是由于地理分布的不同，这些鱼类在染色体演化过程中，发生了染色体臂间倒位、易位或异染色质增减等较大的染色体重排（李康等，1984），染色体臂数发生了变化，从而表现出染色体核型上的多态性。

表 7-9 不同水域 3 种鮈亚科鱼的核型比较

种名	属名	2N	核型公式	NF	采集地	参考文献
棒花鱼	棒花鱼属	50	22M+24SM+4ST	96	黑龙江抚远	王雪和沈俊宝，1989
		50	24M+24SM+2ST	98	湖北武汉	常重杰等，1995
		50	24M+24SM+2ST	98	广东韶关	余先觉等，1989
		50	28M+20SM+2ST	98	洞庭湖水系	邓玲慧等，2016
花鳕	鳕属	50	20M+12SM+10ST+8T	82	江苏苏州	顾若波等，2008
		50	16M+14SM+16ST+4T	80	湖北武汉	任修海等，1996
		50	16M+14SM+16ST+4T	80	江西南昌	徐亮等，2007
		50	16M+14SM+16ST+4T	80	广东韶关	李均祥，2008
		50	16M+14SM+16ST+4T	80	洞庭湖水系	邓玲慧等，2016
麦穗鱼	麦穗鱼属	50	18M+22SM+10ST	90	黑龙江抚远	王雪和沈俊宝，1989
		50	18M+22SM+10ST	90	湖北沙市	李康等，1984
		50	18M+22SM+10ST	90	湖北武汉	杨坤等，2012
		50	20M+26SM+4ST	96	云南昆明	李树深等，1983
		50	18M+22SM+10ST	90	洞庭湖水系	邓玲慧等，2016

李树深（1981）等的研究指出，在一定的分类阶元下，生物种群有原始类群和特化类群之分，其中含有端部或亚端部着丝粒染色体较多的种群是原始类群，而含有中部或亚中部着丝粒染色体较多的种群是特化类群，表现出进化的趋势。据此，从表 7-9 可以看出，对于同处于鮈亚科这一分类阶元的 3 种鮈亚科鱼类，棒花鱼的中部或亚中部着丝粒染色体较多，而端部或亚端部着丝粒染色体较少，

因而进化上应属于鮈亚科中特化类群；花鳕和麦穗鱼存在中部或亚中部着丝粒染色体偏少而端部或亚端部着丝粒染色体相对较多的情况，在进化上应属于鮈亚科中原始类群。陈宜瑜（1998）依据鮈亚科内各属鱼类的体形、口唇结构、鳔囊形态、下咽齿行数、背鳍刺有无、偶鳍和肛口的位置及胸腹部裸露区范围等性状上的差异，将中国鮈亚科鱼类分为原始型鮈类和进化型似鮈类两大类群，这与本实验对 3 种鮈亚科鱼类染色体核型分析的结果是一致的。

7.3.4　结论

本研究采用鱼类活体肾细胞直接制片法，获得洞庭湖水系 3 种鮈亚科鱼：棒花鱼、花鳕、麦穗鱼的染色体标本，并对其进行组型分析。与其他水系 3 种鮈亚科鱼的核型作比较，洞庭湖水系 3 种鮈亚科鱼在二倍体染色体数目上保持一致，而在染色体核型上表现出多态性特征；从进化地位上分析，棒花鱼属于鮈亚科中特化类群，花鳕和麦穗鱼属于鮈亚科中原始类群。

7.4　吉首光唇鱼的形态及染色体组型分析

光唇鱼是鲤形目鲤科鲃亚科光唇鱼属鱼类的统称，俗名淡水石斑鱼、罗丝鱼等，为中国东南部和亚洲东部特有鲤科鱼类，分布几乎遍及中国长江及长江以南各个水系，包括长江、珠江、鄱阳湖、洞庭湖、元江及东南沿海各水系（含台湾和海南岛）。迄今为止，我国已记录的光唇鱼属鱼类有 21 种和亚种（乐佩琦等，2000；成庆泰和郑葆珊，1987；赵俊等，1997）。光唇鱼因其体色鲜艳，具有较高的观赏价值，故常作为观赏鱼类，每年出口量大，创值相当可观。

吉首光唇鱼是赵俊等（1997）报道的光唇鱼属一新种，而在 2000 年出版的《中国动物志·硬骨鱼纲》（乐佩琦等，2000）中却把吉首光唇鱼排除在光唇鱼属之外。此后，又有学者（袁乐洋，2005）根据形态学差异分析了吉首光唇鱼的物种有效性，认为吉首光唇鱼是一个有效种。由此看来，关于吉首光唇鱼的形态学分类地位还不太确定。因此，有必要对其做进一步研究。

染色体是遗传物质的主要载体，物种在进化过程中所发生的遗传物质的变化，常表现为染色体数目和结构的变化，鱼类染色体核型对研究鱼类的分类、系统演化、杂交育种等具有重要的指导意义。本研究拟对吉首光唇鱼的形态学特征和染色体核型进行分析，为该鱼的形态和细胞遗传学特征提供更加充实的数据资料，也为进一步探讨光唇鱼属鱼类的分类与系统演化提供参考依据。

7.4.1　材料与方法

实验用鱼取自湖南省吉首市峒河，共计 66 尾，其中 60 尾用于形态学鉴定，6

尾（3 雌 3 雄）用于染色体组型分析。实验用鱼取回后，放入室内水族箱（控温 21～24℃）暂养 7d 后开始实验。

形态学比例性状测量：按照孟庆闻等（1989）的方法对可数性状、可量性状进行测量。可量性状包括体长、体高、头长、吻长、尾柄长、尾柄高、眼径，可数性状包括背鳍、臀鳍、胸鳍、腹鳍、侧线鳞。并将可量性状转变为比例性状，所有数据均采用 Microsoft Excel 2007 软件进行统计分析。

染色体标本的制备和组型分析方法同第 6 章 6.2 节。

7.4.2 结果

1）吉首光唇鱼的形态特征

对取自湖南吉首峒河的 60 尾光唇鱼进行形态学观察，发现所有个体表现出以下特征：下唇两侧瓣间隙小，几相接触；背鳍末根不分枝，鳍条柔软不加粗，后缘光滑；背鳍及臀鳍鳍条间膜有黑色条纹；肠道短而简单，具两道弯曲；可数性状及可量性状比值（表 7-10）与赵俊等（1997）描述的吉首光唇鱼基本一致，仅臀鳍不分枝鳍条数和体长/尾柄长稍有差别。

表 7-10　吉首光唇鱼的可数性状及可量性状比值

形态指标	幅度	平均值±标准差	形态指标	幅度	平均值±标准差
体长/体高	3.3～4.0	3.6±0.4	背鳍	iv-8	
体长/头长	3.6～3.9	3.8±0.2	臀鳍	iii-5	
体长/尾柄长	4.7～6.0	5.2±0.7	胸鳍	i -15	
体长/尾柄高	7.9～9.1	8.5±0.6	腹鳍	i -8	
头长/吻长	2.7～3.4	3.1±0.3	尾鳍分枝鳍条	17	
头长/眼径	3.8～4.9	4.4±0.6	侧线鳞	$40\frac{5\sim6}{3\sim4}42$	
头长/眼间距	2.6～3.1	2.9±0.2	背鳍前鳞	12～13	
尾柄长/尾柄高	1.4～1.7	1.6±0.1	围尾柄鳞	15～16	
肠长/体长	0.9～1.3	1.1±0.2	第一鳃弓外鳃耙数	9～10	

观察发现，在不同发育阶段，吉首光唇鱼的体色条纹会发生改变，一般在个体发育早期具 5～6 条黑色垂直条纹和一纵条纹，个体成熟后则无成形的斑块或垂直条纹。彩图 5-56-1 为一尾雄性吉首光唇鱼 0 龄幼体，彩图 5-56-2 为 1 年后同一尾鱼性成熟个体，在其幼体体侧明显可见 6 条清晰的黑色垂直条纹和一纵条纹；在性成熟过程中，垂直条纹和纵条纹逐渐变淡，但纵条纹消退较慢；至性成熟时，垂直条纹则模糊不清。

2）吉首光唇鱼二倍体染色体数目

统计 6 尾吉首光唇鱼共 100 个中期分裂象的结果（表 7-11），其中染色体总数为 50 的分裂象细胞占全部计数细胞的 80%，由此确定吉首光唇鱼的二倍体染色体数目为 2N=50（图 6-19）。对于具有非众数染色体的分裂象，可能是低渗或滴片过程中少量染色体丢失而造成的。

表 7-11　吉首光唇鱼染色体数目的分布

总分裂象数	项目	染色体数目								核型公式
		<45	45	46	47	48	49	50	>50	
100	细胞数	2	4	4	2	2	4	80	2	2N=14M+16SM+12ST+
	百分率/%	2	4	4	2	2	4	80	2	8T（众数=50）

3）吉首光唇鱼的染色体组型

根据对吉首光唇鱼染色体相对长度和臂比的统计结果（表 7-12），其全部染色体可配成 25 对，按 Levan 等（1964）的染色体命名法分成 4 组，M 组（中部着丝粒染色体，$r = 1.00 \sim 1.70$）7 对；SM 组（亚中部着丝粒染色体，$r = 1.70 \sim 3.00$）8 对；ST 组（亚端部着丝粒染色体，$r = 3.00 \sim 7.00$）6 对；T 组（端部着丝粒染色体，$r = 7.00 \sim \infty$）4 对。按相对长度排列，制成吉首光唇鱼染色体组型图（图 6-19），核型公式为 2N=14M+ 16SM+12ST+8T，臂数（NF）= 80。从图 6-19 可以看出，在吉首光唇鱼的 M 组和 SM 组中，各有一对相对本组其他染色体明显较大的染色体，除此之外，各相邻两对染色体之间无明显差异，大小呈递减趋势排列。4 组染色体均未发现带有特殊标志性特征如随体、次缢痕的染色体，也未发现与性别决定有关的异形性染色体。

表 7-12　吉首光唇鱼的核型数据

染色体编号	类型	相对长度/%	臂比	染色体编号	类型	相对长度/%	臂比
1	M_1	5.60±0.12	1.46±0.06	9	SM_2	5.25±0.10	3.00±0.01
2	M_2	4.36±0.02	1.37±0.17	10	SM_3	4.78±0.03	2.12±0.07
3	M_3	4.32±0.03	1.55±0.03	11	SM_4	4.28±0.06	2.34±0.17
4	M_4	4.32±0.12	1.55±0.09	12	SM_5	4.25±0.02	2.90±0.02
5	M_5	3.98±0.07	1.57±0.07	13	SM_6	3.93±0.01	1.84±0.05
6	M_6	3.66±0.03	1.13±0.08	14	SM_7	3.84±0.13	2.02±0.07
7	M_7	3.52±0.05	1.53±0.04	15	SM_8	3.39±0.04	1.94±0.16
8	SM_1	6.27±0.05	2.31±0.06	16	ST_1	3.89±0.01	5.62±0.10

续表

染色体编号	类型	相对长度/%	臂比	染色体编号	类型	相对长度/%	臂比
17	ST_2	3.83±0.19	6.66±0.07	22	T_1	3.87±0.01	7.70±0.05
18	ST_3	3.80±0.04	5.20±0.01	23	T_2	3.16±0.02	∞
19	ST_4	3.78±0.08	4.18±0.09	24	T_3	2.71±0.04	∞
20	ST_5	3.58±0.02	6.83±0.21	25	T_4	2.47±0.02	∞
21	ST_6	3.18±0.03	6.24±0.10				

7.4.3　讨论

1）吉首光唇鱼的形态学特征

根据赵俊等（1997）对吉首光唇鱼的形态特征描述，结合本研究对采自湖南吉首的 60 尾吉首光唇鱼的形态观察及可数性状和可量性状测量结果，可以判断本次所采吉首光唇鱼即赵俊等（1997）报道的吉首光唇鱼。在形态上，根据垂直条纹的有无，可以较容易地将吉首光唇鱼与没有垂直条纹的光唇鱼区分开来。而吉首光唇鱼与具有垂直条纹的光唇鱼属鱼类比较，外形上相对较难区分，但通过细致比较，也可以找到与其他光唇鱼的鉴别特征：根据背鳍形状，吉首光唇鱼（背鳍外缘微内凹）可以与宽口光唇鱼（外缘圆弧形）（乐佩琦等，2000）和长鳍光唇鱼（外缘深内凹，末根不分枝鳍条末端延长）（乐佩琦等，2000）区分；根据体形（体长对体高），可与元江虹彩光唇鱼（乐佩琦等，2000）区分；根据垂直条纹宽度（宽度一致对宽窄不一）和鳃耙数目（9～10 对 28～33），可与多耙光唇鱼（袁乐洋，2005）区分；根据垂直条纹数目（6 条对 5 条），可与北江光唇鱼（乐佩琦等，2000）和虹彩光唇鱼（乐佩琦等，2000）区分；根据下唇两侧瓣距离（相互接近或仅留细缝对相隔较远），可与台湾光唇鱼（乐佩琦等，2000）、光唇鱼（乐佩琦等，2000）和薄颌光唇鱼（乐佩琦等，2000）区分；根据背鳍末根不分枝鳍条是否加粗（柔软不加粗对明显加粗），与带半刺光唇鱼（乐佩琦等，2000）、温州光唇鱼（乐佩琦等，2000）、窄条光唇鱼（乐佩琦等，2000）相区别。此外，据文献（乐佩琦等，2000；赵俊等，1997）对侧条光唇鱼和厚唇光唇鱼的形态描述，吉首光唇鱼与此两种光唇鱼在外形上较为相似，但也可以根据吉首光唇鱼背鳍末根不分枝鳍条后缘光滑、臀鳍间膜清晰、肠道仅两道弯曲、侧线鳞 40～42 等特征与这两种相似种区别开来（表 7-13）。综上所述，尽管吉首光唇鱼在外形上与其他光唇鱼属鱼类有很多相似的特征，但仍可以通过形态上的差别与其他光唇鱼区分开来。因此，根据形态学比较结果，我们推测吉首光唇鱼应为一有效物种。

表 7-13 吉首光唇鱼与相似种的区别

性状	吉首光唇鱼	侧条光唇鱼	厚唇光唇鱼
体侧垂直条纹	均在侧线之上		雌鱼垂直条纹可向下超过侧线 2～3 行鳞片
背鳍末根不分枝鳍条	后缘光滑无锯齿	后缘具细弱锯齿	后缘光滑无锯齿
背鳍间膜	有清晰的黑斑	无黑色斑纹	有模糊的黑斑
臀鳍间膜	有清晰的黑斑	有黑斑	黑斑极模糊
侧线鳞	40～42	38～40	38～41
鳃耙	9～10	7～9	9～16
肠型	短而简单，两道弯曲		长而复杂，6 道弯曲

此外，通过本实验观察发现，吉首光唇鱼在不同发育阶段，其体色条纹发生了明显变化（图 5-56），这一现象似乎也解释了一些学者在观察吉首光唇鱼标本时看到的不同个体间体侧斑块或条纹的变化。

2）吉首光唇鱼与其他光唇鱼属鱼类核型的比较

光唇鱼属鱼类是鲃亚科鱼类中较原始的类群（李渝成等，1986）。表 7-14 列举出了我国目前已报道的光唇鱼属几种鱼类的染色体组型（李渝成等，1986；桂建芳和李渝成，1986；蒋进等，2009；昝瑞光等，1984；余先觉等，1989）。从表 7-14 可以看出，光唇鱼属鱼类在二倍体染色体数上完全一致；但在染色体组型和臂数上存在一定差异。本研究结果表明吉首光唇鱼 M 组染色体数为 14，SM 组染色体数为 16，这一结果与桂建芳和李渝成（1986）、蒋进等（2009）报道的光唇鱼、珠江虹彩光唇鱼、侧条光唇鱼和北江光唇鱼的染色体组型基本一致，染色体臂数也完全相同；而与昝瑞光等（1984）、李渝成等（1986）、余先觉等（1989）报道的云南光唇鱼和半刺光唇鱼组型却存在一定出入，染色体臂数也有差异。桂建芳和李渝成（1986）在侧条光唇鱼、珠江光唇鱼及光唇鱼的 ST 组中发现一对染色体短臂上具随体；同时还发现北江光唇鱼的 ST 组中两对染色体短臂上具随体，并在 SM₃ 的长臂上发现次缢痕；李渝成等（1986）也发现云南光唇鱼的一对 ST 组染色体短臂末端具次缢痕；而本次研究在吉首光唇鱼的染色体中未发现带有随体、次缢痕的染色体，造成这些差异的原因可能与实验材料和实验方法的不同有关，但更有可能是由光唇鱼属内客观存在的染色体核型分化所致。

表 7-14 7 种光唇鱼属鱼类的核型比较

种类	2N	核型	NF	采集地	参考文献
光唇鱼 *A. fasciatus*	50	14M+16SM+10ST+10T	80	阳山	桂建芳和李渝成，1986
	50	14M+16SM+6ST+14T	80	新昌	蒋进等，2009

种类	2N	核型	NF	采集地	参考文献
珠江虹彩光唇鱼 A. iridescens zhujiangensis	50	14M+16SM+10ST+10T	80	阳山	桂建芳和李渝成，1986
云南光唇鱼 A. yunnanensis	50	18M+16SM+16ST,T	84	抚仙湖	昝瑞光等，1984
	50	10M+18M+12ST+10T	78	雅安	李渝成等，1986
半刺厚唇鱼 A. hemispinus hemispinus	50	10M+16SM+8ST+16T	76	桂林	余先觉等，1989
侧条光唇鱼 A. parallens	50	14M+16SM+14ST+6T	80	韶关	桂建芳和李渝成，1986
北江光唇鱼 A. wenchowensis beijiangensis	50	14M+16SM+14ST+6T	80	韶关	桂建芳和李渝成，1986
吉首光唇鱼 A. jishouensis	50	14M+16SM+12ST+8T	80	吉首峒河	杨春英等，2014

李树深（1981）研究指出，在特定的分类阶元内，具有较多端部或亚端部着丝粒染色体的种群是原始类群，而具有较多中部或亚中部着丝粒染色体的种群是特化类群。对比几种光唇鱼的染色体组型，不难发现，半刺光唇鱼的 ST 组和 T 组染色体数目最多，NF 值最小，应该是光唇鱼属中较原始的类群。吉首光唇鱼与光唇鱼（桂建芳和李渝成，1986；蒋进等，2009）、珠江虹彩光唇鱼（桂建芳和李渝成，1986）、侧条光唇鱼（桂建芳和李渝成，1986）和北江光唇鱼（桂建芳和李渝成，1986）的 M 组和 SM 组染色体数目一致，NF 值也一样，似乎说明这 5 种光唇鱼的亲缘关系更近。而形态学分析结果表明，吉首光唇鱼与侧条光唇鱼外形更接近，与光唇鱼、珠江光唇鱼和北江光唇鱼区别较明显。故要判定光唇鱼属内的系统发育及亲缘关系，需要借助生化和分子生物学方法做进一步分析。

本研究还发现，在吉首光唇鱼的染色体组型中，有一对明显较大的 SM_1 染色体，这一染色体组型特征与李渝成等（1986）报道的云南光唇鱼、桂建芳和李渝成（1986）报道的侧条光唇鱼、北江光唇鱼、珠江虹彩光唇鱼和光唇鱼相似，即染色体组中都有一对最大的 SM_1 染色体，这说明 SM_1 染色体可以作为光唇鱼属鱼类的标志染色体。

7.5　鲫的染色体组型分析

鲫 Carassius auratus 隶属于硬骨鱼纲鲤形目鲤科鲤亚科鲫属（乐佩琦等，2000），是一种适应性强、广泛分布于各江河湖泊和水库等淡水水体的常见野生经济鱼类。鲫的遗传背景较为复杂，已知鲫包含 2 亚种，即普通鲫 C. a. auratus 和银鲫 C. a. gibelio，前者是染色体数为 100 的二倍体两性生殖种群，后者则是染色体数为 150±，具有雌核发育和两性繁殖两种生殖方式的三倍体种群（杨林和桂建芳，2002；Zhou et al.，2001；Zhou and Gui，2002）。早在 20 世纪 80 年代，我国学者沈俊宝等（1983a）就对黑龙江主要水域鲫的倍性及其地理分布进行了研究，发现黑龙江水域存在二倍体和三倍体的鲫种群，不同倍性的鲫在分布上有一定的地区性。位于湖南省境内的洞庭湖及其分支水系鲫资源十分丰富，调查表明，在春季渔获物中鲫产量占据绝对优势。那么，洞庭湖水系鲫的细胞遗传背景怎样，是否与黑龙江水系鲫一样存在不同的倍性和地域差异，是否还有必要对这一鱼类物种资源加以保护，迄今为止，尚未见这方面的文献报道。为此，我们以洞庭湖水系沅水和澧水的鲫为研究对象，通过对其染色体组型及形态特征分析，为洞庭湖水系鲫的开发利用及资源保护提供理论依据。

7.5.1 材料与方法

本实验所用鲫分别采自洞庭湖水系的沅水和澧水，其中沅水从上游往下分别设立洪江、辰溪、五强溪水库、桃源、常德 5 个采样点，澧水从上游往下依次设立桑植、慈利、石门、澧县、安乡 5 个采样点。每条河流用于染色体分析的个体各 50 尾，由 5 个采样点各随机选出 10 尾组成。实验鱼体长 130～270mm，体重 50～255g。鲫运回后放入室内水族箱（控温 21～24℃）暂养 1 周后开始实验。

形态性状的测定：在进行肾细胞染色体标本制备取样之前，对每一尾鲫进行形态学可量性状和可数性状测量，可量性状包括体长、体高、头长、吻长、尾柄长、尾柄高、眼径，可数性状包括侧线鳞、侧线上鳞、侧线下鳞、背鳍条数。为了消除鱼体大小对可量形状的影响，将可量性状转变成比例性状。所有结果均采用 Microsoft Excel 2007 软件进行统计分析。

染色体标本的制备和组型分析方法同第 6 章 6.2 节。

7.5.2 结果

1）沅水和澧水鲫的染色体数目

对沅水和澧水各 50 尾鲫逐一进行肾细胞染色体制片和中期分裂象染色体计数，统计发现，沅水 50 尾鲫中有 7 尾（4 雌 3 雄）染色体众数为 100，众数百分率为 77%，有 43 尾（37 雌 6 雄）中期分裂象染色体数为 145～167 条，其中染色体数在 150 条以上的比例为 92.5%，但 150 条以上的分裂象无明显的众数分布；澧水 50 尾鲫中有 8 尾（4 雌 4 雄）染色体众数为 100，众数百分率为 79%，有 42 尾（36 雌 6 雄）中期分裂象染色体数为 146～169 条，其中染色体数在 150 条以上的占 91.5%，150 条以上的分裂象同样没有明显的众数分布。在 150 条以上的分裂象中，存在一些形状极小的染色体，即超数染色体或称 b 染色体（杨睿姣等，

2003；刘良国等，2004a）（图 6-22 箭头所示）。此外，在两种染色体数目不同鲫的雌、雄个体之间未发现与性别有关的异形性染色体，也未发现带有特殊标志性特征如随体、次缢痕的染色体。

2）沅水和澧水鲫的两种染色体组型

根据染色体相对长度和臂比的测量结果（表 7-15），两条河流鲫染色体数为 100 和 150±的染色体组型相同。按 Leaven（1964）命名法，其中染色体数为 100 的可分成 4 组：M 组（中部着丝粒染色体）14 对，SM 组（亚中部着丝粒染色体）11 对，ST 组（亚端部着丝粒染色体）14 对，T 组（端部着丝粒染色体）11 对。核型公式为：$2N=28M+22SM+28ST+22T$，染色体臂数（NF）为 150（图 6-21）。而染色体数在 150 条以上的，除去那些形状小、差异大、无法配对的超数染色体外，其余 150 条基本染色体可以明显的三三配对，因此我们确认其为三倍体。同样按 Levan 等（1964）的染色体命名法，150 条基本染色体也分成 4 组，其中 M 组染色体 14 对，SM 组染色体 11 对，ST 组染色体 14 对，T 组染色体 11 对，核型公式为：$3N=42M+33SM+42ST+33T$，NF 为 225，4 组染色体各自包含的同源染色体对数与染色体数为 100 的完全一致（图 6-22）。

表 7-15 两种不同倍性鲫的核型数据

二倍体鲫（$2N=100$）			三倍体鲫（$3N=150$）		
类型	相对长度/%	臂比	类型	相对长度/%	臂比
M_1	2.48±0.04	1.03±0.01	M_1	2.99±0.13	1.06±0.03
M_2	2.44±0.04	1.16±0.03	M_2	2.49±0.10	1.13±0.06
M_3	2.41±0.05	1.12±0.17	M_3	2.33±0.08	1.09±0.20
M_4	2.33±0.02	1.20±0.04	M_4	2.29±0.01	1.14±0.08
M_5	2.32±0.03	1.21±0.03	M_5	2.27±0.04	1.27±0.04
M_6	2.15±0.06	1.16±0.03	M_6	2.22±0.24	1.19±0.13
M_7	2.09±0.03	1.18±0.14	M_7	2.12±0.11	1.21±0.04
M_8	2.07±0.12	1.30±0.03	M_8	1.98±0.03	1.30±0.10
M_9	2.02±0.10	1.28±0.01	M_9	1.93±0.12	1.29±0.04
M_{10}	1.81±0.15	1.21±0.03	M_{10}	1.86±0.02	1.19±0.08
M_{11}	1.79±0.02	1.18±0.13	M_{11}	1.81±0.04	1.20±0.22
M_{12}	1.75±0.09	1.34±0.01	M_{12}	1.79±0.03	1.24±0.06
M_{13}	1.64±0.06	1.16±0.11	M_{13}	1.58±0.06	1.12±0.09
M_{14}	1.58±0.02	1.08±0.11	M_{14}	1.55±0.04	1.07±0.05
SM_1	3.19±0.21	1.92±0.07	SM_1	3.27±0.12	2.11±0.09

续表

二倍体鲫（2N=100）			三倍体鲫（3N=150）		
类型	相对长度/%	臂比	类型	相对长度/%	臂比
SM_2	3.17±0.18	1.93±0.17	SM_2	3.12±0.10	2.07±0.25
SM_3	2.37±0.16	1.88±0.02	SM_3	2.56±0.15	1.79±0.04
SM_4	2.33±0.05	1.98±0.05	SM_4	2.52±0.06	1.95±0.27
SM_5	2.13±0.05	1.72±0.07	SM_5	2.38±0.06	1.79±0.04
SM_6	2.11±0.15	1.75±0.16	SM_6	2.17±0.21	1.84±0.22
SM_7	1.81±0.04	1.78±0.10	SM_7	1.79±0.04	1.81±0.12
SM_8	1.69±0.03	1.91±0.07	SM_8	1.78±0.17	1.93±0.19
SM_9	1.68±0.03	1.92±0.01	SM_9	1.72±0.11	1.99±0.30
SM_{10}	1.67±0.03	2.06±0.11	SM_{10}	1.69±0.41	2.08±0.23
SM_{11}	1.65±0.02	1.99±0.09	SM_{11}	1.63±0.07	2.12±0.05
ST_1	2.52±0.05	3.69±0.21	ST_1	2.12±0.16	3.80±0.10
ST_2	2.48±0.04	4.27±0.23	ST_2	2.04±0.15	4.38±0.44
ST_3	2.45±0.13	6.25±0.25	ST_3	1.95±0.03	6.53±0.49
ST_4	2.44±0.03	4.76±0.16	ST_4	1.93±0.14	4.79±0.49
ST_5	2.43±0.03	4.49±0.02	ST_5	1.91±0.12	4.52±0.43
ST_6	2.41±0.08	5.14±0.33	ST_6	1.89±0.03	5.13±0.30
ST_7	2.21±0.08	5.17±0.59	ST_7	1.85±0.05	5.39±0.12
ST_8	1.99±0.03	4.24±0.15	ST_8	1.84±0.02	4.21±0.66
ST_9	1.97±0.05	4.37±0.12	ST_9	1.74±0.02	4.22±0.25
ST_{10}	1.92±0.02	3.39±0.11	ST_{10}	1.73±0.07	3.39±0.37
ST_{11}	1.87±0.06	3.66±0.10	ST_{11}	1.71±0.03	3.62±0.58
ST_{12}	1.84±0.10	3.25±0.02	ST_{12}	1.69±0.01	3.54±0.10
ST_{13}	1.64±0.02	4.32±0.08	ST_{13}	1.66±0.08	4.18±0.10
ST_{14}	1.21±0.02	6.15±0.11	ST_{14}	1.63±0.25	6.12±0.12
T_1	1.98±0.08	∞	T_1	2.14±0.15	∞
T_2	1.95±0.03	∞	T_2	2.11±0.17	∞
T_3	1.85±0.02	∞	T_3	2.01±0.04	∞
T_4	1.78±0.02	∞	T_4	1.99±0.12	∞
T_5	1.72±0.06	∞	T_5	1.94±0.02	∞
T_6	1.71±0.02	∞	T_6	1.85±0.06	∞
T_7	1.66±0.14	∞	T_7	1.74±0.03	∞
T_8	1.47±0.02	∞	T_8	1.72±0.12	∞
T_9	1.38±0.03	∞	T_9	1.71±0.01	∞
T_{10}	1.37±0.07	∞	T_{10}	1.69±0.20	∞
T_{11}	1.07±0.01	∞	T_{11}	1.57±0.03	∞

3) 两种不同倍性鲫的形态学比较

根据沅水和澧水各 50 尾鲫的染色体数目检测结果，对检测出的 15 尾二倍体鲫和 85 尾三倍体鲫进行形态学数据比较（形态学指标已在染色体标本制作前测量），形态学测量结果见表 7-16。数据表明，两种不同倍性鲫的形态性状极为相似，它们在体高/体长、头长/体长、尾柄长/体长、吻长/头长、眼径/头长等可量比例性状和鳞式、背鳍条数等可数性状上不存在明显差异（$P > 0.05$）。

表 7-16　两种不同倍性鲫的形态特征

形态指标	二倍体鲫（2N=100）		三倍体鲫（3N=150）	
	幅度	平均值±标准差	幅度	平均值±标准差
体高/体长	0.39~0.44	0.41±0.03	0.41~0.44	0.42±0.06
头长/体长	0.21~0.28	0.25±0.01	0.22~0.28	0.25±0.02
尾柄长/体长	0.15~0.19	0.17±0.01	0.16~0.19	0.17±0.02
吻长/头长	0.24~0.32	0.26±0.03	0.23~0.31	0.26±0.03
眼径/头长	0.23~0.26	0.25±0.03	0.23~0.27	0.25±0.01
尾柄高/尾柄长	0.89~1.05	0.94±0.07	0.90~1.09	0.95±0.06
侧线鳞	28~31	30±1.07	28~31	30±1.08
侧线上鳞	5~7	6±0.50	5~7	6±0.50
侧线下鳞	6	6±0	6	6±0
背鳍条数	Ⅲ，17~19	Ⅲ，18.4±0.90	Ⅲ，17~19	Ⅲ，18.4±0.80

7.5.3　讨论

鲫广泛分布于亚欧大陆，由于不同水域地理环境或遗传因素的影响，各水域群体在体色、形态上的差异是普遍存在的，如日本白鲫 *C. auratus cuvieri*（林曙，2006）、方正银鲫 *C. auratus gibelio*（沈俊宝等，1983b）、彭泽鲫 *C. auratus* var. *pengze*（傅永进，1996）、滇池高背鲫 Back-high form of *C. auratus* in Kunming Lake（昝瑞光，1982）、缩骨鲫 *C. auratus* var. *sogu*（俞豪祥等，1987）等均具有各自的形态特征。本实验发现，在洞庭湖水系的沅水和澧水中，同时存在染色体数为 100 和基本染色体数为 150 的 2 种染色体数目和倍性不同的个体，形态学分析表明，2 种不同倍性鲫的外形极其相似，在一些可量比例性状和可数形状上无明显差异（表 7-16），这说明 2 种倍性的鲫在遗传上可能有着极为相近的亲缘关系。

在黑龙江水域的松花江和牡丹江一带，沈俊宝等（1983a）曾报道过二倍体和三倍体鲫混栖的实例，不同的是，他们报道的混栖群体中以二倍体鲫种群为主，占 67%，而本实验从沅水和澧水各采样点随机采样的 100 尾鲫中，二倍体为 15 尾，三倍体为 85 尾，二倍体鲫所占比例（15%）远小于三倍体（85%）。

以往我们一般认为，天然的鲫群体都是染色体数为 100 的二倍体，然而，本实验得到的洞庭湖水系沅水和澧水鲫群体是二倍体与三倍体共存，而且三倍体的比例远大于二倍体。那么三倍体鲫从何而来，又为何占据如此高的比例？对于这一问题，一些学者在三倍体银鲫的起源上曾进行过有益的探讨，沈俊宝等（1983a）认为，黑龙江水系的三倍体银鲫来自于中国江河平原区系的二倍体种，由于环境急变或天然杂交，部分二倍体鲫特化为三倍体；王蕊芳等（1988）认为，滇池三倍体高背鲫可能是由于二倍体鲫未减数的配子（2N）与正常配子（N）结合而形成的三倍体合子，由于三倍体鲫进行雌核发育，具有较强的繁殖力和适应性，从而逐渐形成了优势种。我们推测，洞庭湖水系三倍体鲫的起源，也可能与环境因素和天然杂交有关，在二倍体鲫群体中，一些个体由于环境原因（如温度的剧变等）产生二倍体的卵子，这些二倍体卵子再与正常的单倍体精子杂交，从而形成三倍体。本实验通过对两种不同倍性鲫的染色体组型比较，发现在三倍体和二倍体鲫的 M、SM、ST 和 T 4 组染色体中，每组包含的同源染色体组数完全一致（表 7-15，图 6-21，图 6-22），这也说明洞庭湖水系沅水和澧水中的三倍体鲫可能起源于二倍体。

当然，洞庭湖水系三倍体鲫的大量存在，也不能排除人为因素的影响，如大规模异育银鲫的养殖推广，可能会导致部分三倍体银鲫进入江河湖泊之中，由于三倍体银鲫的生长和繁殖优势（蒋一珪等，1983；Fan et al.，2001；Zhou et al.，2000），只要有几尾银鲫就能很快繁殖出一个很大的三倍体鲫群体。

本实验虽未对两条河流三倍体鲫的生殖方式进行研究，但实验得到沅水 43 尾三倍体鲫中雌性为 37 尾，澧水 42 尾三倍体鲫雌性也为 36 尾，雌性比例高达 85% 以上。此外，根据自然界其他三倍体鲫具有行雌核发育生殖方式的事实（俞豪祥等，1992；葛伟和蒋一珪，1989；杨兴棋等，1992），我们推测洞庭湖水系三倍体鲫也是一种行两性型天然雌核发育的鱼类。具有雌核发育生殖方式的鲫，其卵子无论是与同源还是异源精子结合，都能产生正常的三倍体鲫后代。然而，对于两性生殖的二倍体鲫，其卵子只有与二倍体鲫的精子结合，才能产生二倍体鲫的后代。相比之下，在自然条件下，三倍体鲫比二倍体鲫有着明显的繁殖优势。因此，从繁殖方式的角度来看，当三倍体鲫与二倍体鲫共栖于同一水体时，三倍体鲫的数量将会越来越多，而二倍体鲫的数量将会越来越少，这也可能是本实验中三倍体鲫比例明显高于二倍体鲫的缘故。

表 7-17 列举了洞庭湖水系沅水和澧水及其他水系鲫的染色体数目及组型，可以看出，洞庭湖水系沅水和澧水的两种不同倍性鲫与其他水系鲫相比，在染色体组型上存在一定的差异。笔者认为，排除技术上的原因，这些差异一方面说明了

鲫在染色体组型上的遗传多样性，另一方面也可能反映了洞庭湖水系鲫本身所固有的遗传特征。

表 7-17 不同地区鲫的染色体数目及组型比较

采集地或引种地	染色体				参考文献
	众数	倍性	核型公式	臂数	
云南滇池	100	2N	22M+30SM+48ST, T	152	昝瑞光和宋峥，1980
北京郊区	100	2N	12M+40SM+48ST,T	152	吴政安和杨慧一，1980
黑龙江水系	100	2N	30M+34SM+36ST	164	沈俊宝等，1983b
湖北武汉	100	2N	22M+34SM+22ST+22T	156	余先觉等，1989
黑龙江水系	156	3N	42M+74SM+40ST, T	272	沈俊宝，1983b
湖北武汉	162	3N	34M+58SM+42ST+28T	254	Fan et al.，2001
云南滇池	162	3N	33M+53SM+76ST, T	248	昝瑞光，1982
黑龙江水系	162	3N	48M+56SM+18ST+40T	266	单仕新和蒋一珪，1988
贵州普安	156	3N	38M+28SM+18ST+72T	222	俞豪祥等，1992
江西九江	150±	3N	33M+51SM+33ST+33T	234	杨睿姣等，2003
沅水和澧水	100	2N	28M+22SM+28ST+22T	150	刘良国等，2012
沅水和澧水	150±	3N	42M+33SM+42ST+33T	225	刘良国等，2012

人们所熟悉的彭泽鲫，关于其染色体倍性的变化或许能给我们有益的启示。最初由江西省水产科学研究所鉴定的彭泽鲫，染色体数为 100，为行两性生殖的二倍体鲫种群（傅永进，1996），但随后报道的彭泽鲫均为染色体数为 150± 的雌核发育三倍体种群（Zhou and Gui，2002；杨睿姣等，2003；刘良国等，2004），而且据报道，在彭泽鲫曾经生活过的天然水域中，二倍体彭泽鲫种群现今已难寻踪迹（张辉等，1998）。产生这一现象的原因，我们推测可能与环境因素和天然杂交有关，由于环境和天然杂交的影响，在二倍体彭泽鲫中出现几尾生长快的三倍体，这些三倍体个体通过雌核发育生殖方式最终繁育成现在的彭泽鲫，然后再人工大规模推广应用，由于三倍体彭泽鲫比二倍体鲫具有更强的生态适应力和繁殖优势，最终人类的活动导致在彭泽鲫曾经生活过的天然水域很难找到二倍体鲫。鉴于此，在洞庭湖水系中，二倍体鲫种质资源就显得尤为珍贵。因此，当务之急，应该从保护染色体组遗传多样性的角度，加强对洞庭湖水系二倍体鲫资源的保护：一方面，通过建立二倍体鲫种质资源库，使二倍体鲫资源的种群数量得以恢复；另一方面，必须加强对三倍体雌核发育鲫的人工养殖管理，防止三倍体鲫逃逸到天然水体，避免人为活动对洞庭湖水系二倍体鲫种群数量的影响。

7.6　青鲫的染色体组型分析

青鲫 *Carassius auratus indigentiaus* 是在湖南大湖水殖股份有限公司所属澧县北民湖水域进行彭泽鲫亲本选择时（该湖 3 年前人工投放过彭泽鲫）发现的一种与彭泽鲫体形、颜色不一样，但个体大的鲫。该鱼具有"头尖、眼小、体黑、背高、胸鳍和尾柄短"的特点（杨品红等，2005a），遂送至湖南省水产工程技术研究中心和国家级湖南洞庭鱼类良种场进行研究和驯养。经过对青鲫形态学、生物学、增养殖学及遗传性状等方面的系统研究（杨品红等，2005a，2005b，2006a，2006b；吴珊和吴维新，2006），证实青鲫生长速度比普通鲫快、营养丰富、味道鲜美、遗传性状稳定。本实验将对其染色体数目、倍性和组型进行研究。

7.6.1　材料与方法

实验用青鲫取自湖南大湖水殖股份有限公司所属澧县北民湖水域，共 103 尾野生群体，体重为 25～38g，尾均重 30.5g。其中，随机选取 18 尾鱼用于染色体组型分析，17 尾用于 DNA 含量的测定。对照鱼红鲫 *Carassius auratus* Red var.取自江西省萍乡，共 50 尾，取样 15 尾。

染色体标本的制备和组型分析方法同第 6 章 6.2 节。

肌肉细胞 DNA 含量的检测：在进行肾细胞染色体制备取样的同一鱼体背部立即取肌肉 5～10g，放入小培养皿中，加入适量（10mg/L）4′, 6-二脒基-2-苯基吲哚（DAPI），用手术刀片剁碎组织块，振荡器中振荡，用 20～40μm 的小筛网过滤得细胞悬液于样品管中，使最终样品管中的体积为 1.5～2.0ml，样品细胞的最终浓度为 10^5～10^6 个/ml。然后使用德国产 CCA-H 型流式细胞仪进行样品分析，得到检测结果。主要方法参照阎学春等（2000）的操作进行。每个样品检测约 5000 个细胞。同时取 15 条二倍体红鲫肌肉细胞作为对照样品组，按同法测定。

7.6.2　结果与分析

1）青鲫的染色体数目

青鲫的中期分裂象染色体数目统计结果见表 7-18，青鲫的完整中期分裂象的染色体数目大多在 100 条左右，最少 91 条，最多 102 条，含 100 条染色体的分裂象占 75%。即青鲫的染色体众数为 100，众数百分率为 75%。

表 7-18　青鲫染色体数目的分布

项目	染色体数目							总分裂象数	众数百分率/%
	91～95	96	97	98	99	100	102		
百分率/%	3	1	2	8	8	75	3	100	75

2）青鲫的染色体组型

按照 Levan 等（1964）的染色体命名法，依据青鲫染色体臂比及相对长度（表 7-19）可以将其染色体分为 4 组：中部着丝粒染色体（M）30 条、亚中部着丝粒染色体（SM）20 条、亚端部着丝粒染色体（ST）26 条和端部着丝粒染色体（T）24 条。每组按相对长度和臂比进行同源染色体配对，其中部着丝粒染色体（M）共配成 15 对，亚中部着丝粒染色体（SM）共配成 10 对，亚端部着丝粒染色体（ST）共配成 13 对，端部着丝粒染色体（T）共配成 12 对。由此，青鲫染色体组型如图 6-23 所示，青鲫的核型公式为 $2N=30M+20SM+26ST+24T$，染色体臂数（NF）=150。

表 7-19　青鲫的核型数据

类型	相对长度/%	臂比	类型	相对长度/%	臂比
M_1	2.59±0.09	1.21±0.10	ST_1	2.54±0.09	6.10±0.20
M_2	2.51±0.13	1.15±0.08	ST_2	2.20±0.12	3.43±0.14
M_3	2.49±0.15	1.52±0.16	ST_3	2.17±0.16	3.09±0.18
M_4	2.49±0.08	1.25±0.07	ST_4	1.98±0.13	3.05±0.18
M_5	2.42±0.06	1.31±0.06	ST_5	1.95±0.08	3.41±0.05
M_6	2.39±0.15	1.13±0.09	ST_6	1.86±0.09	4.80±0.16
M_7	2.37±0.07	1.11±0.12	ST_7	1.81±0.10	4.70±0.09
M_8	2.27±0.10	1.16±0.09	ST_8	1.73±0.12	4.00±0.19
M_9	2.25±0.09	1.13±0.14	ST_9	1.73±0.11	3.07±0.17
M_{10}	2.12±0.11	1.55±0.15	ST_{10}	1.68±0.15	6.85±0.24
M_{11}	2.07±0.11	1.25±0.11	ST_{11}	1.68±0.11	3.29±0.22
M_{12}	2.03±0.14	1.15±0.08	ST_{12}	1.66±0.09	3.60±0.09
M_{13}	1.97±0.15	1.59±0.06	ST_{13}	1.54±0.14	3.90±0.11
M_{14}	1.86±0.08	1.05±0.05	T_1	1.93±0.16	∞
M_{15}	1.83±0.09	1.24±0.10	T_2	1.90±0.13	∞
SM_1	2.93±0.12	1.91±0.12	T_3	1.90±0.03	∞
SM_2	2.63±0.13	2.08±0.20	T_4	1.83±0.18	∞
SM_3	2.27±0.15	1.81±0.19	T_5	1.83±0.11	∞
SM_4	2.15±0.11	1.94±0.20	T_6	1.81±0.02	∞
SM_5	2.12±0.15	1.79±0.16	T_7	1.71±0.19	∞
SM_6	2.11±0.08	1.95±0.09	T_8	1.64±0.09	∞
SM_7	2.05±0.17	1.71±0.08	T_9	1.54±0.15	∞
SM_8	1.98±0.07	2.25±0.15	T_{10}	1.54±0.07	∞
SM_9	1.76±0.16	2.54±0.09	T_{11}	1.51±0.14	∞
SM_{10}	1.64±0.09	2.03±0.14	T_{12}	1.32±0.11	∞

3）青鲫肌肉细胞 DNA 含量

实验结果表明，对照组红鲫肌肉细胞 DNA 相对含量平均为 55.68±1.64（15个样品），实验组青鲫肌肉细胞 DNA 相对含量平均为 55.75±1.59（17个样品）。两者肌肉细胞 DNA 相对含量之比约为 1∶1，即青鲫与红鲫 DNA 相对含量基本相等。同时，红鲫肌肉细胞 DNA 相对含量平均为 55.68±1.64，与杨睿姣等（2003）对红鲫肌肉细胞 DNA 相对含量平均为 53.32±1.62 的测定结果十分相近。这说明上述测定结果是正确的。

7.6.3　讨论

1）青鲫的染色体倍性

根据染色体数目、染色体臂数、染色体是成对排列还是每三条或每四条配对排列等基本情况，并同其亲缘种进行比较来判断物种的倍性，这是一个最常用的方法（昝瑞光，1982），鲤科鱼类的染色体是以 50 为基数的。从青鲫的组型可知，青鲫的染色体数目是 100 条，可以配成 50 对染色体，NF=150。在计数的 100 个分裂象当中，含 100 条染色体的众数百分率为 75%。这 100条基本染色体按着丝粒位置分为 4 组，每组中每条染色体都可以找到与之相匹配的同源染色体，呈现明显的两两配对。因此，可以确定青鲫染色体倍性是二倍体。另外，与红鲫肌肉细胞 DNA 含量测定的对照实验结果表明，青鲫与红鲫 DNA 相对含量基本相等，而红鲫是属于二倍体，更进一步证实了青鲫的二倍性。

2）青鲫名称的确定

与方正银鲫、彭泽鲫、白鲫、彭泽鲫克隆种、红鲫和红鲫杂种比较（表 7-20）：青鲫的染色体为 100 条，中部着丝粒染色体 15 对，亚中部着丝粒染色体 10 对，亚端部着丝染色体 13 对，端部着丝粒染色体 12 对，核型公式 2N=30M+20SM+26ST+24T，NF=150。与白鲫（张克俭等，1995）、红鲫染色体倍性与数目相同，但染色体核型与染色体臂数有明显差异。与彭泽鲫（杨睿姣等，2003；舒琥和陈湘粦，1998）、方正银鲫（沈俊宝等，1983b；Zhou and Gui，2002）、克隆彭泽鲫（刘良国等，2004a）及杂交鲫（冯浩等，2001）等的染色体倍性与数目均不相同。前者 2N=100，后者 3N=150 以上。其染色体核型与染色体臂数同样存在明显差异。与普通鲫（张辉等，1998）相比，虽染色体倍性相同，但其外部形态、生化指标、生长速度、遗传特性等均存在明显差异。因其背部、背鳍和臀鳍颜色均为青色等特征，故命名为青鲫。

表 7-20　青鲫与不同鲫品系核型比较

品种	倍性	核型公式	染色体臂数
青鲫	$2N=100$	$2N=30M+20SM+26ST+24T$	150
白鲫	$2N=100$	$2N=20M+28SM+38ST+14T$	148
红鲫	$2N=100$	$2N=22M+30SM+24ST+24T$	152
红鲫×湘江野鲤 F_3 代	$4N=200$	$4N=44M+68SM+44ST+44T$	312
普通鲫	$2N=100$	—	—
彭泽鲫	$3N=150+$	$3N=33M+51SM+33ST+33T$	234
彭泽鲫 L	$3N=162$	$3N=36M+45SM+33ST+36T$	231
彭泽鲫 H	$3N=156$	$3N=42M+36SM+39ST+33T$	228
方正银鲫	$3N=156$	$3N=42M+74SM+40ST, T$	272

3）青鲫原种保护建议

对青鲫形态学、养殖学、病害防治及遗传学等方面的前期研究结果表明：青鲫具有生长速度快、营养丰富、味道鲜美、遗传性状稳定等特点（沈俊宝等，1983b；杨品红等，2005b，2006a；吴珊和吴维新，2006），当龄平均可达 200g/尾，2 龄鱼套养平均可达 430g/尾以上，最大个体达 1221g/尾。因个体规格大、体形好（原种利用）、遗传性状稳定，深受生产者及消费者的喜爱，市场呈供不应求之势，价格稳定在 9～10 元/kg。现已推广到全国 20 多个省市，应用面积达 3.96 万 hm^2，经济效益显著。

鉴于青鲫的种群仅在洞庭湖边缘化湖泊——北民湖（面积 $2000hm^2$）发现，蕴藏量为 15 万 kg 左右。为保护其优良经济性状，减缓其种质退化与衰亡，建议加大对青鲫研究与保护力度，更好地发挥青鲫的效益。

7.7　鲇的染色体组型分析

鲇 *Silurus asotus* 属鲇形目鲇科鲇属，是我国淡水池塘养殖的重要鱼类。为了给洞庭湖水系鲇的种质标准的建立提供相应的参数，为遗传育种工作提供科学依据，也为分类学提供基础资料，本实验以湖南常德沅水下游的鲇为材料，对其染色体组型进行了研究。

7.7.1　材料和方法

实验用鲇取自沅水下游，共取 5 尾，平均体重 0.25kg，平均体长 27.5cm。

染色体标本的制备和组型分析方法同第 6 章 6.2 节。

7.7.2　结果与分析

1）鲇的染色体二倍体数目

鲇的中期分裂象染色体数目统计结果见表 7-21，鲇的完整中期分裂象的染色体数目大多在 58 条左右，最少 55 条，最多 59 条，含 58 条染色体的分裂象占 68%。即鲇的染色体众数为 58，众数百分率为 68%。可确定鲇染色体数目为 58 条。鲇肾细胞染色体中期分裂象见图 6-25。

表 7-21　鲇染色体数目的分布

项目	染色体数目					总分裂象数
	55	56	57	58	59	
细胞数	4	5	10	68	13	100
百分率/%	4	5	10	68	13	100

2）鲇的染色体组型

将染色体中期分裂象照片放大后对染色体长度进行测量，并把染色体按照同源配对原则进行配对，核型图见图 6-25。

根据各条染色体的臂比（染色体长臂与短臂之比）、着丝粒指数（染色体短臂乘以 100 再除以整条染色体长度）、相对长度（染色体全长乘以 100 除以整套单倍染色体长度总和），对鲇的染色体进行分类、排列。其结果见表 7-22。

表 7-22　鲇的核型数据

类型	相对长度/%	臂比	类型	相对长度/%	臂比
M_1	5.54±0.52	1.24±0.12	M_{12}	2.72±0.28	1.33±0.15
M_2	4.27±0.41	1.57±0.16	SM_1	5.01±0.48	2.16±0.21
M_3	4.24±0.38	1.40±0.15	SM_2	4.94±0.45	2.17±0.22
M_4	4.13±0.40	1.25±0.13	SM_3	3.74±0.34	1.86±0.19
M_5	3.74±0.36	1.08±0.09	SM_4	3.64±0.36	1.71±0.08
M_6	3.69±0.35	1.12±0.10	SM_5	3.35±0.34	3.35±0.34
M_7	3.67±0.33	1.08±0.08	SM_6	3.21±0.31	1.76±0.11
M_8	3.53±0.33	1.08±0.07	SM_7	3.04±0.30	1.77±0.12
M_9	3.23±0.31	1.19±0.11	SM_8	1.69±0.18	1.70±0.08
M_{10}	3.00±0.29	1.24±0.13	ST_1	4.38±0.44	3.13±0.13
M_{11}	2.82±0.28	1.29±0.14	ST_2	4.06±0.39	3.60±0.18

类型	相对长度/%	臂比	类型	相对长度/%	臂比
ST$_3$	3.11±0.30	3.19±0.28	ST$_7$	2.33±0.20	3.73±0.32
ST$_4$	3.00±0.28	3.25±0.25	T$_1$	2.83±0.32	∞
ST$_5$	2.72±0.28	3.28±0.30	T$_2$	1.84±0.09	∞
ST$_6$	2.58±0.26	3.11±0.19			

由表 7-22 可知：鮎的核型由 12 对中部着丝粒染色体、8 对亚中部着丝粒染色体、7 对亚端部着丝粒染色体和 2 对端部着丝粒染色体组成，可划分为两组，其中第一组包括 1～12 号共 12 对中部着丝粒染色体和 13～20 号共 8 对亚中部着丝粒染色体；第二组包括 21～27 号共 7 对亚端部着丝粒染色体和 28～29 号共两对端部着丝粒染色体。鮎的染色体核型为：2N=24M+16SM+14ST+4T。

3）鮎属鱼的核型公式及部分参数比较分析

从表 7-23 可见，鮎的染色体核型公式为 2N=58=24M+16SM+14ST+4T，NF=98，其 M 和 SM 染色体数目较多，2N=40；而 ST 和 T 染色体较少，2N=18，尤其是 T 染色体特别少，这是特化种的标志。将鮎的核型特征与革胡子鮎和南方大口鮎进行比较，可知鮎属的三种鱼有些差异，这些差异有可能是不同种群所表现出的染色体多态性，也可能是不同研究者所使用的方法不同，以及测量和配组误差所造成的。

表 7-23 鮎属鱼的核型公式及部分参数比较

鱼的种类	核型公式	二倍染色体数（2N）	染色体臂数（NF）	参考文献
鮎	24M+16SM+14ST+4T	58	98	韩庆等，2009
革胡子鮎	32M+12SM+10ST+4T	58	102	余凤玲，2005
南方大口鮎	20M+20SM+14ST+4T	58	98	洪云汉和周暾，1983

尽管这样，鮎、南方大口鮎、革胡子鮎的染色体数目相同，鮎和南方大口鮎亚端和端部着丝粒染色体数目及臂数相同，革胡子鮎与鮎有相同的端部着丝粒染色体数目，表明这三种鱼有一定的亲缘关系，可以相互杂交。

7.7.3 讨论

1）鮎属鱼类的核型演化及其适应性

一般认为，在鱼类的核型演化进程中，有增加双倍染色体的倾向。在特定阶元中，具有较多 T 染色体的物种较为原始，而具有较多 M 和 SM 染色体的物种是特化种类，即染色体臂数较多的种类为进化类型。根据上面的几种鲇的核型分析结果，发现鲇的 NF 较多，这说明鲇的进化程度较高，适应性强，事实上鲇的地理分布特点也证实了这一点。它广泛分布于亚洲东部地区，在我国除了新疆和西藏外，其他水域中均有分布，还见于日本、朝鲜等地（孟庆闻等，1995）。但关于其进化的程度和原因还有待于进一步研究。

2）鲇的染色体研究与资源开发

良种是水产养殖的物质基础，获得良种的途径之一是杂交育种，这是普通的育种手段。由于鱼类本身的生物学特性，在自然水域中比较普遍地存在着杂交现象。众所周知，染色体的形态和数目差异较大的两个物种杂交，其后代的可育性较小，但因其杂种优势较大而被广泛使用。鲇和南方大口鲇虽是同一个属，但染色体核型有一定差异，这是种间杂交获得遗传优势的细胞基础。鲇的抗逆性强，但生长较慢。南方大口鲇是鲇科鱼类中生长较快、个体最大的一种，但对温度的抵抗性较差，这两种的杂交组合，很可能会产生生长快、适应性强的优良后代。如果这一技术能得以实施，将会缓解北方地区池塘养鲇苗种紧张的问题，值得进一步实践探究。

7.8　黄颡鱼的形态及染色体组型分析

黄颡鱼 *Pelteobagrus fulvidraco* 隶属于硬骨鱼纲鲇形目鲿科黄颡鱼属（褚新洛等，1999），是一种适应性强、在长江流域特别是洞庭湖各分支水系中广泛分布的小型底栖经济鱼类。黄颡鱼因其肉质鲜嫩、营养价值高、少肌间刺而颇受消费者的喜爱。开展洞庭湖水系黄颡鱼群体的形态特征和染色体组型研究，对于了解洞庭湖水系黄颡鱼物种多样性及保护性开发利用这一优质的水产资源具有一定的指导意义或参考价值。

7.8.1　材料和方法

本实验所用黄颡鱼分别取自洞庭湖水系的沅水和澧水，为渔民在沅水和澧水中捕获的。沅水和澧水两条水系各随机选取 50 尾黄颡鱼用于形态学测量，各选取 6 尾黄颡鱼（3 雌 3 雄）用于染色体组型分析。用于染色体组型分析的黄颡鱼的体长在 13～20cm，体重为 40～90g。实验鱼取回后，放入室内水族箱（控温 21～24℃）暂养 7d 后开始实验。

形态性状测量按常规生物学方法进行，包括可量性状和可数性状的测定。

染色体标本的制备和组型分析方法同第 6 章 6.2 节。

7.8.2　结果

1）沅水和澧水黄颡鱼的形态特征

沅水和澧水的黄颡鱼在外观形态上基本相似。然而通过形态学测量，结果发现，在一些比例性状上，两条水系的黄颡鱼存在一定差异，它们在体长/头长、体长/尾柄高、头长/吻长三个比例性状上差异显著（$P<0.05$）（表7-24）。

表7-24　沅水和澧水黄颡鱼的形态特征比较

性状	沅水（50尾）			澧水（50尾）		
	幅度	平均值	标准差	幅度	平均值	标准差
体长/体高	3.60～4.92	4.24	0.38	3.72～5.01	4.37	0.52
体长/头长*	3.13～4.35	4.01	0.18	3.38～5.26	4.93	0.11
体长/尾柄长	7.57～8.82	7.97	0.66	8.06～9.19	8.28	0.58
体长/尾柄高*	9.80～12.13	10.90	0.89	10.83～15.00	12.42	1.02
尾柄长/尾柄高	1.25～2.11	1.65	0.22	1.20～1.93	1.53	0.12
头长/吻长*	2.30～3.44	2.81	0.28	2.55～3.86	3.19	0.33
背鳍条数	Ⅱ，6～7	Ⅱ，6.8	0.42	Ⅱ，6～7	Ⅱ，6.9	0.32
臀鳍条数	19～22	20.7	0.95	19～22	20.5	1.08

＊表示沅水与澧水黄颡鱼对应项比较 $P<0.05$

2）沅水和澧水黄颡鱼的染色体数目

根据对沅水和澧水各 6 尾黄颡鱼的 100 个中期分裂象染色体计数结果，统计出沅水和澧水黄颡鱼染色体数为 52 的众数百分率分别为 76% 和 78%，众数百分率大于 75% 的常规标准，由此确定两条水系黄颡鱼的染色体数目均为 $2N=52$（表7-25）。两条水系黄颡鱼的染色体中期分裂象相同，在雌、雄个体之间未发现与性别有关的异形性染色体，也未发现带有特殊标志性特征如随体、次缢痕的染色体（图6-27）。

表7-25　沅水和澧水黄颡鱼的染色体数目分布

水系	染色体数目										众数百分率/%
	<48	48	49	50	51	52	53	54	55	>55	
沅水	1	2	3	4	5	76	2	3	3	1	76
澧水	1	2	3	4	4	78	3	2	1	2	78

3）黄颡鱼的染色体组型

根据黄颡鱼染色体相对长度和着丝粒位置的测量结果（表 7-26），黄颡鱼的 52 条染色体配成 26 对，按 Leaven 命名法分成 4 组：M 组 10 对，SM 组 6 对，ST 组 5 对，T 组 5 对。核型公式为：$2N=20M+12SM+10ST+10T$，染色体臂数（NF）=84（图 6-27）。

表 7-26　黄颡鱼的核型数据

类型	相对长度/%	臂比	类型	相对长度/%	臂比
M_1	6.69±0.25	1.20±0.06	SM_4	4.02±0.31	2.38±0.38
M_2	4.50±0.31	1.48±0.07	SM_5	3.49±0.02	2.21±0.25
M_3	4.29±0.01	1.15±0.04	SM_6	3.19±0.27	2.59±0.19
M_4	4.01±0.11	1.17±0.18	ST_1	4.13±0.09	5.67±0.36
M_5	3.55±0.01	1.35±0.04	ST_2	4.06±0.13	4.69±0.11
M_6	3.65±0.21	1.36±0.16	ST_3	3.52±0.21	3.54±0.33
M_7	3.51±0.11	1.19±0.04	ST_4	3.40±0.24	3.51±0.17
M_8	3.44±0.12	1.30±0.15	ST_5	3.35±0.08	4.77±0.36
M_9	3.20±0.18	1.07±0.05	T_1	4.25±0.10	∞
M_{10}	3.06±0.06	1.12±0.11	T_2	4.05±0.15	∞
SM_1	5.82±0.12	2.07±0.11	T_3	3.33±0.29	∞
SM_2	4.64±0.19	2.03±0.03	T_4	3.21±0.12	∞
SM_3	4.15±0.28	2.06±0.07	T_5	2.62±0.12	∞

7.8.3　讨论

黄颡鱼是一种普遍存在于洞庭湖水系各分支水体的野生经济鱼类。本实验对洞庭湖两条分支水系沅水和澧水的黄颡鱼形态学特征进行了比较分析，结果表明，两个水系的黄颡鱼在体长/头长、头长/吻长、体长/尾柄高 3 个比例性状上具有显著性差异（$P<0.05$），说明黄颡鱼物种在洞庭湖水系中存在着形态多样性。同一物种生活的水域地理环境不同而导致形态差异的现象是普遍存在的：姚景龙等（2007）对雅鲁藏布江、伊洛瓦底江、怒江和澜沧江 4 个水系扁头鮡的形态学分析表明，扁头鮡不同地理种群之间在眼间距、背鳍基长、肛门位置和脂鳍起点位置等性状上随海拔的下降，自西向东呈梯度变化；庆宁等（2007）对华南沿海地区西部诸独立入海小水系中的中间黄颡鱼进行形态学比较分析，发现 3 条直接入海小水系的中间黄颡鱼群体在吻、眼和尾的形态特征上已发生了一定程度的分化；

林植华和雷焕宗（2004）认为，种群的形态异质性是种的重要适应性之一，其形态上的差异有利于种群能更加多样化地利用资源、繁殖后代和适应环境。黄颡鱼属于底栖、游泳生活的类群，本实验得出沅水和澧水水系黄颡鱼在体长/头长、头长/吻长、体长/尾柄高等比例性状上存在差异，而头长、吻长、尾柄高的差异可能正好反映了与黄颡鱼底栖摄食和游泳生活相适应的能力，是黄颡鱼各自对两条水系栖息环境长期适应的结果。

形态学上的差异可能是环境因素作用的结果，也可能是物种遗传物质的变化所致。本研究在对沅水和澧水黄颡鱼形态学特征比较的基础上，进一步对其染色体组型进行了分析。结果表明，两条水系黄颡鱼的染色体数目和组型是一致的。至于两条水系黄颡鱼形态上的差异是否与其分子遗传相关，还有待从分子水平做进一步研究。

表 7-27 列举了本书与洪云汉和周暾（1984）、沈俊宝等（1983c）报道的几种黄颡鱼染色体数目及组型。从表 7-27 可见，黄颡鱼属的几个种在种间既存在染色体数目上的差异（如长须黄颡鱼的染色体数目为 50），也存在染色体组型上的差异；在黄颡鱼种内，虽然染色体数目相同，但染色体组型和臂数也存在差异。不同研究者在黄颡鱼染色体组型研究上的差异，除了技术方法上的原因外，更有可能反映了黄颡鱼物种在染色体水平上的遗传多样性。

表 7-27　几种黄颡鱼属鱼类染色体组型比较

种类	2N	M	SM	ST+T	NF	参考文献
长须黄颡鱼 P. eupogon	50	20	14	16	84	洪云汉和周暾，1984
光泽黄颡鱼 P. nitidus	52	20	16	16	88	洪云汉和周暾，1984
瓦氏黄颡鱼 P. vachelli	52	22	16	14	90	洪云汉和周暾，1984
黄颡鱼 P. fulvidraco	52	24	14	14	90	洪云汉和周暾，1984
	52	28	12	12	92	沈俊宝等，1983c
	52	20	12	20	84	刘良国等，2011

显然，黄颡鱼在形态和细胞遗传上的多样性，在我们保护和开发利用黄颡鱼这一野生资源物种的过程中是必须要加以考虑的。

7.9　光泽黄颡鱼与长须黄颡鱼的形态及染色体组型分析

黄颡鱼属 Pelteobagrus 在中国现分布有 5 种，分别是黄颡鱼 P. fulvidraco、中间黄颡鱼 P. intermedius、长须黄颡鱼 P. eupogon、瓦氏黄颡鱼 P. vachelli 和光泽黄颡鱼 P. nitidus，其中，除中间黄颡鱼主要分布于海南岛诸水系（如南渡江、万泉河、昌化江）、华南西部沿海诸独立入海小水系（如钦江、南流江、漠阳江）以及西江的部分流域（杨彩根等，2003；罗玉双等，2001）外，其他 4 种黄颡鱼在长江流域尤其是洞庭湖水系均有广泛的分布。近年来，有关黄颡鱼属鱼类的生物学特性、人工繁养殖和遗传多样性已有许多报道（刘文彬和张轩杰，2003；童芳芳等，2005；宋平等，2001），然而，尚未见对洞庭湖水系的长须黄颡鱼和光泽黄颡鱼进行专门的形态特征和染色体组型研究。开展这方面的研究工作，对于洞庭湖水系黄颡鱼属鱼类的资源保护与利用及系统演化研究具有重要的实践和理论意义。

7.9.1　材料与方法

本实验所用长须黄颡鱼和光泽黄颡鱼均取自洞庭湖水系的沅水和澧水，其中沅水从上游往下分别设立洪江、五强溪水库、常德 3 个采样点，澧水从上游往下依次设立桑植、石门、澧县 3 个采样点。每条河流用于形态学测量的个体各 60 尾，由 3 个采样点各随机选出 20 尾组成；用于染色体组型分析的个体每种鱼各 6 尾，其体长为 13～20cm，体重为 40～90g。实验鱼取回后，放入室内水族箱（控温 21～24℃）暂养 7d 后开始实验。

形态性状测量按常规生物学方法进行，包括可量性状和可数性状的测定，所有测量结果均采用 Microsoft Excel 2007 软件进行统计分析。

染色体标本的制备和组型分析方法同第 6 章 6.2 节。

7.9.2　结果

1）沅水和澧水长须黄颡鱼和光泽黄颡鱼的形态特征

长须黄颡鱼体修长，其体长为前背长的 3 倍以上；游离脊椎骨多于 40 枚。须 4 对，颌须最长，后伸超过胸鳍基后端；外侧颏须长于内侧颏须，后伸超过胸鳍起点。眼侧上位，眼缘部分游离，不完全被皮膜覆盖。脂鳍较短，末端游离。臀鳍起点距尾鳍基的距离远大于至胸鳍基后端。胸鳍硬刺前缘具弱锯齿，通常包于皮内，后缘锯齿较强，鳍条末端后伸不达腹鳍。尾鳍深分叉，上叶较长，后端圆钝。体表裸露无鳞，侧线完全。体色全身灰黄，背侧有黑斑，各鳍灰黄色。沅水和澧水的长须黄颡鱼外观形态基本相似，但通过形态测量（表 7-28），发现它们在体长/体高、体长/头长、头长/眼间距等比例性状上有较显著差异（$P<0.05$）。

光泽黄颡鱼体较长，前部纵扁，后部侧扁。眼侧上位，眼缘不游离。4 对触须，以颌须较长，后伸不达胸鳍起点；外侧颏须长于内侧颏须，后端达眼后缘。鳃耙细小，排列稀疏。鳔有发达的泡状缘饰。背鳍短小，位于胸鳍后端的垂直上方。脂鳍肥厚，末端游离。胸鳍硬刺前缘光滑，后缘锯齿发达。尾鳍深分叉，上、下叶等长，末端细尖。体表光滑，裸露无鳞，侧线完全。体色灰黄，背色深，腹部浅黄白色，体侧有 2 暗色斑块。各鳍浅灰色。沅水和澧水光泽黄颡鱼的外观及形态学测量结果均显示没有明显差异（表 7-28）。

表 7-28　沅水和澧水两种黄颡鱼形态特征的比较

性状	长须黄颡鱼*				光泽黄颡鱼			
	沅水（60尾）		澧水（60尾）		沅水（60尾）		澧水（60尾）	
	幅度	平均值	幅度	平均值	幅度	平均值	幅度	平均值
背鳍条	I-7	—	I-6	—	I～II-7	—	II-6～8	—
臀鳍条	iii-18～21	—	iii-18～20	—	ii-20～25	—	ii-21～24	—
胸鳍条	I-7～8	—	I-7	—	I-7～8	—	I-7～9	—
腹鳍条	i-5	—	i-5	—	i-5	—	i-5	—
鳃耙数	14～20	16	14～20	18	9～10	9	8～10	9
体长/体高*	5.9～7.5	6.7±0.5	4.7～6.2	5.6±0.6	4.3～5.1	4.8±0.3	4.8～5.2	5.0±0.2
体长/头长*	4.9～5.8	5.5±0.4	4.0～4.9	4.6±0.5	4.2～4.8	4.5±0.3	4.3～4.9	4.6±0.3
体长/尾柄长	6.0～6.7	6.4±0.3	5.6～6.6	6.3±0.4	5.5～6.5	6.0±0.5	5.7～6.6	6.1±0.5
体长/尾柄高	12.5～14.4	13.1±0.7	10.3～13.3	12.6±0.9	11.0～14.8	12.1±1.9	10.6～13.1	11.8±1.1
尾柄长/尾柄高	1.7～1.9	1.8±0.1	1.7～2.5	2.0±0.3	1.8～2.4	2.1±0.3	1.8～2.1	2.0±0.2
体长/前背长	3.4～5.0	4.2±0.6	3.3～4.4	3.6±0.4	2.9～3.2	3.1±0.2	3.0～3.4	3.2±0.2
头长/吻长	3.0～4.5	4.0±0.5	3.2～4.3	3.9±0.4	2.9～3.4	3.1±0.2	3.1～3.4	3.2±0.2
头长/眼间距*	1.6～2.0	1.8±0.2	2.0～2.6	2.3±0.3	1.9～2.6	2.4±0.3	2.1～2.6	2.4±0.3

* 表示沅水与澧水的长须黄颡鱼对应项比较 $P < 0.05$

2）两种黄颡鱼的染色体数目

观察沅水和澧水长须黄颡鱼分散较好的染色体中期分裂象 100 个，发现两条水系此种鱼的中期分裂象相同，统计出沅水和澧水长须黄颡鱼染色体数目为 50 的细胞分别为 78 个和 81 个，分别占 78%和 81%（表 7-29），故两条水系长须黄颡鱼的染色体数目均为 2N=50。用同种方法对沅水和澧水的光泽黄颡鱼进行分析，发现两条水系此种鱼的中期分裂象也相同，其染色体数目为 2N=52（表 7-29）。在两条水系的光泽黄颡鱼和长须黄颡鱼中均未发现随体染色体、性染色体或其他特殊标志的染色体（图 6-29，图 6-30）。

表 7-29　沅水和澧水长须黄颡鱼和光泽黄颡鱼的染色体数目分布

种类	水系	染色体数目										众数百分率/%
		<48	48	49	50	51	52	53	54	55	>55	
长须黄颡鱼	沅水		4		78		8		8			78.0
	澧水	1	2	4	81	3	5	3			1	81.0
光泽黄颡鱼	沅水	8					100		2			90.9
	澧水	2	3			1	98	2	2	1	2	89.1

3）两种黄颡鱼的染色体组型

根据 Levan 等（1964）的分类标准，分别对洞庭湖水系的长须黄颡鱼和光泽黄颡鱼的细胞中期染色体进行测量及分析。长须黄颡鱼的染色体数为 50，核型公式为：$2N=18M+16SM+14ST+2T$，$NF=84$；光泽黄颡鱼的染色体数为 52，核型公式为：$2N=24M+14SM+14ST$，$NF=90$。两种鱼的染色体相对长度和臂比见表 7-30。

表 7-30　长须黄颡鱼与光泽黄颡鱼的核型数据

长须黄颡鱼			光泽黄颡鱼		
类型	相对长度/%	臂比	类型	相对长度/%	臂比
M_1	5.87±0.08	1.23±0.1	M_1	6.03±0.02	1.17±0.32
M_2	5.84±0.15	1.55±0.15	M_2	5.63±0.09	1.15±0.75
M_3	4.91±0.06	1.53±0.13	M_3	4.81±0.02	1.55±0.33
M_4	4.73±0.12	1.17±0.12	M_4	4.79±0.02	1.08±0.01
M_5	3.91±0.13	1.32±0.08	M_5	4.47±0.03	1.25±0.15
M_6	3.86±0.20	1.22±0.10	M_6	4.35±0.09	1.25±0.19
M_7	3.41±0.06	1.24±0.06	M_7	4.10±0.06	1.03±0.03
M_8	3.36±0.08	1.23±0.07	M_8	4.07±0.02	1.15±0.13
M_9	3.07±0.03	1.24±0.11	M_9	3.78±0.05	1.21±0.09
SM_1	5.71±0.24	2.32±0.08	M_{10}	3.69±0.09	1.16±0.14
SM_2	5.23±0.12	1.84±0.12	M_{11}	3.60±0.02	1.23±0.18
SM_3	4.32±0.08	2.04±0.07	M_{12}	3.43±0.01	1.03±0.01
SM_4	4.19±0.15	2.12±0.02	SM_1	4.15±0.04	2.65±0.57
SM_5	3.86±0.16	2.45±0.21	SM_2	3.91±0.09	1.95±0.47
SM_6	3.79±0.27	2.58±0.22	SM_3	3.80±0.08	2.46±1.21
SM_7	3.31±0.14	1.72±0.06	SM_4	3.62±0.03	1.81±0.52
SM_8	3.03±0.09	1.86±0.19	SM_5	3.59±0.03	2.46±0.62

长须黄颡鱼			光泽黄颡鱼		
类型	相对长度/%	臂比	类型	相对长度/%	臂比
ST_1	5.39±0.25	3.86±0.42	SM_6	3.24±0.07	1.91±0.38
ST_2	4.19±0.14	3.51±0.44	SM_7	3.22±0.04	2.04±0.21
ST_3	3.85±0.12	3.56±0.38	ST_1	3.49±0.08	5.12±0.23
ST_4	3.79±0.17	3.90±0.52	ST_2	3.45±0.02	5.55±0.45
ST_5	2.43±0.20	3.99±0.85	ST_3	3.39±0.07	4.02±0.35
ST_6	2.93±0.10	4.72±0.42	ST_4	3.20±0.03	6.10±0.12
ST_7	2.37±0.07	3.82±0.24	ST_5	3.07±0.03	4.21±0.63
T	2.70±0.13	∞	ST_6	2.65±0.05	4.56±0.25
			ST_7	2.47±0.03	3.35±0.24

7.9.3 讨论

1）沅水和澧水长须黄颡鱼及光泽黄颡鱼性状比较

鱼类的形态学性状是分类的重要依据，与行为、食性、种质等密切相关，也受栖息环境、饵料及季节变化等因素的影响。同一物种生活的地理环境不同而导致形态差异的现象是普遍存在的，林植华和雷焕宗（2004）认为，种群的形态异质性是种的重要适应性之一，其形态上的差异有利于种群能更加多样化地利用资源、繁殖后代和适应环境。通过观察和测量沅水和澧水的2个群体长须黄颡鱼的外部形态，发现其外部形态存在一定的差异，主要表现在体长/体高、体长/头长、头长/眼间距等比例性状上，说明长须黄颡鱼物种在洞庭湖水系的形态多样性水平较高，而这些差异可能正好反映了与长须黄颡鱼游泳生活和底栖摄食相适应的能力，是长须黄颡鱼两个地理种群各自对两种不同栖息环境长期适应的结果。体长/体高、体长/头长、头长/眼间距等比例性状的变化可能是环境因子或环境因子和遗传因子共同作用的结果。通过观察还发现它们在鳃耙数目上也略有不同，可能主要受遗传因子的影响。

而本研究对洞庭湖沅水和澧水水系的光泽黄颡鱼形态学测量表明，它们的外部形态及比例性状无明显差异，说明光泽黄颡鱼物种在洞庭湖水系的形态多样性水平较低，两条水系的水域地理环境差异对光泽黄颡鱼的外形尚未产生影响。

2）沅水和澧水长须黄颡鱼及光泽黄颡鱼与其他几种黄颡鱼核型的比较

染色体核型是对鱼类染色体特征的基本描述。研究鱼类的染色体核型，对于认识和探索鱼类的遗传变异、分类、系统演化、性别决定、杂交育种及应用生物工程技术育种等均有重要意义。表 7-31 列举了本书与洪云汉和周暾（1984）报道的几种黄颡鱼染色体数目及组型。可见，黄颡鱼属的几个种既存在种间染色体数目上的差异（如长须黄颡鱼的染色体数目为 50），也存在种内染色体组型上的差异。不同研究者对同种鱼染色体组型研究结果的差异，可能与实验方法、实验条件的差异有关，也有可能与这种鱼在染色体水平上的遗传多样性有关。

表 7-31　几种黄颡鱼属鱼类染色体组型比较

种类	2N	M	SM	ST+T	NF	参考文献	采集地
长须黄颡鱼 P. eupogon	50	20	14	16	84	洪云汉和周暾，1984	武汉
	50	18	16	16	84	杨春英等，2011	沅水、澧水
光泽黄颡鱼 P. nitidus	52	20	16	16	88	洪云汉和周暾，1984	武汉
	52	24	14	14	90	杨春英等，2011	沅水、澧水
瓦氏黄颡鱼 P. vachelli	52	22	16	14	90	洪云汉和周暾，1984	武汉
黄颡鱼 P. fulvidraco	52	24	14	14	90	洪云汉和周暾，1984	武汉

迄今为止，关于鱼类染色体研究的报道，大部分都未发现有异形性染色体存在。洪云汉和周暾（1984）报道的鮠科 9 种鱼也均未发现与性别决定有关的异形性染色体存在，本实验结果与洪云汉和周暾（1984）报道的结果一致。

一般认为鱼类的演化程度与鱼本身细胞的染色体类型是一致的。日本学者小岛吉雄（1991）对 800 余种已做核型研究的鱼类染色体进行研究，将真骨鱼类划分为低位类、中位类和高位类 3 个演化类群。研究结果表明：进化上越是处于上位，染色体越收敛，端部着丝粒染色体越多，臂数越少，在鱼类系统演化上属高位类。低位类群的鱼类染色体的特点是离散度很大，峰值是 $2N=50$，M 型（包括 M 和 SM）染色体稍多于 A 型（包括 ST 和 T）染色体，前者占 31.6%，后者占 26.6%，NF 平均为 89.7。鲤形目和鲇形目大多数种类核型中 M 型染色体所占比例大（超过 50%），A 型染色体比例小（小于 50%），NF 值高，因此被包括在鱼类演化上的低位类群之中。长须黄颡鱼染色体数目 $2N=50$，NF=84，M 型染色体数目为 34（占 68%），A 型染色体数目为 16（占 32%），M 型染色体明显多于 A 型染色体；光泽黄颡鱼染色体数目 $2N=52$，NF=90，M 型染色体数目为 38（约占 73%），A 型染色体数目为 14（约占 27%），M 型染色体明显多于 A 型染色体。由此推测，长须黄颡鱼和光泽黄颡鱼在鱼类的系统演化上应属于低位类群。而根据李树深（1981）的观点，在特定的分类阶元中，具有较多端部着丝粒染色体的是原始类群，而具有较多中部或亚中部着丝粒染色体的是特化类群。从表 7-31 可以看出，长须黄颡鱼比光泽黄颡鱼、瓦氏黄颡鱼、黄颡鱼有着更多的端部和亚端部着丝粒染色体，臂数也较低，说明长须黄颡鱼在黄颡鱼属鱼类中是一个较原始的类群。

7.10 三种鲿科鱼（瓦氏黄颡鱼、圆尾拟鲿、大鳍鳠）的染色体组型分析

鲿科 Bagridae 隶属鲇形目，分布于亚洲和非洲，在我国分布仅次于鲇科，是一类肉质细嫩、少肌间刺、味亦鲜美的淡水经济鱼类。鲿科在我国境内已知有 4 属 30 种，包括黄颡鱼属 *Pelteobagrus* 5 种、鮠属 *Leiocassis* 6 种、拟鲿属 *Pseudobagrus* 15 种和鳠属 *Mystus* 4 种（褚新洛等，1999）。

瓦氏黄颡鱼 *Pelteobagrus vachelli* 又名江黄颡、硬角黄腊丁等，隶属于鲿科黄颡鱼属；圆尾拟鲿 *Pseudobagrus tenuis* 俗名牛尾巴，隶属于鲿科拟鲿属；大鳍鳠 *Mystus macropterus* 俗称江鼠、岩扁头、罐巴子等，隶属于鲿科鳠属。本实验以取自洞庭湖水系沅水和澧水的上述三种鲿科鱼为材料，对其染色体核型进行了研究分析。旨在了解洞庭湖水系与国内其他水域鲿科鱼类的染色体遗传多样性，为鲿科鱼类的系统分类和遗传资源保护提供参考。

7.10.1 材料与方法

本实验所用三种鲿科鱼采自洞庭湖水系的沅水和澧水，每种鱼各随机选取 5 尾（含雌、雄个体）用于核型分析。实验鱼运回后放入室内水族箱（控温 21～24℃）暂养 1 周后开始实验。

染色体标本的制备和组型分析方法同第 6 章 6.2 节。

7.10.2 结果

1）三种鲿科鱼的染色体数目

每种鲿科鱼选 100 个左右图像清晰、染色体分散良好的中期分裂象细胞进行计数，取其 2N 数出现次数最多的为众数。得出瓦氏黄颡鱼和圆尾拟鲿染色体众数为 52，大鳍鳠的染色体众数为 60，具染色体众数的细胞分别占全部计数细胞的 80.0%、77.3% 和 78.0%（表 7-32）。

表 7-32 洞庭湖水系 3 种鲿科鱼的染色体数目

实验鱼	染色体数（2N）	总分裂象数	众数百分率/%
瓦氏黄颡鱼	52	102	80.0
圆尾拟鲿	52	86	77.3
大鳍鳠	60	99	78.0

2）三种鲿科鱼的核型

根据染色体相对长度和臂比的测量结果（表 7-33），瓦氏黄颡鱼、圆尾拟鲿

和大鳍鳠的全部染色体分别配成 26 对、26 对和 30 对，按 Levan 等（1964）的染色体命名法，洞庭湖水系瓦氏黄颡鱼的核型由 18 对中部着丝粒染色体、10 对亚中部着丝粒染色体、12 对亚端部着丝粒染色体和 12 对端部着丝粒染色体组成（图 6-28），核型公式为 $2N=18M+10SM+12ST+12T$，染色体臂数（NF）=80；圆尾拟鲿的核型由 24 对中部着丝粒染色体、16 对亚中部着丝粒染色体、12 对亚端部着丝粒染色体组成（图 6-31），核型公式为 $2N=24M+16SM+12ST$，NF=92；大鳍鳠的核型由 20 对中部着丝粒染色体、12 对亚中部着丝粒染色体、16 对亚端部着丝粒染色体和 12 对端部着丝粒染色体组成（图 6-33），核型公式为 $2N=20M+12SM+16ST+12T$，NF=92。在三种鳠科鱼的雌、雄个体之间未发现与性别有关的异形性染色体。

表 7-33　洞庭湖水系 3 种鳠科鱼的核型数据

	瓦氏黄颡鱼			圆尾拟鲿			大鳍鳠	
类型	相对长度/%	臂比	类型	相对长度/%	臂比	类型	相对长度/%	臂比
M_1	6.39±0.05	1.09±0.05	M_1	6.01±0.04	1.19±0.01	M_1	4.37±0.05	1.09±0.05
M_2	5.02±0.11	1.11±0.05	M_2	5.30±0.24	1.17±0.03	M_2	3.93±0.11	1.11±0.05
M_3	4.56±0.13	1.13±0.05	M_3	4.59±0.15	1.12±0.17	M_3	3.56±0.13	1.13±0.05
M_4	4.38±0.03	1.10±0.08	M_4	4.49±0.03	1.20±0.04	M_4	3.38±0.03	1.10±0.08
M_5	4.20±0.05	1.12±0.06	M_5	4.28±0.03	1.48±0.03	M_5	3.20±0.05	1.12±0.06
M_6	4.01±0.13	1.40±0.10	M_6	3.87±0.13	1.38±0.03	M_6	2.81±0.13	1.40±0.10
M_7	3.47±0.10	1.14±0.05	M_7	3.77±0.23	1.57±0.14	M_7	2.67±0.10	1.14±0.05
M_8	3.28±0.05	1.20±0.06	M_8	3.57±0.22	1.50±0.03	M_8	2.58±0.05	1.20±0.06
M_9	3.17±0.10	1.16±0.01	M_9	3.57±0.23	1.34±0.01	M_9	2.37±0.10	1.16±0.01
SM_1	4.95±0.19	1.86±0.30	M_{10}	3.26±0.27	1.67±0.03	M_{10}	1.89±0.10	1.56±0.30
SM_2	4.92±0.05	2.00±0.17	M_{11}	2.85±0.12	1.33±0.13	SM_1	4.32±0.05	2.00±0.17
SM_3	4.19±0.09	1.88±0.02	M_{12}	2.85±0.09	1.33±0.01	SM_2	3.89±0.09	1.88±0.02
SM_4	4.02±0.02	1.50±0.20	SM_1	4.59±0.16	2.75±0.11	SM_3	3.52±0.02	1.89±0.20
SM_5	3.93±0.04	1.71±0.25	SM_2	4.49±0.02	2.66±0.11	SM_4	3.13±0.04	1.71±0.25
ST_1	4.57±0.10	3.33±0.35	SM_3	4.08±0.28	2.81±0.07	SM_5	2.63±0.10	2.33±0.35
ST_2	4.19±0.05	3.25±0.45	SM_4	3.98±0.18	2.91±0.01	SM_6	2.52±0.05	2.25±0.45
ST_3	3.64±0.10	3.66±0.40	SM_5	3.47±0.16	2.43±0.17	ST_1	3.34±0.10	3.66±0.40
ST_4	3.29±0.05	4.00±0.43	SM_6	3.47±0.05	2.74±0.05	ST_2	2.79±0.15	4.00±0.43
ST_5	3.25±0.03	4.50±0.35	SM_7	4.08±0.05	2.33±0.03	ST_3	2.78±0.03	4.50±0.35
ST_6	3.46±0.05	6.80±0.49	SM_8	3.06±0.15	2.01±0.01	ST_4	2.76±0.05	4.47±0.35
T_1	3.98±0.04	∞	ST_1	2.96±0.04	4.91±0.10	ST_5	2.43±0.04	4.98±0.35
T_2	3.38±0.03	∞	ST_2	4.48±0.03	4.54±0.07	ST_6	2.23±0.03	5.43±0.35
T_3	2.92±0.07	∞	ST_3	3.16±0.03	4.17±0.01	ST_7	2.02±0.07	6.70±0.35

瓦氏黄颡鱼			圆尾拟鲿			大鳍鳠		
类型	相对长度/%	臂比	类型	相对长度/%	臂比	类型	相对长度/%	臂比
T_4	2.84±0.10	∞	ST_4	3.57±0.03	4.83±0.11	ST_8	1.94±0.10	6.92±0.35
T_5	2.74±0.05	∞	ST_5	2.85±0.02	6.12±0.09	T_1	2.34±0.05	∞
T_6	2.62±0.15	∞	ST_6	3.36±0.05	4.53±0.21	T_2	2.14±0.05	∞
						T_3	1.89±0.05	∞
						T_4	1.78±0.05	∞
						T_5	1.56±0.05	∞
						T_6	1.04±0.05	∞

7.10.3　讨论

关于鲿科鱼类的染色体核型，国内外已有一些报道。洪云汉和周暾（1984）曾对采自武汉市集贸市场的黄颡鱼、瓦氏黄颡鱼、光泽黄颡鱼、长须黄颡鱼、长吻鮠、粗唇鮠、圆尾拟鲿、乌苏拟鲿和大鳍鳠等 9 种鲿科鱼的核型进行研究，其中，除长须黄颡鱼 $2N=50$、大鳍鳠 $2N=60$ 外，其余 7 种鱼均为 $2N=52$。Ueno（1974）对产于日本关东以北和分布于九州的 *Pelteobagrus aurantiacus* 进行核型分析，发现前者的核型为 $2N=56=24M+12SM+20ST,T$，$NF=92$，而后者的核型为 $2N=48=20M+12SM+16ST,T$，$NF=80$。Manna 和 Prasad（1974）对产于印度的 *Mystus vittatus* 群体进行核型分析，发现 *Mystus vittatus* 群体中存在两种核型，一种为 $2N=54=20M+24SM+10ST$，另一种为 $2N=58=16M+10SM+20ST+12T$。本书报道的洞庭湖水系瓦氏黄颡鱼（$2N=52$）、圆尾拟鲿（$2N=52$）、大鳍鳠（$2N=60$），其二倍体染色体数与洪云汉和周暾（1984）报道的武汉地区鱼类完全一致，但在染色体核型组成上，洞庭湖水系瓦氏黄颡鱼的 ST 和 T 染色体明显偏多、M 和 SM 染色体明显偏少，圆尾拟鲿比武汉地区的多 1 对 M 染色体而少 1 对 ST 染色体。造成这种差异的原因，分析有观察或测量误差上的原因，但更可能是由于瓦氏黄颡鱼地理分布的不同而存在的染色体多态性。而对洞庭湖水系大鳍鳠的核型分析表明，其核型组成与武汉地区的大鳍鳠、斑鳠等鳠属鱼类表现出高度的一致性，说明分布于我国长江水系的鳠属鱼类在鲿科鱼类的核型进化中具有相对的保守性，这与 Manna 和 Prasad（1974）报道的分布于印度的鳠属鱼类的核型分化明显不同。

表 7-34 列举了我国鲿科 4 属部分鱼类染色体核型。从表 7-34 可见，在鲿科的黄颡鱼属、拟鲿属和鮠属中，除黄颡鱼属的长须黄颡鱼（$2N=50$）外，其余种类染色体均为 $2N=52$，而大鳍鳠、斑鳠等鳠属鱼类的染色体均为 $2N=60$，

与前 3 属鳍科鱼类二倍体染色体数目差异较大，据此，从染色体数目上即可容易地将鳠属与另 3 属鳍科鱼类分开。而在黄颡鱼属、拟鲿属和鮠属鱼类之间，其核型差异不表现明显的属间差异：如同为黄颡鱼属的 4 种黄颡鱼，其染色体数目和核型就不尽相同；同为拟鲿属的圆尾拟鲿和乌苏拟鲿，其核型也有差别；但在不同的属间，一些种类却有相似的核型，如武汉地区的瓦氏黄颡鱼和圆尾拟鲿之间，洞庭湖水系的光泽黄颡鱼和武汉地区的粗唇鮠之间就是如此。因此，从核型上对黄颡鱼属、拟鲿属和鮠属三属鱼类进行区分似乎是不可能的。

表 7-34　鳍科不同属种鱼类核型比较

属种名		2N	核型公式	NF	采集地	参考文献
黄颡鱼属	瓦氏黄颡鱼	52	18M+10SM+12ST+12T	80	洞庭湖水系	文永彬等，2013
		52	22M+16SM+14ST	90	武汉	洪云汉和周暾，1984
	黄颡鱼	52	20M+12SM+10ST+10T	84	洞庭湖水系	刘良国等，2011
	光泽黄颡鱼	52	24M+14SM+14ST	90	洞庭湖水系	杨春英等，2011
	长须黄颡鱼	50	18M+16SM+14ST+2T	84	洞庭湖水系	杨春英等，2011
拟鲿属	圆尾拟鲿	52	24M+16SM+12ST	92	洞庭湖水系	文永彬等，2013
		52	22M+16SM+14ST	90	武汉	洪云汉和周暾，1984
	乌苏拟鲿	52	24M+18SM+10ST	94	武汉	洪云汉和周暾，1984
鮠属	长吻鮠	52	20M+16SM+16ST	88	武汉	洪云汉和周暾，1984
	粗唇鮠	52	24M+14SM+14ST	90	武汉	洪云汉和周暾，1984
鳠属	大鳍鳠	60	20M+12SM+16ST+12T	92	洞庭湖水系	文永彬等，·2013
		60	20M+12SM+16ST+12T	92	武汉	洪云汉和周暾，1984
	斑鳠	60	20M+12SM+16ST+12T	92	武汉	余先觉等，1989

长期以来，鳍科鱼类的属间分类地位一直存在争议。一些学者采用骨学（张耀光和王德寿，1996）、同工酶（戴凤田和苏锦祥，1998）、线粒体基因序列分析（彭作刚等，2002；张燕等，2003）方法对鳍科鱼类的系统发育关系进行了研究，比较一致的观点认为，在鳍科鱼类中，鳠属是一类比较特化的类群，黄颡鱼属次之，而鮠属与拟鲿属的亲缘关系较近，并有人认为现行鳍科鱼类分类系统（褚新洛等，1999）中的短尾拟鲿（张耀光和王德寿，1996）、切尾拟鲿（彭作刚等，2002）、圆尾拟鲿（彭作刚等，2002；张燕等，2003）应归入鮠属。本研究对鳠属鱼类的核型分析也表明鳠属鱼类在鳍科鱼类中是一类特化的类群，与前人研究结果一致，而对于黄颡鱼属、拟鲿属和鮠属的分类地位和归属问题，还需综合形态、生化和分子生物学等多种实验方法，对更多的鳍科种类进行研究。

7.11　斑点叉尾鮰的染色体组型分析

斑点叉尾鮰*Ictalurus punctatus*又称沟鲇，隶属于鲇形目鮰科叉尾鮰属（刘良国等，2013b），原产于北美洲，是一种大型淡水经济鱼类，具有食性杂、生长快、适应范围广、抗逆性强、肉质鲜美等优点。我国于1984年由湖北省水产科学研究所从美国引进该鱼原种进行驯化，并于1987年首次繁育成功（卜跃先等，2008），20世纪90年代末引入湖南，并率先在沅水五强溪水库进行网箱养殖示范，发展网箱规模化养殖（麻韶霖，2012）。经过多年的养殖推广，斑点叉尾鮰现已遍及全国20多个省（自治区、直辖市），成为我国重要的淡水养殖鱼类之一。然而由于引进后多年的累代养殖、人为的近亲繁殖、养殖技术不规范等原因，斑点叉尾鮰的种质退化严重，主要表现在抗病力下降、生长缓慢和规格变小，高密度集约化养殖时容易发生大规模病害和死亡，这些问题严重制约了斑点叉尾鮰的养殖发展（周国平，2005）。为了进一步提高斑点叉尾鮰的养殖质量和产量，确保鮰养殖业可持续发展，开展斑点叉尾鮰种质资源保护和遗传育种改良的研究具有重要的理论和实践指导意义。同时，近年来，网箱养殖逃逸或人为因素导致进入天然水体的斑点叉尾鮰不在少数，这些进入天然水体的鮰有可能与本地相近物种进行杂交，从而对本地物种构成遗传侵蚀。因此，有必要对引进外来物种斑点叉尾鮰的遗传学特性开展研究。本实验以取自湖南沅水五强溪水库的斑点叉尾鮰为对象，对其染色体组型进行了分析，旨在了解五强溪水库引进外来物种斑点叉尾鮰的染色体核型数据，为斑点叉尾鮰的种质资源保护和遗传育种改良提供参考依据，也为进一步探讨引进外来种对本地相近物种遗传多样性的影响提供基础性资料。

7.11.1　材料与方法

实验用鱼取自沅水五强溪水库，随机选取健康活泼的斑点叉尾鮰6尾（3雌3雄），体长为13.10～21.04cm，体重为230～320g。实验鱼取回后，放入室内水族箱（控温21～24℃）暂养7d后开始实验。

染色体标本的制备和组型分析方法同第6章6.2节。

7.11.2　结果

1）五强溪水库斑点叉尾鮰体细胞染色体数目

计数6尾斑点叉尾鮰的中期分裂象共50个，结果显示（表7-35）：染色体数目在55以下、55、60和60以上的各有1个细胞，染色体数为56、59的各有2

个细胞，为 58 的有 39 个细胞，为 57 的有 3 个细胞。染色体数为 58 的占计数细胞总数的 78%，众数百分率高于 75% 的常规标准，因此确定五强溪水库斑点叉尾鮰的标准染色体数目 $2N=58$。在斑点叉尾鮰的雌、雄个体间未发现与性别有关的异形性染色体，也未发现带有特殊标志性特征如随体、次缢痕的染色体。

表 7-35 五强溪水库斑点叉尾鮰的染色体数目分布

总分象裂数	项目	染色体数目								染色体众数
		<55	55	56	57	58	59	60	>60	
50	细胞数	1	1	2	3	39	2	1	1	$2N=58$
	百分率/%	2	2	4	6	78	4	2	2	

2）五强溪水库斑点叉尾鮰的染色体组型

根据染色体相对长度和臂比的测量结果（表 7-36），将斑点叉尾鮰的全部染色体配成 29 对，按 Levan 等（1964）的染色体命名法，五强溪水库斑点叉尾鮰的核型由 4 对中部着丝粒染色体、5 对亚中部着丝粒染色体、13 对亚端部着丝粒染色体和 7 对端部着丝粒染色体组成（图 6-34），核型公式为 $2N=8M+10SM+26ST+14T$，染色体臂数（NF）=76。

表 7-36 斑点叉尾鮰的核型数据

类型	相对长度/%	臂比	类型	相对长度/%	臂比
M_1	3.40±0.01	1.25±0.01	ST_7	3.93±0.01	3.49±0.41
M_2	2.74±0.04	1.17±0.16	ST_8	3.96±0.02	3.20±0.01
M_3	2.55±0.04	1.46±0.19	ST_9	3.60±0.01	3.66±0.12
M_4	2.26±0.14	1.25±0.12	ST_{10}	3.53±0.02	3.62±0.03
SM_1	4.72±0.07	2.25±0.35	ST_{11}	3.45±0.01	3.25±0.10
SM_2	3.36±0.01	2.07±0.09	ST_{12}	3.40±0.04	3.50±0.01
SM_3	3.32±0.04	2.14±0.11	ST_{13}	3.43±0.01	3.34±0.22
SM_4	2.74±0.04	2.25±0.35	T_1	3.77±0.01	∞
SM_5	2.70±0.07	2.30±0.11	T_2	3.77±0.02	∞
ST_1	4.43±0.12	4.37±0.28	T_3	3.49±0.04	∞
ST_2	4.43±0.20	4.75±0.17	T_4	3.02±0.06	∞
ST_3	4.34±0.07	4.87±0.25	T_5	2.64±0.06	∞
ST_4	4.25±0.04	3.45±0.07	T_6	2.64±0.08	∞
ST_5	3.91±0.01	3.55±0.31	T_7	2.26±0.02	∞
ST_6	3.94±0.01	3.17±0.09			

7.11.3　讨论

斑点叉尾鮰于 1984 年从美国引进至今已有 30 多年的历史，由于该鱼具有较高的养殖经济效益，目前在国内很多地区的水库、池塘都有养殖。本实验以沅水五强溪水库的斑点叉尾鮰为对象，对其体细胞染色体组型进行研究，研究结果对这一养殖品种的遗传种质改良，以及其作为引进外来物种的环境风险评价都具有一定的参考价值。

本实验结果表明，五强溪水库斑点叉尾鮰的二倍体染色体数目为 58，核型公式为 $2N=8M+10SM+26ST+14T$，染色体臂数（NF）=76。与国内张芹等（2009）报道的河南省水产科学研究院引进的斑点叉尾鮰比较，二者的染色体数目均为 58，但核型存在一定差异，河南斑点叉尾鮰种群的核型公式为 $2N=6M+10SM+22ST+20T$，NF=74。沅水五强溪水库斑点叉尾鮰的 M 和 ST 染色体比河南种群分别多 1 对和 2 对，SM 染色体不变，T 染色体减少 3 对，染色体臂数增加 2 条（刘哲同和刘良国，2017）。造成这种差异的原因，可能与不同研究者所使用的实验方法不同，或者与测量和配组产生的误差有关；但也可能是由于不同种群所表现出的染色体多态性。据报道（张芹等，2009），国内引进的斑点叉尾鮰来自于美国的得克萨斯州、阿拉巴马州、密西西比州等地理种群，其染色体数目为 56 或 58，染色体臂数为 72、90 或 92 不等，染色体组型也不尽相同。刘海韵等（2008）和崔蕾等（2012）采用分子生物学方法，也证实了斑点叉尾鮰不同地理种群的遗传差异和多样性。斑点叉尾鮰种群丰富的遗传多样性，为这一养殖品种的资源保护和遗传改良提供了物质基础，利用这些遗传多样性丰富的群体进行杂交选育，生产上可以避免种质的退化，保证我国斑点叉尾鮰养殖业的健康可持续发展。

斑点叉尾鮰作为一种引进的外来养殖品种，在带来较高经济效益的同时，也可能给当地生态安全造成影响。由于斑点叉尾鮰食性杂、抗逆性强、适应范围广，像五强溪水库这些水面资源和天然饵料丰富的水域生态系统，非常适合斑点叉尾鮰的生长，如不加以人为控制，其种群数量将会大幅增加，其结果一方面除了与本地鱼种争夺生存空间，导致本地土著鱼种和数量的急剧减少外，更为严重的是可能与本地近缘种进行杂交，杂交后代再行与本地其他近缘种杂交而造成遗传侵蚀（卜跃先等，2008；楼允东和李小勤，2006）。从本实验斑点叉尾鮰的染色体研究结果看，它与同属于鲇形目的本地鲇（韩庆等，2009）、大口鲇（邹桂伟等，1997）的染色体数目相同（均为 58），虽然核型上存在差异，但在天然水体中如果长期共存，不排除它们存在科间杂交并产生可繁育子代的可能。因此，建议对于网箱和池塘养殖或者已经逃逸到天然水体的斑点叉尾鮰，都必须分别采取相应的强有力措施，严防其向天然水体大量扩散，避免对本地鱼种的遗传污染。

7.12　两种不同体色黄鳝的染色体组型分析

黄鳝 *Monopterus albus* 是人们熟知和喜爱的一种重要底栖淡水经济鱼类。在洞庭湖平原广大的稻田水沟、水渠和河流中，普遍存在三种在体色上有明显差异的黄鳝类型：第一种体表深黄含黑褐色细斑；第二种体表浅黄含黑褐色细斑；第三种体表呈泥黑色。先前我们曾经对这三种体色黄鳝进行过 RAPD 比较分析，实验结果表明，前两种体色黄鳝的 DNA 分子差异不明显，而它们与第三种体色黄鳝的 DNA 分子差异则十分显著（刘良国等，2005）。为此，我们进一步对上述三种体色黄鳝中的第一种和第三种进行染色体组型分析，一方面，试图为这两种不同体色的黄鳝寻找细胞遗传上的证据；另一方面，为洞庭湖区黄鳝种质资源的遗传多样性研究提供基础性资料。

7.12.1　材料与方法

本实验所用黄鳝取自常德市市郊的稻田水沟和水渠，并经过严格的形态学鉴定。两种体色黄鳝中体表深黄含黑褐色细斑者以黄鳝 A 表示，体表呈泥黑色者以黄鳝 B 表示（彩图 5-101）。用于染色体组型分析的黄鳝 A 和黄鳝 B 各 5 尾，黄鳝 A 和 B 均为雌性 3 尾，雄性 2 尾。体长 30～40cm，体重 50～100g。实验鱼取回后，放入室内水族箱（控温 21～24℃）暂养 7d 后开始实验。

染色体标本的制备和组型分析方法同第 6 章 6.2 节。

7.12.2　结果

1）两种不同体色黄鳝的染色体数目

根据对 5 尾黄鳝 A 和 5 尾黄鳝 B 的各 100 个中期分裂象的染色体计数结果，统计出染色体数为 24 的众数百分率分别为 78%和 82%，众数百分率大于 75%的常规标准，由此确定两种体色黄鳝的染色体数目为 $2N=24$（表 7-37）。在雌、雄个体之间未发现与性别有关的异形性染色体，也未发现带有特殊标志性特征如随体、次缢痕的染色体（图 6-37，图 6-38）。

表 7-37　两种不同体色黄鳝的染色体数目分布

名称	染色体数目							众数百分率/%
	<21	22	23	24	25	26	>27	
黄鳝 A	5	4	7	78	3	2	1	78
黄鳝 B	1	4	3	82	4	4	2	82

2）两种不同体色黄鳝的染色体组型

从黄鳝 A 和黄鳝 B 的染色体中期分裂象可以看到，所有的染色体都为端部着丝粒染色体。因此，黄鳝 A 和黄鳝 B 各染色体之间仅能根据各自的相对长度来区分，黄鳝 A 和黄鳝 B 核型数据测量结果见表 7-38。按染色体相对长度由大到小的顺序进行黄鳝 A 和黄鳝 B 组型排列，从黄鳝 A 和黄鳝 B 的染色体相对长度和组型来看，12 对同源染色体彼此间大小基本上呈连续递变趋势，但黄鳝 A 和黄鳝 B 在染色体相对长度的变化上存在一定的差异：黄鳝 A 染色体相对长度最大为 11.45 ± 0.06，最小的为 6.15 ± 0.03，黄鳝 B 染色体相对长度最大为 11.53 ± 0.01，最小的为 5.23 ± 0.09，黄鳝 A 最大染色体和最小染色体相对长度之差小于黄鳝 B 最大染色体和最小染色体相对长度之差。

表 7-38　黄鳝 A 和黄鳝 B 的染色体相对长度

黄鳝 A		黄鳝 B	
染色体编号	相对长度/%	染色体编号	相对长度/%
1	11.45±0.06	1	11.53±0.01
2	10.35±0.04	2	10.84±0.01
3	8.94±0.03	3	10.13±0.05
4	8.74±0.07	4	9.10±0.07
5 ·	8.60±0.06	5	8.69±0.04
6	8.25±0.02	6	8.37±0.02
7	8.15±0.01	7	8.16±0.06
8	7.92±0.04	8	7.86±0.08
9	7.61±0.01	9	7.55±0.09
10	7.02±0.07	10	6.42±0.09
11	6.82±0.01	11	6.10±0.10
12	6.15±0.03	12	5.23±0.09

7.12.3　分析与讨论

关于黄鳝的染色体数目和组型，李渝成（1982）报道湖南产黄鳝染色体数为 $2N=24$，染色体相对长度为（5.51 ± 0.49）～（11.21 ± 0.41）；王秀玲（1994）报道新疆哈密产黄鳝的染色体数为 $2N=24$，染色体相对长度为（6.17 ± 0.09）～（10.83 ± 0.12）；本书报道的两种体色黄鳝的染色体数与前人一致，均为 $2N=24$，只是在染色体的相对长度值上存在差异。笔者认为，这种染色体相对长度上的差异有可能是不同研究者所使用的方法不同，测量染色体的时相不一致，以及测量和配组时的误差所造成的；当然也不能排除是不同黄鳝种群所处的地理气候和生态环境的不同而导致遗传上的变异所致。

黄鳝是硬骨鱼类合鳃目合鳃科黄鳝亚科的唯一代表种，与其他许多鱼类染色体不同的是，黄鳝的染色体全为端部着丝粒染色体。戚福云等（2002）认为，黄鳝端部着丝粒染色体的由来，有可能是经过非端部着丝粒染色体端部与端部串联融合，然后在着丝粒端部又产生断裂进化而来的。而黄鳝的这种端部着丝粒染色体似乎与其在鱼类系统进化上属于高位类群有一定的关系。

黄鳝是人们熟悉的雌雄同体类型，具有先雌后雄的天然性逆转生理规律，对于其染色体组中是否有异形性染色体，存在两种不同的观点：刘凌云（1983）曾报道黄鳝中有异形性染色体的存在，并将其染色体组中最大的一条定为 X 染色体，另一条较小的染色体定为 Y 染色体。马昆和施立明（1987）通过对黄鳝的减数分裂和联会复合体分析，则未发现黄鳝有异形性染色体存在的迹象。本实验通过对两种体色黄鳝的染色体组型观察，也未发现黄鳝中有异形性染色体的存在，染色体组中最大的一对同源染色体大小没有明显差异。

此外，以往关于黄鳝染色体研究的文献，都没有提及黄鳝在体色上的差异，都是笼统地对某个地区的黄鳝进行染色体分析。然而黄鳝种群中存在不同的体色类型已经为人们所熟知，同工酶和 RAPD 分析结果也表明（刘良国等，2005；张繁荣和雷刚，2000），不同体色的黄鳝的确存在生化和分子水平上的差异，本研究正是基于两种体色黄鳝存在 DNA 分子水平上的差异，才开展了对二者的染色体组型分析。当然，分子水平的差异不一定反映到染色体水平差异上来，但本次得出黄鳝 A 与黄鳝 B 在染色体相对长度上的差异，如果不是测量误差所致，这是否正好反映出两种不同体色黄鳝在分子水平上的差异呢？据当地养殖黄鳝的渔民说，黄鳝 B 的体色虽然呈泥黑色，但其肉质要比黄鳝 A 的细腻，味道更鲜美。我们在实验中也发现黄鳝 B 的耐低氧力和抗损伤力要比黄鳝 A 的强，具有较强的生命力。这一现象是否与两种体色黄鳝在分子和细胞遗传上的差异有关，也是一个值得研究的问题。综合分子遗传及本次染色体组型分析结果，我们初步推测黄鳝 A 和黄鳝 B 很可能是洞庭湖区存在的两个不同品种或者是两个不同的亚种，其分类地位将有待进一步的研究。

7.13　三种鳢科鱼（乌鳢、斑鳢、月鳢）的染色体组型分析

鳢科 Channidae 鱼类隶属鲈形目，目前在我国已知有乌鳢 *Channa argus*、斑

鳢 *C. maculata*、纹鳢 *C. punctata*、宽额鳢 *C. gachua*、线鳢 *C. striata* 和月鳢 *C. asiatica* 6 个种分布，其中，乌鳢在全国各大小水系均有分布，斑鳢和月鳢分布于长江流域以南及海南岛和台湾（成庆泰和郑葆珊，1987），三者在洞庭湖水系均有分布。这 3 种鳢科鱼类均为凶猛的底栖肉食性鱼类，具有较高的食用价值和药用价值（秦伟夫和蒋俊和，2010），是我国重要的优质淡水经济鱼类。目前，有关这 3 种鳢科鱼类的生物学特性和人工繁养殖的研究已有诸多报道（崔郁敏等，2007；阮国良等，2008；刘苏等，2011）。同时，因其遗传背景较为复杂，关于其核型的研究也备受学者关注。例如，李康等（1985）对湖北武汉的乌鳢、广东广州和韶关的斑鳢和月鳢进行了染色体组型和 C-带带型研究，认为乌鳢的核型与原始核型最为接近，斑鳢与乌鳢的亲缘关系比之与月鳢更远；邹国民等（1989）对广州的斑鳢和月鳢进行了染色体组型分析，认为月鳢的核型比斑鳢的更特化；秦伟等（2004）对江苏苏州的乌鳢进行了染色体组型分析，并认为斑鳢为最原始种类，乌鳢的进化程度最高。可见，不同的研究者对不同水域的鳢科鱼类在染色体组型、系统演化和种间亲缘关系上持有不同的看法。本研究以洞庭湖水系的乌鳢、斑鳢和月鳢为实验材料对其进行染色体组型分析，旨在为鳢科鱼类的亲缘遗传关系及系统演化研究积累新的数据资料，同时，为鳢科鱼类的资源保护与利用提供指导。

7.13.1 材料与方法

实验用鱼均采自洞庭湖水系，其中，乌鳢和斑鳢采自沅水下游常德江段，月鳢采自资江下游桃江江段。每种鱼分别选取 6 尾（3 雌 3 雄）。乌鳢、斑鳢和月鳢的体长分别在 28～40cm、22～26cm、14～23cm，体重分别为 365～986g、165～286g、58～212g。实验用鱼活体运至实验室放置于水族箱（控温 21～24℃）暂养 7d 后开始实验。

染色体标本的制备和组型分析方法同第 6 章 6.2 节。

7.13.2 结果

1）乌鳢、斑鳢和月鳢的染色体数目

在油镜下分别观察乌鳢、斑鳢和月鳢的中期分裂象各 100 个，统计出洞庭湖区乌鳢染色体数为 48 的众数百分率为 90%，斑鳢染色体数目为 42 的众数百分率为 84%，月鳢染色体数目为 44 的众数百分率为 82%，3 种鱼的染色体众数百分率均大于 75% 的常规标准（表 7-39），由此确定乌鳢的染色体数为 2N=48，斑鳢的染色体数为 2N=42，月鳢的染色体数为 2N=44。

表 7-39　洞庭湖水系乌鳢、斑鳢和月鳢染色体数目的分布

总分裂象数	项目	染色体数目															染色体众数
		<37	37	38	39	40	41	42	43	44	45	46	47	48	49	>49	
乌鳢	细胞数									2		2	4	90	2	0	2N=48
	百分率/%									2		2	4	90	2	0	
斑鳢	细胞数	2	4	4	2	2	0	84	2								2N=42
	百分率/%	2	4	4	2	2	0	84	2								
月鳢	细胞数			2	4	2	0	6	2	82	2						2N=44
	百分率/%			2	4	2	0	6	2	82	2						

2）乌鳢、斑鳢和月鳢的染色体组型

根据 Leaven（1964）的分类标准，对洞庭湖水系乌鳢、斑鳢和月鳢的细胞中期染色体进行测量及分析。乌鳢的染色体数为 48，核型公式为：$2N=4SM+20ST+24T$，$NF=52$（图 6-39）；斑鳢的染色体数为 42，核型公式为：$2N=4M+2SM+16ST+20T$，$NF=48$（图 6-40）；月鳢的染色体数为 44，核型公式为：$2N=6M+6SM+16ST+16T$，$NF=56$（图 6-41）。

在 3 种鱼的染色体中期分裂象中，乌鳢染色体的大小差异最大，最大染色体相对长度为 8.62±0.15，最小染色体相对长度为 2.05±0.04；月鳢染色体大小差异最小，最大染色体相对长度为 6.91±0.23，最小染色体相对长度为 2.10±0.02。在乌鳢和斑鳢的核型中，均具有一对明显较大的亚端部着丝粒染色体，相对长度和臂比也相近。在 3 种鳢科鱼类中未发现随体染色体或其他特殊标志的染色体，也未发现与性别决定有关的异形性染色体（图 6-39～图 6-41），其染色体相对长度和臂比见表 7-40。

表 7-40　洞庭湖水系乌鳢、斑鳢和月鳢的核型数据

乌鳢 *C. argus*（2N=48）			斑鳢 *C. maculata*（2N=42）			月鳢 *C. asiatica*（2N=44）		
类型	相对长度/%	臂比	类型	相对长度/%	臂比	类型	相对长度/%	臂比
SM_1	4.97±0.64	1.94±0.32	M_1	7.00±0.54	1.27±0.07	M_1	6.91±0.23	1.07±0.33
SM_2	3.87±0.42	1.71±0.01	M_2	4.60±0.53	1.58±0.07	M_2	5.50±0.47	1.09±0.08
ST_1	8.62±0.15	3.76±0.15	SM_1	6.09±1.18	2.05±0.10	M_3	3.62±0.09	1.09±0.07
ST_2	5.77±0.09	3.01±0.11	ST_1	8.83±1.59	3.53±0.54	SM_1	5.47±0.02	1.89±0.19
ST_3	5.15±0.24	3.34±0.28	ST_2	5.76±0.15	6.01±0.13	SM_2	4.35±0.09	2.29±0.34
ST_4	5.04±0.17	4.03±0.07	ST_3	5.53±0.42	5.84±0.15	SM_3	3.65±0.22	1.87±0.10
ST_5	5.01±0.12	4.37±0.22	ST_4	5.38±0.19	4.25±0.20	ST_1	6.89±0.37	5.80±0.17

乌鳢 *C. argus*（2N=48）			斑鳢 *C. maculata*（2N=42）			月鳢 *C. asiatica*（2N=44）		
类型	相对长度/%	臂比	类型	相对长度/%	臂比	类型	相对长度/%	臂比
ST_6	4.88±0.08	4.39±0.36	ST_5	5.03±0.13	3.98±0.10	ST_2	5.24±0.20	3.24±0.16
ST_7	4.88±0.22	5.46±0.33	ST_6	4.78±0.17	6.05±0.11	ST_3	5.17±0.50	3.42±0.16
ST_8	4.76±0.07	4.23±0.01	ST_7	4.32±0.12	5.13±0.13	ST_4	4.78±0.10	3.05±0.03
ST_9	4.72±0.11	3.42±0.26	ST_8	3.94±0.24	5.75±0.15	ST_5	4.74±0.13	4.38±0.13
ST_{10}	3.81±0.27	5.45±0.79	T_1	4.92±0.09	∞	ST_6	4.73±0.14	4.33±0.32
T_1	4.59±0.18	9.92±0.41	T_2	4.90±0.16	∞	ST_7	4.67±0.20	3.07±0.04
T_2	4.53±0.22	8.92±0.72	T_3	4.31±0.08	∞	ST_8	4.58±0.07	4.43±0.26
T_3	4.10±0.33	∞	T_4	4.09±0.13	∞	T_1	5.16±0.15	8.69±0.43
T_4	3.61±0.19	∞	T_5	4.08±0.11	∞	T_2	4.59±0.09	∞
T_5	3.43±0.05	∞	T_6	3.89±0.40	∞	T_3	4.19±0.47	∞
T_6	3.21±0.10	∞	T_7	3.52±0.07	∞	T_4	4.13±0.14	12.20±0.57
T_7	3.16±0.12	∞	T_8	3.39±0.04	∞	T_5	3.77±0.26	15.30±0.05
T_8	3.03±0.04	∞	T_9	3.21±0.12	∞	T_6	2.99±0.21	∞
T_9	2.31±0.11	∞	T_{10}	2.44±0.08	∞	T_7	2.77±0.27	∞
T_{10}	2.29±0.07	∞				T_8	2.10±0.02	∞
T_{11}	2.21±0.03	∞						
T_{12}	2.05±0.00	∞						

根据我国已报道的几种鳢科鱼类的染色体核型（表 7-41）可知，洞庭湖水系乌鳢的核型与庄吉珊和刘凌云（1982）、李康等（1985）的研究结果大致相同，而与吴伟雄等（1986）的研究结果差异较大；不同流域的斑鳢核型大致相同（李康等，1985；吴伟雄等，1986；邬国民等，1989）；洞庭湖水系月鳢的核型与李康等（1985）报道的取自韶关和沙市的月鳢染色体数目一致、核型大致相同；而与邬国民等（1989）、吴伟雄等（1986）及李康等（1985）报道的取自广州的月鳢染色体数目不同，核型也存在较大差异。

表 7-41　我国报道的几种鳢科鱼类的染色体组型比较

物种名称	染色体数	核型	染色体臂数	参考文献	采集地
乌鳢	48	4SM+44ST, T	52	李康等，1985	武汉
	48	12ST+36T	48	吴伟雄等，1986	湖北沔阳
	48	4SM+22ST+22T	52	庄吉珊和刘凌云，1982	北京万泉庄
	48	4SM+20ST+24T	52	杨春英等，2016b	洞庭湖水系

续表

物种名称	染色体数	核型	染色体臂数	参考文献	采集地
斑鳢	42	4M+2SM+36ST, T	48	李康等，1985	韶关、广州
	42	4M+2SM+6ST+30T	48	吴伟雄等，1986	广东高要
	42	2M+4SM+18ST+18T	48	邬国民等，1989	广州
	42	4M+2SM+16ST+20T	48	杨春英等，2016b	洞庭湖水系
月鳢	44	4M+8SM+32ST, T	56	李康等，1985	韶关
	46	2M+8SM+36ST, T	56	李康等，1985	广州
	46	2SM+10ST+34T	48	吴伟雄等，1986	广州
	46	2M+14SM+18ST+12T	62	邬国民等，1989	广州
	44	6M+6SM+16ST+16T	56	杨春英等，2016b	洞庭湖水系
巨鳢*	44	2M+42T	46	邬国民等，1994	
纹鳢*	44	4M+2SM+16ST+22T	50	邬国民等，1994	

＊ 引进种

7.13.3　讨论

1）鳢科 3 种鱼核型演化与亲缘关系研究

本研究实验用鱼分别采自沅水下游常德江段和资江下游桃江江段，常德江段处于沅水干流下游入湖口，桃江江段也处于资江干流下游段，故可用这两处的鳢科鱼作为洞庭湖水系鳢科鱼的代表。

染色体作为遗传信息的主要载体，对生物的生存和进化都至关重要。鱼类核型的研究，对于鱼类分类学和系统演化的探讨具有重要意义。洞庭湖水系的乌鳢、斑鳢和月鳢的染色体数目、核型及臂数均不相同（表7-40），M 型（包括 M 和 SM 型）染色体占比也存在较大差别。其中，M 型染色体占比最少的是乌鳢（8.3%），其次是斑鳢（14.3%），M 型染色体占比最多的是月鳢（27.3%）。这些均说明在这 3 种鳢科鱼类的进化过程中，染色体发生了不同程度的变异，导致三者在演化程度与演化方向上出现差异。

李树深（1981）研究指出，在特定的分类阶元中，具有较多端部着丝粒染色体的是原始类群，而具有较多中部或亚中部着丝粒染色体的是特化类群。因此，本研究认为洞庭湖水系的乌鳢为鳢科的较原始类型，应该是鳢科鱼类演化过程中形态和核型变化较少的鱼类。本次实验中乌鳢的核型与庄吉珊和刘凌云（1982）、李康等（1985）的研究结果基本相同，而与吴伟雄等（1986）的研究结果差异较大。分析造成这种差异的原因，可能与实验用鱼的取样时间、实验方法或实验条件的差异有关。不同的鱼类在前处理、低渗、固定等操作过程中，均有可能存在不同的最适处理时间、浓度和剂量等问题，而不同研究者对这些问题的处理方法存在差异，可能是导致不同研究者对乌鳢核型的研究存在差异的重要原因。庄吉珊和刘凌云

（1982）、李康等（1985）和本研究对乌鳢核型的研究结果基本相同表明：北京（海河流域）、武汉（长江干流）和常德（洞庭湖水域）的乌鳢应属于同一类群，推测不同流域乌鳢的核型演化较保守，乌鳢的核型较接近于鳢科的原始核型。李康等（1985）认为，乌鳢的核型是鳢科原始核型（$2N=48T$）通过臂间倒位形成的。臂间倒位是染色体结构重排的一种类型，能引起染色体臂数的改变，一般不导致染色体数目的改变（余先觉等，1989）。本次研究结果支持李康等（1985）的这一观点。

由表7-41可知，不同流域的斑鳢核型大致相同，推测不同流域斑鳢的核型演化相对保守。李康等认为斑鳢的演化有两种可能，一是斑鳢的核型在进化过程中丢失了一对染色体，二是由于发生了罗伯逊易位和臂间易位。吴伟雄等（1986）认为斑鳢是乌鳢或其共同祖先种在进化过程中发生罗伯逊融合的结果。本研究得出斑鳢的染色体数目为42，染色体臂数为48，故认为斑鳢的核型在演化过程中并未丢失染色体，而是发生多次罗伯逊易位，导致染色体数目减少、M型染色体增加而形成的。

洞庭湖水系月鳢的核型与李康等（1985）报道的取自韶关和沙市的月鳢染色体数目一致、核型大致相同；而与邬国民等（1989）、吴伟雄等（1986）及李康等（1985）报道的取自广州的月鳢染色体数目不同，核型也存在较大差异，推测月鳢的核型演化受外界环境的影响相对较大，在不同流域，已经演化出不同的染色体组型，资江的月鳢与韶关和沙市的月鳢应属于同一类群。李康等（1985）和吴伟雄等（1986）认为月鳢是乌鳢或其共同祖先种在进化过程中发生罗伯逊融合的结果。本研究得出月鳢的染色体数为44，染色体臂数为56，故推测月鳢的核型在进化过程中不仅发生了导致染色体数目减少的罗伯逊融合，还发生了引起染色体臂数改变的染色体结构重排。

关于这3种鳢科鱼类的亲缘关系，李康等（1985）认为斑鳢与乌鳢的亲缘关系比之与月鳢更远。吴伟雄等（1986）认为乌鳢或其共同原始种向月鳢演化时比向斑鳢演化时核型改变较少，但形态特化较多。在洞庭湖水系的3种鳢科鱼类中，月鳢的M型染色体占比超过乌鳢的3倍，斑鳢的M型染色体占比比乌鳢的稍多；在乌鳢和斑鳢的核型中，均具有一对明显较大的亚端部着丝粒染色体，相对长度和臂比也相近，而该现象在月鳢的核型中并未发现；月鳢的形态学特征也与乌鳢相差较大。故本研究认为洞庭湖水系的乌鳢或其共同原始种向月鳢演化时比向斑鳢演化时核型改变和形态特化均较多，并认为斑鳢与乌鳢的亲缘关系比之与月鳢更近，乌鳢与月鳢的亲缘关系最远，月鳢为这3种鳢科鱼类中最特化类群。本书观点与朱树人等（2015）采用 *COX1* 基因和16S基因序列分析乌鳢、斑鳢、月鳢与线鳢4种鳢属鱼类亲缘关系的结果一致。

2）鳢科鱼类的核型特征及系统演化地位

鱼类的演化程度与鱼本身细胞的染色体类型基本是一致的。日本学者小岛吉雄（1991）认为在鱼类系统演化上越是处于上位的种类，其染色体越收敛，端部着丝粒染色体越多，臂数越少。例如，石首鱼科种类染色体均为端部着丝粒，染色体臂数少，属于典型的高位类群（小岛吉雄，1991）。根据本次研究和已报道的鳢科鱼类的核型比较（表 7-41）可知，鳢科鱼类的染色体具有以下特点：①该科鱼类核型中 M 和 SM 染色体较少，染色体臂数较少，符合鲈形目的核型特征。②该科鱼类二倍体染色体数目有一定差别（2N=42～48），且核型变化呈现多态性。这些特征说明鳢科鱼类作为鲈形目的一大类群，在鱼类系统演化中处于高位，但该类群的染色体在进化中发生了较大的变化，表现出一定的不保守性。小岛吉雄指出，在特定的演化类群中二倍体为 48，且全部由端部或亚端部着丝粒染色体组成的核型是原始核型；舒琥等（2013）提出 2N=48T 为鲈形目最为原始的核型。结合前人（余先觉等，1989；朱树人等，2015；喻子牛等，1995；王金星等，1994；刘良国等，2013）的研究结果推测，鳢科鱼类应为鲈形目中较为特化的类群。

7.14 中华沙塘鳢的形态及染色体组型分析

沙塘鳢属 *Odontobutis* 鱼类又称沙乌鳢、蒲鱼、土布鱼、沙鳢、虎头鱼等，隶属于鲈形目虾虎鱼亚目塘鳢科（成庆泰和郑葆珊，1987；伍汉霖和钟俊生，2008）。在我国广泛分布于长江、珠江、钱塘江、闽江等水系。多生活于湖泊、河沟的静水区或近岸浅水区，是一类小型底栖肉食性鱼类，因其肌间刺少、肉质细嫩、味道鲜美而受到人们的青睐。

由于沙塘鳢属鱼类分布广泛，各水域群体间在形态、体色上存在差异，遗传背景复杂，因而关于其形态和核型的研究备受研究者的关注（朱元鼎和伍汉霖，1965；Iwata et al.，1985；陈炜和郑慈英，1985；伍汉霖等，1993，2002；乔德亮和洪磊，2007；张君等，2010）。洞庭湖水系属长江中游分支水系，笔者在对洞庭湖水系沅水和澧水的鱼类资源调查过程中，对该水域中华沙塘鳢 *Odontobutis sinensis* 的形态和核型进行了分析，旨在为沙塘鳢属鱼类的系统分类及亲缘遗传关系研究积累数据资料，同时也为沙塘鳢属鱼类资源的保护与开发利用提供指导意见。

7.14.1 材料与方法

实验鱼中华沙塘鳢分别采自洞庭湖水系沅水和澧水的下游，随机选取 100 尾（59 雌 41 雄）用于形态学测量，随机选取 8 尾（5 雌 3 雄）用于染色体核型分析。实验鱼体长 52～147mm，体重 6.93～68.84g。中华沙塘鳢运回后放入室内水族箱（控温 21～24℃）暂养 1 周后开始实验。

对每一尾中华沙塘鳢进行形态学可量性状和可数性状测量，可量性状包括体长、体高、头长、吻长、尾柄长、尾柄高、眼径，可数性状包括背鳍、臀鳍、胸鳍、腹鳍、纵列鳞、横列鳞。为了消除鱼体大小对可量形状的影响，将可量性状转变成比例性状。所有结果均采用 Microsoft Excel 2007 软件进行统计分析。

染色体标本的制备和组型分析方法同第 6 章 6.2 节。

7.14.2 结果

1）洞庭湖水系中华沙塘鳢的形态特征

观察发现，洞庭湖水系中华沙塘鳢的头部眼后方无感觉管孔，眼前下方横行感觉乳突线端部乳突排列呈团状。形态学测量结果表明，洞庭湖水系中华沙塘鳢的可数性状为：背鳍Ⅶ，Ⅰ-9（少数Ⅰ-9），臀鳍Ⅰ-7（少数Ⅰ-8），胸鳍 14～15，腹鳍Ⅰ-5，纵列鳞 35～43，横列鳞 14～18。可量比例性状为：体长是体高的（3.78±0.40）倍，是头长的（3.02±0.46）倍，是尾柄长的（5.13±0.50）倍；头长是吻长的（2.91±0.39）倍，是眼径的（6.03±0.90）倍；尾柄长是尾柄高的（1.63±0.21）倍。

2）洞庭湖水系中华沙塘鳢的染色体数目

统计 8 尾中华沙塘鳢共 100 个中期分裂象的结果（表 7-42）：染色体数在 40 及以下、42、43 和 47 及以上的均为 3 个细胞，染色体数为 41 的有 1 个细胞，为 44 的有 78 个细胞，为 45 的有 5 个细胞，为 46 的有 4 个细胞。染色体数目为 44 的占计数细胞总数的 78%，众数百分率高于 75% 的常规标准，因此确定洞庭湖水系中华沙塘鳢的标准染色体数 2N=44（图 6-46）。其他具非众数染色体的细胞，可能是制片过程中少数染色体丢失或另一分裂象的少数染色体加入的结果。在中华沙塘鳢的雌、雄个体之间未发现与性别有关的异形性染色体，也未发现带有特殊标志性特征如随体、次缢痕的染色体。

表 7-42　洞庭湖水系中华沙塘鳢染色体数目分布

总分裂象数	项目	染色体数目								染色体众数
		≤40	41	42	43	44	45	46	≥47	
100	细胞数	3	1	3	3	78	5	4	3	2N=44
	百分率/%	3	1	3	3	78	5	4	3	

3）洞庭湖水系中华沙塘鳢的染色体组型

根据染色体相对长度和臂比的测量结果（表 7-43），中华沙塘鳢全部染色体配成 22 对，按 Levan 等（1964）的染色体命名法，洞庭湖水系中华沙塘鳢的核型由 4 对亚端部着丝粒染色体和 18 对端部着丝粒染色体组成（图 6-46），核型公式为 2N=8ST+36T，染色体臂数（NF）=44。

表 7-43　洞庭湖水系中华沙塘鳢的核型数据

染色体编号	类型	相对长度/%	臂比	染色体编号	类型	相对长度/%	臂比
1	ST_1	4.87±0.41	3.82±0.18	12	T_8	4.86±0.28	∞
2	ST_2	4.85±0.39	4.23±0.07	13	T_9	4.80±0.30	∞
3	ST_3	4.68±0.15	4.57±0.02	14	T_{10}	4.64±0.15	∞
4	ST_4	4.53±0.35	6.33±0.12	15	T_{11}	4.55±0.32	∞
5	T_1	5.97±0.39	∞	16	T_{12}	4.22±0.21	∞
6	T_2	5.39±0.49	∞	17	T_{13}	4.03±0.34	∞
7	T_3	5.34±0.31	∞	18	T_{14}	3.86±0.23	∞
8	T_4	5.33±0.47	∞	19	T_{15}	3.55±0.34	∞
9	T_5	5.23±0.22	∞	20	T_{16}	3.51±0.51	∞
10	T_6	5.10±0.22	∞	21	T_{17}	3.23±0.33	∞
11	T_7	5.07±0.46	∞	22	T_{18}	2.43±0.33	∞

7.14.3　讨论

关于中国产沙塘鳢属鱼类的分类，一直以来存在不同的观点：最早有研究者认为在中国有河川沙塘鳢和暗色沙塘鳢 2 个种（朱元鼎和伍汉霖，1965）；后来也有人认为在中国只存在河川沙塘鳢（Iwata et al.，1985）或只存在暗色沙塘鳢（Fowler，1972；伍献文，1979）；随着海丰沙塘鳢（陈炜和郑慈英，1985）和鸭绿沙塘鳢（伍汉霖等，1993）的相继发现，至 2002 年，伍汉霖等根据沙塘鳢属鱼类的形态可数性状、头部眼后方感觉管孔的有无和感觉乳突的排列方式，将中国产沙塘鳢分为 2 类共 4 种：一类头部眼后方有感觉管孔，包括河川沙塘鳢、海丰沙塘鳢和鸭绿沙塘鳢 3 种；另一类头部眼后方无感觉管孔，包括中华沙塘鳢 1 种，该种类也就是中国产原先称为沙塘鳢或暗色沙塘鳢 *O. obscura* 的一新命名种，不同于日本产的暗色沙塘鳢 *O. obscura*。至此，中国产沙塘鳢属鱼类的分类似已明确。然而，乔德亮和洪磊（2007）通过对淮河水系沙塘鳢的形态学研究，对伍汉霖等（2002）的沙塘鳢属鱼类分类提出了异议，他们认为，单从头部眼后方不存在感觉管孔而言，淮河水系沙塘鳢与中华沙塘鳢应归为一类，但前者第一背鳍棘数为Ⅶ，而后者第一背鳍棘数则多为Ⅵ。故他们对淮河水系沙塘鳢的命名仍采用了成庆泰和郑葆珊(1987)的《中国鱼类系统检索》分类系统，即沙塘鳢 *O. obscura*。

本研究形态观测结果表明，洞庭湖水系中华沙塘鳢的头部眼后方均无感觉管孔，眼前下方横行感觉乳突线端部乳突排列呈团状，根据这些特征，并依照现阶段沙塘鳢属鱼类分类系统（伍汉霖和钟俊生，2008），我们将洞庭湖水系沙塘鳢命名为中华沙塘鳢 *O. sinensis*。然而，洞庭湖水系中华沙塘鳢的第一背鳍棘数（全为Ⅶ）与伍汉霖和钟俊生（2008）记述的中华沙塘鳢的第一背鳍棘数（多为Ⅵ，少数Ⅶ）明显不同，而又与淮河水系的沙塘鳢相同。在头部感觉乳突线端部乳突排列形式上，洞庭湖水系中华沙塘鳢与淮河水系沙塘鳢不同，前者排列呈团状，后者排列为线状（乔德亮和洪磊，2007）。综上所述，洞庭湖水系中华沙塘鳢和其他水系沙塘鳢属鱼类之间在形态上既有相似之处，又表现各自特征；对于头部眼后方无感觉管孔的沙塘鳢属鱼类，第一背鳍棘数、头部感觉乳突线端部乳突排列形式是否可作为对其进一步分类的依据，有待商榷。

染色体是遗传物质的主要载体。鱼类染色体核型分析对研究鱼类的遗传变异、分类、系统演化、性别决定、杂交育种等具有重要意义。本实验在对洞庭湖水系中华沙塘鳢的形态研究基础上，对其染色体核型也进行了研究。表 7-44 统计了已报道的沙塘鳢属鱼类染色体核型数据，从表 7-44 可见，洞庭湖水系中华沙塘鳢与其他水域沙塘鳢属鱼类的染色体数完全相同，但核型组成存在差异：张克俭（1989）报道的上海市郊淀山湖的沙塘鳢、费志清和陶荣庆（1987）报道的日本产暗色沙塘鳢和张君等（2010）报道的太湖河川沙塘鳢，其染色体核型均为 44T，NF=44；桂建芳等（1984）报道的武汉长江水域沙塘鳢的核型为 4SM+40T，NF=48；本实验报道的洞庭湖水系中华沙塘鳢的染色体核型为 8ST+36T，NF=44。造成洞庭湖水系中华沙塘鳢与其他水域沙塘鳢属鱼类核型差异的原因，可能与取材时间和实验方法有关，但更有可能是染色体本身多态性所致。同一鱼类物种的不同地理种群在染色体核型上的多态性，在其他鱼类如鲫（王蕊芳等，1988；Zhou and Gui，2002）、彭泽鲫（刘良国等，2004）、泥鳅（余先觉等，1989）等都有发现。与此类似，不同水域沙塘鳢属鱼类在染色体核型上的多态性，可能也反映了沙塘鳢这一鱼类物种在地理种群上的遗传分化。因此，笔者认为，对于沙塘鳢属鱼类的分类，单纯从形态学角度可能难以得出准确的结论，沙塘鳢属鱼类属下类群是否已分化成不同的种或是为同一物种的不同亚种或不同地理种群，还需要收集更多水域的沙塘鳢属鱼类材料，从生化和分子生物学角度以及它们之间是否存在生殖隔离等方面做进一步分析。

表 7-44　不同水域沙塘鳢属鱼类核型比较

物种名称	采集地	染色体数	染色体组型	NF	参考文献
沙塘鳢 *O. obscura*	中国上海淀山湖	44	44T	44	张克俭，1989
暗色沙塘鳢 *O. obscura*	日本	44	44T	44	费志清和陶荣庆，1987
河川沙塘鳢 *O. potamophila*	中国太湖	44	44T	44	张君等，2010
沙塘鳢 *O. obscura*	中国武汉长江	44	4SM+40T	48	桂建芳等，1984
中华沙塘鳢 *O. sinensis*	中国洞庭湖水系	44	8ST+36T	44	刘良国等，2013a

另外，鉴于沙塘鳢属鱼类在形态和染色体核型上的多态性，沙塘鳢属鱼类可以作为虾虎鱼或鲈形目鱼类系统分类、起源和进化研究的好材料。

参 考 文 献

卜跃先，谢初昀，刘鑫宇，等．2008．引进外来物种的环境风险评价初探——以美国斑点叉尾鮰为例．水生态学杂志，28（1）：82-84．

曹英华，廖伏初，伍远安．2012．湘江水生动物志．长沙：湖南科学技术出版社．

常重杰，杜启艳，卢龙斗．1995．鲌亚科三种鱼银染核型的比较研究．河南师范大学学报（自然科学版），23（4）：66-68．

常重杰，余其兴．1997．七种鲃亚科鱼 Ag-NORs 的比较研究．遗传，19（4）：22-25．

陈炜，郑慈英．1985．中国塘鳢科鱼类的三新种．暨南理医学报，1：73-80．

陈小华，李小平，程曦．2008．黄浦江和苏州河上游鱼类多样性组成的时空特征．生物多样性，16：191-196．

陈小勇．2013．云南鱼类名录．动物学研究，34（4）：281-343．

陈宜瑜．1980．中国平鳍鳅科鱼类系统分类的研究Ⅰ．腹吸鳅亚科鱼类的分类．水生生物学集刊，7（1）：95-119．

陈宜瑜．1998．中国动物志·硬骨鱼纲·鲤形目（中卷）．北京：科学出版社．

成庆泰，郑葆珊．1987．中国鱼类系统检索．北京：科学出版社．

褚新洛．1955．宜昌的鱼类及其在长江上下游的分布．水生生物学集刊，2：81-84．

褚新洛，郑葆珊，戴定远，等．1999．中国动物志·硬骨鱼纲·鲇形目．北京：科学出版社．

崔蕾，谢从新，李艳和，等．2012．斑点叉尾鮰4个群体遗传多样性的微卫星分析．华中农业大学学报，31（6）：744-751．

崔郁敏，李贵生，梁旭方．2007．斑鳢血细胞初步研究．四川动物，26（1）：122-123．

戴凤田，苏锦祥．1998．鲿科八种鱼类同工酶和骨骼特征分析及系统演化的探讨（鲇形目：鲿科）．动物分类学报，23（4）：432-439．

戴伟，苏时萍．2003．中国海区与日本海区皱纹盘鲍染色体核型的比较研究．天津农学院学报，10（3）：40-43．

邓玲慧，邹纤，覃林，等．2016．洞庭湖水系三种鲌亚科鱼的染色体核型分析．湖南文理学院学报（自然科学版），28（4）：69-73．

邓学建，叶贻云．1993．湖南鱼类新记录两种．湖南师范大学自然科学学报，16（4）：355-357．

邓学建，叶贻云，王斌．1996．四川吻虾虎鱼的新分布．当代水产，20（10）：26．

邓中粦，蔡明艳，陈景星．1992．五强溪水利工程对沅江鱼类资源的影响．淡水渔业，4：12-16．

窦鸿身，姜家虎．2000．洞庭湖．合肥：中国科学技术大学出版社．

杜华．2014．鸭绿江水系鳘的个体繁殖力．水产学杂志，27（6）：30-33．

费志清，陶荣庆．1987．鰕虎鱼亚目四种鱼的染色体组型的初步研究．浙江水产学院学报，6（2）：127-131．

冯浩，刘少军，张轩杰，等．2001．红鲫（♀）×湘江野鲤（♂）的 F_2 和 F_3 代染色体研究．中国水产科学，8（2）：1-4．

傅永进．1996．彭泽鲫的生物学性状及养殖技术．淡水渔业，26（2）：25-26．

高文．2005．鱼类染色体研究进展．宁德师范学院学报（自然科学版），17（1）：15-18．

葛伟，蒋一珪．1989．鱼类的天然雌核发育．水生生物学报，13（3）：274-286．

顾若波，徐钢春，闻海波，等．2008．花鱊鱼染色体组型分析及细胞核 DNA 含量的测定．广东海洋大学学报，28（1）：12-14．

桂建芳，李渝成．1986．鱼类学论文集（第五辑）．北京：科学出版社．

桂建芳，李渝成，李康，等．1984．鰕虎鱼亚目三种鱼染色体组型的比较研究．动物学研究，增刊：67-69．

郭永丽，黄家明，郭慧，等．2009．新丰江水库鳘的肌肉营养成分分析．广东农业科学，（3）：131-132．

韩庆，秦杰，席在星．2009．洞庭湖土鲶染色体核型分析．水产科学，28（8）：462-464．

韩荣成, 岳永生, 姜中伸. 2003. 鱼类染色体核型分析方法概述. 水生态学杂志, 23（5）: 38-40.

贺顺连, 张继平, 许明金. 2000. 湖南鱼类新纪录及鱼类区系特征. 湖南农业大学学报（自然科学版）, 26（5）: 379-382.

洪云汉, 李渝成, 李康, 等. 1984. 中国鲤科鱼类染色体组型的研究Ⅳ. 鮈亚科11种鱼的核型比较分析及其系统关系的探讨. 动物学报, 30（4）: 343-351.

洪云汉, 周暾. 1983. 两种鲶鱼的染色体组型研究. 武汉大学学报, 3: 106-108.

洪云汉, 周暾. 1984. 鮠科九种鱼的核型研究. 动物学研究, 5（3）: 21-28.

胡军华, 胡慧建, 何木盈, 等. 2006. 西洞庭湖鱼类物种多样性及其时空变化. 长江流域资源与环境, 15（4）: 434-438.

胡茂林, 吴志强, 刘引兰. 2011. 鄱阳湖湖口水域鱼类群落结构及种类多样性. 湖泊科学, 23（2）: 246-250.

湖北省水生生物研究所鱼类研究室. 1976. 长江鱼类. 北京: 科学出版社.

湖南省水产科学研究所. 1980. 湖南鱼类志. 长沙: 湖南科学技术出版社.

黄宏金, 张卫. 1986. 长江鱼类三新种. 水生生物学报, 10（1）: 99.

戢福云, 刘江东, 易梅生, 等. 2002. 应用PRINS技术定位黄鳝Hox基因的功能. 遗传学报, 29（7）: 612-615.

贾艳菊, 陈毅峰. 2008. 不同水体营养状态对鳘和鳜鲚白鱼生长性能的影响. 水生生物学报, 32（3）: 333-338.

蒋进, 李明云, 吴尔苗. 2009. 光唇鱼染色体核型分析. 淡水渔业, 39（3）: 77-79.

蒋一珪, 梁绍昌, 陈本德, 等. 1983. 异源精子在银鲫雌核发育子代中的生物学效应. 水生生物学报, 8（1）: 1-13.

康祖杰, 杨道德, 邓学建, 等. 2010. 湖南壶瓶山国家级自然保护区山溪鱼类多样性调查与分析. 动物学杂志, 45（5）: 79-85.

康祖杰, 杨道德, 邓学建. 2008. 湖南鱼类新纪录2种. 四川动物, 27（6）: 1149-1150.

康祖杰, 杨道德, 黄建, 等. 2015. 湖南鱼类新纪录——灰裂腹鱼. 四川动物, 34（3）: 434.

乐佩琦, 单乡红, 张鹗, 等. 2000. 中国动物志·硬骨鱼纲·鲤形目（下卷）. 北京: 科学出版社.

李宝林, 王玉亭. 1995. 达赍湖的鳘条鱼生物学. 水产学杂志, 8（2）: 46-49.

李捷, 李新辉, 谭细畅, 等. 2008. 广东肇庆西江珍稀鱼类省级自然保护区鱼类多样性. 湖泊科学, 20（1）: 93-99.

李均祥. 2008. 花䱻染色体核型研究. 安徽农业科学, 36（31）: 13658-13659.

李康, 李渝成, 周密, 等. 1984. 中国鲤科鱼类染色体组型的研究Ⅴ. 鮈亚科10种鱼的染色体组型的研究. 武汉大学学报（自然科学版）, 30（3）: 113-122.

李康, 李渝成, 周暾. 1985. 乌鳢, 月鳢和斑鳢的染色体组型和C带带型的研究. 遗传学报, 12（6）: 470-477.

李敏, 杨晓芬, 刘燕. 2009. 翘嘴鲌的核型研究. 山地农业生物学报, 28（2）: 182-184.

李强, 蓝昭军, 李伟靖, 等. 2008. 广东北江鲮个体生殖力研究. 广州大学学报（自然科学版）, 7（4）: 38-41.

李强, 赵俊, 钟良明, 等. 2009. 北江鲮生长研究. 广州大学学报（自然科学版）, 8（4）: 55-59.

李树深. 1981. 鱼类细胞分类学. 生物科学动态, （2）: 8-15.

李树深, 王蕊芳, 刘光佐, 等. 1983. 八种淡水真骨鱼类的核型研究. 遗传学报, 5（4）: 25-28.

李渝成. 1982. 黄鳝的染色体组型研究. 武汉大学学报, （1）: 55-58.

李渝成, 李康, 蒋建桥, 等. 1986. 中国鲤科鱼类染色体型的研究Ⅹ. 鲃亚科五种鱼和鮈亚科四鱼的染色体组型. 动物学研究, 7（2）: 183-189.

李渝成, 李康, 周暾. 1983. 中国鲤科鱼类染色体组型的研究. 遗传学报, 10（3）: 216-222.

梁启燊, 刘素丽. 1966. 湖南省的鱼类区系. 湖南师范学院学报（自然科学版）, （5）: 85-112.

廖伏初, 何望, 黄向荣, 等. 2002. 洞庭湖渔业资源现状及其变化. 水生生物学报, 26（6）: 623-627.

林曙. 2006. 洞庭青鲫和白鲫生长特性研究. 长沙: 湖南农业大学硕士学位论文.

林益平. 1994. 湖南色类资源变动趋势与增殖保护途径探讨. 当代水产, （7）: 4-6.

林植华, 雷焕宗. 2004. 雌雄两性黄颡鱼头部形态特征的增长. 丽水师范专科学校学报, 26（2）: 39-41.

凌均秀. 1982. 八种鱼的染色体组型的研究. 武汉大学学报（自然科学版）, （2）: 109-112.

凌玉标, 陈印辉, 彭敏. 2005. 澧水流域防洪规划及防洪工程体系建设. 湖南水利水电, 5: 39-41.

刘海韵, 周勤洁, 雷靖靖, 等. 2008. 不同地区斑点叉尾鮰种内遗传多样性分析. 氨基酸和生物资源, 30（4）: 1-6.

刘良国, 王文彬, 曾伯平, 等. 2005. 三种体色黄鳝的 RAPD 分析. 水产科学, 24（1）: 22-25.

刘良国, 杨春英, 杨品红, 等. 2012. 洞庭湖水系沅水和澧水野鲫的染色体组型及资源保护. 动物学杂志, 47（2）: 112-119.

刘良国, 杨春英, 杨品红, 等. 2013a. 洞庭湖水系中华沙塘鳢的形态和核型研究. 四川动物, 32（2）: 176-179.

刘良国, 杨春英, 杨品红, 等. 2013b. 湖南境内沅水鱼类资源现状与多样性分析. 海洋与湖沼, 44（1）: 148-158.

刘良国, 杨品红, 杨春英, 等. 2013c. 湖南境内澧水鱼类资源现状与多样性研究. 长江流域资源与环境, 22（9）: 1165-1170.

刘良国, 赵俊, 陈湘粦, 等. 2004a. 彭泽鲫两个雌核发育克隆的染色体组型分析. 遗传学报, 31（8）: 780-786.

刘良国, 赵俊, 崔淼. 2004b. 尖鳍鲤的染色体组型分析. 华南师范大学学报（自然科学版）, 1: 108-111.

刘良国, 邹万生, 杨春英, 等. 2011. 洞庭湖水系黄颡鱼的形态差异及染色体组型. 安徽农业科学, 39（29）: 17939-17941.

刘凌云. 1983. 黄鳝染色体 G-带带型的研究. 遗传学报, 10（3）: 230-234.

刘绍平, 段辛斌, 陈大庆, 等. 2005. 长江中游渔业资源现状研究. 水生生物学报, 29: 708-711.

刘苏, 朱新平, 陈昆慈, 等. 2011. 斑鳢、乌鳢及其杂交种形态差异分析. 华中农业大学学报（自然科学版）, 30（4）: 488-493.

刘文彬, 张轩杰. 2003. 黄颡鱼的卵巢发育和周年变化. 湖南师范大学自然科学学报, 26（2）: 73-78.

刘永建, 周学军, 谢淑容, 等. 2006. 湖南境内沅水流域地质灾害形成因素分析. 云南地理环境研究, 18（6）: 16-19.

刘哲同, 刘良国. 2017. 沅水五强溪水库斑点叉尾鮰的染色体组型分析. 安徽农业科学, 45（6）: 99-100, 132.

楼允东. 1997. 中国鱼类染色体组型研究的进展. 水产学报, 21（增刊）: 82-96.

楼允东, 李小勤. 2006. 中国鱼类远缘杂交研究及其在水产养殖上的应用. 中国水产科学, 13（1）: 151-158.

罗玉双, 夏维福, 刘良国, 等. 2001. 黄颡鱼人工繁殖及鱼苗培育实验. 水产科学, 20（6）: 15-17.

麻韶霖. 2012. 华中斑点叉尾鮰产业发展走势分析. 当代水产, （1）: 42-44.

马俊霞, 郭慧, 黄家明, 等. 2008. 新丰江水库鳌染色体核型分析. 广东农业科学, （11）: 92-93.

马昆, 施立明. 1987. 黄鳝减数分裂和联会复合体组型分析. 动物学研究, 8（2）: 159-163.

孟庆闻, 廖学祖, 俞泰济, 等. 1989. 鱼类学（形态, 分类）. 上海: 上海科学技术出版社.

孟庆闻, 苏锦祥, 缪学祖. 1995. 鱼类分类学. 北京: 中国农业出版社.

米小其, 邓学建, 周毅, 等. 2007. 湖南鱼类新记录 4 种. 生命科学研究, 11（2）: 123-125.

彭平波, 刘松林, 胡慧建, 等. 2008. 洞庭湖渔业资源动态监测与研究. 湿地科学与管理, 4（4）: 17-20.

彭作刚, 何舜平, 张耀光. 2002. 细胞色素 b 基因序列变异与东亚鳢科鱼类系统发育. 自然科学进展, 12（6）: 596-600.

乔德亮, 洪磊. 2007. 淮河水系沙塘鳢形态特征和分类地位初步研究. 淡水渔业, 37（2）: 20-23.

秦伟, 倪建国, 张学斌, 等. 2004. 乌鳢及鳢科鱼类染色体组型的比较研究. 水生态学杂志, 24（5）: 14-16.

秦伟夫, 蒋俊和. 2010. 乌鳢复原汤促进术后大鼠切口愈合的实验研究. 中国中医药现代远程教育, 8（10）: 189-190.

庆宁, 吕凤义, 赵俊, 等. 2007. 华南沿海地区西部入海水系中间黄颡鱼的形态变异及地理分化. 动物学研究, 28（2）: 207-212.

任修海, 崔建勋, 余其兴. 1996. 中国鲤科鱼类染色体核仁组织区研究. 武汉大学学报（自然科学版）, 42（4）: 475-480.

茹辉军, 刘学勤, 黄向荣, 等. 2008. 大型通江湖泊洞庭湖的鱼类物种多样性及其时空变化. 湖泊科学, 20（1）: 93-99.

茹辉军, 王海军, 赵伟华, 等. 2010. 黄河干流鱼类群落特征及其历史变化. 生物多样性, 18（2）: 179-186.

阮国良, 杨代勤, 严安生. 2008. 不同温度对月鳢主要消化酶活性的影响. 长江大学学报: 自然科学版农学卷, 5（4）: 48-51.

单仕新, 蒋一珪. 1988. 银鲫染色体组型研究. 水生生物学报, 12（4）: 381-384.

沈俊宝, 王国瑞, 范兆廷. 1983a. 黑龙江主要水域鲫鱼倍性及其地理分布. 水产学报, 7（2）: 87-94.

沈俊宝，范兆庭，王国瑞. 1983b. 黑龙江一种银鲫（方正银鲫）群体三倍体雄鱼的核型研究. 遗传学报，10（2）：133-136.

沈俊宝，范兆廷，王国瑞. 1983c. 黄颡鱼的核型研究. 遗传，5（2）：23-24.

舒琥，陈湘粦. 1998. 异精激发彭泽鲫雌核发育后代染色体组型的研究. 华南师范大学学报，（2）：37-40.

舒琥，黄萃莹，刘丽，等. 2013. 6种鲴科经济鱼类的染色体组型研究. 海洋与湖沼，44（5）：1372-1377.

宋平，潘云峰，向筑，等. 2001. 黄颡鱼RAPD标记及其遗传多样性的初步分析. 武汉大学学报（理学版），47（2）：233-237.

唐家汉. 1980. 中国鮈亚科两新种. 动物分类学报，5（4）：436-439.

唐家汉，钱名全. 1979. 洞庭湖的鱼类区系. 淡水渔业，（Z1）：24-32.

童芳芳，汤明亮，杨星，等. 2005. 用RAPD和SCAR复合分子标记对黄颡鱼属进行种质鉴定. 水生生物学报，29（4）：465-468.

王金星，赵小凡，王相民，等. 1994. 鲱形目和鲈形目七种鱼的核型分析. 动物学研究，15（2）：76-79.

王蕊芳，施立明，贺维顺. 1988. 不同地理区域鲫鱼染色体银染核仁组织者的比较研究. 动物学研究，9（2）：165-170.

王腾. 2012. 洱海外来种鳘的年龄、生长和繁殖生物学. 武汉：华中农业大学硕士学位论文.

王秀玲. 1994. 哈密产黄鳝的染色体组型分析. 水产学报，（2）：157-159.

王雪，沈俊宝. 1989. 黑龙江水系鱼类染色体组型研究. 遗传，11（3）：23-25.

文永彬，史怡雪，刘良国，等. 2013. 洞庭湖水系3种鲶科鱼的染色体核型分析. 江苏农业科学，41（12）：235-238.

邬国民，胡红，朱新平，等. 1989. 斑鳢和月鳢的染色体组型. 淡水渔业，（3）：24-26.

邬国民，马进，胡红，等. 1994. 二种引进鳢科鱼类的染色体组型. 淡水渔业，24（4）：3-5.

吴含含. 2008. 五强溪水库水生生物资源调查. 长沙：湖南农业大学硕士学位论文.

吴健，邓学建. 2007. 柘溪水库及其周边地区鱼类资源现状的研究. 湖南师范大学自然科学学报，30（3）：116-119.

吴金明，赵海涛，苗志国，等. 2010. 赤水河鱼类资源的现状与保护. 生物多样性，18（2）：168-178.

吴倩倩，石胜超，任锐君，等. 2015. 湖南鱼类新纪录一种——湖北圆吻鲴. 四川动物，34（6）：888.

吴珊，吴维新. 2006. 洞庭青鲫形态性状遗传分析. 激光生物学报，15（1）：90-93.

吴伟雄，庄豪，陈宏溪. 1986. 5种鱼染色体组型的研究. 中山大学学报（自然科学版），（2）：107-113.

吴政安，杨慧一. 1980. 鱼类细胞遗传学的研究. 遗传学报，7（4）：370-374.

伍汉霖，陈义雄，庄棣华. 2002. 中国沙塘鳢属（*Odontobutis*）（鲈形目：塘鳢科）鱼类之一新种. 上海水产大学学报，11（1）：7-13.

伍汉霖，吴小清，解玉浩. 1993. 中国沙塘鳢属鱼类的整理和一新种的叙述. 上海水产大学学报，2（1）：52-61.

伍汉霖，钟俊生. 2008. 中国动物志·硬骨鱼纲·鲈形目·（五）虾虎鱼亚目. 北京：科学出版社.

伍献文. 1979. 中国经济动物志（淡水鱼类）. 2版. 北京：科学出版社.

向鹏，刘良国，王冬，等. 2016. 湖南沅水五强溪水库鱼类资源现状及其历史变化. 湖泊科学，28（2）：379-386.

肖立军，颜德明. 2008. 湘资沅澧"四水"资源综合管理和开发利用的思考与建议. 水利规划与设计，1：2-6.

小岛吉雄. 1991. 鱼类细胞遗传学. 林义浩译. 广州：广东科学技术出版社.

谢恩义，谢商伟. 1999. 潕水河下游鱼类资源调查报告. 湖南师范大学教育科学学报，17（5）：184-188.

徐亮，王海军，欧阳珊，等. 2007. 花鳅染色体的组型分析. 江西科学，25（2）：156-157，189.

晏华，袁兴中，刘文萍，等. 2006. 城市化对蝴蝶多样性的影响：以重庆市为例. 生物多样性，14（3）：216-222.

闫学春，孙效文，梁利群，等. 2000. 利用流式细胞仪鉴别转基因鲤鲫杂交回交子代的倍性. 水产学杂志，13（1）：24-29.

杨彩根，宋学宏，王志林，等. 2003. 澄湖黄颡鱼生物学特性及其资源增殖保护技术初探. 水生态学杂志，23（5）：27-28.

杨春英，贺一原，郭沐林，等. 2011. 洞庭湖水系沅水和澧水两种黄颡鱼的形态及染色体组型研究. 湖南文理学院学报（自然科学版），23（4）：57-61.

杨春英，刘良国，王文彬，等. 2016a. 洞庭湖水系鳘的形态及染色体组型研究. 四川农业大学学报，34（1）：102-105.

杨春英，刘良国，杨品红，等. 2012. 湖南省鱼类3新纪录. 四川动物，31（6）：959-960.

杨春英，刘良国，杨品红，等. 2014. 吉首光唇鱼形态特征和染色体核型分析. 淡水渔业，44（2）：9-13.

杨春英, 刘良国, 杨品红, 等. 2016b. 洞庭湖水系 3 种鳊科鱼类的染色体组型分析. 四川农业大学学报, 34（4）: 493-498.

杨干荣. 1987. 湖北鱼类志. 武汉: 湖北科学技术出版社.

杨干荣, 袁凤霞, 廖荣谋, 等. 1986. 中国鳅科鱼类一新种. 华中农业大学学报, 5（1）: 219-223.

杨坤, 王子健, 祝东梅, 等. 2012. 麦穗鱼的组型分析和 DNA 含量测定. 华中农业大学学报, 31（7）: 371-375.

杨林, 桂建芳. 2002. 银鲫生殖方式多样性的转铁蛋白和同工酶标记的遗传分析. 实验生物学报, 35（4）: 263-269.

杨品红. 2011. 中国鲤亚科鲫属鱼类一新亚种记述. 安徽农业科学, 39（8）: 4747-4748.

杨品红, 黄晶桂, 杨福忠, 等. 2005a. 洞庭青鲫苗种培育技术研究. 渔业现代化,（5）: 24-26.

杨品红, 吴维新, 王晓艳, 等. 2005b. 洞庭青鲫的生物学特性. 当代水产,（3）: 32-33.

杨品红, 吴维新, 张小立, 等. 2005c. 洞庭青鲫的成鱼养殖技术. 当代水产, 30（7）: 32-33.

杨品红, 谢春华, 王晓艳, 等. 2006a. 洞庭青鲫（*Carassius auratus* var. *dongtingking*）不同组织中乳酸脱氢酶同工酶的比较研究. 现代渔业信息, 21（10）: 3-5.

杨品红, 杨凡, 王晓艳, 等. 2006b. 洞庭青鲫和洞庭青鲫（♀）×兴国红鲤（♂）杂交 F_1 代的 RAPD 分析. 湖南文理学院学报（自然科学版）, 18（3）: 42-45.

杨睿姣, 李冰霞, 冯浩, 等. 2003. 彭泽鲫染色体数目及倍性的细胞遗传学分析. 动物学报, 49（1）: 104-109.

杨兴棋, 陈敏容, 俞小牧, 等. 1992. 江西彭泽鲫生殖方式的初步研究. 水生生物学报, 16（3）: 277-280.

姚景龙, 严云志, 高勇, 等. 2007. 扁头鮡地理种群形态变异的研究兼论大鳍鮡的物种有效性. 动物分类学报, 32（4）: 814-821.

叶富良, 张健东. 2002. 鱼类生态学. 广州: 广东高等教育出版社.

余凤玲. 2005. 革胡子鲇染色体标本制备及核型分析. 内蒙古科技与经济,（6）: 99-100.

余先觉, 周暾, 李渝成, 等. 1989. 中国淡水鱼类染色体. 北京: 科学出版社.

俞豪祥, 徐皓, 关宏伟. 1992. 天然雌核发育贵州普安鲫（A 型）染色体组型的初步研究. 水生生物学报, 16（1）: 87-89.

俞豪祥, 张海明, 林连英. 1987. 广东雌核发育鲫鱼的生物学及其养殖实验的初步研究. 水生生物学报, 11（3）: 287-288.

喻子牛, 孔晓瑜, 谢宗墉. 1995. 山东近海 21 种经济鱼类的核型研究. 中国水产科学, 2（2）: 1-6.

袁凤霞, 廖荣谋, 彭世才. 1985. 湖南鱼类的新纪录. 湖南水产,（6）: 37-38.

袁乐洋. 2005. 中国光唇鱼属鱼类的分类整理. 南昌: 南昌大学硕士学位论文.

昝瑞光, 宋峥, 刘万国. 1984. 七种鲃亚科鱼类的染色体组型研究, 兼论鱼类多倍体的判定问题. 动物学研究, 5（1）: 82-88.

昝瑞光. 1982. 滇池两种类型鲫鱼的性染色体和 C-带核型研究. 遗传学报, 9（1）: 32-39.

昝瑞光, 宋峥. 1980. 鲤、鲫、鲢、鳙染色体组型的分析比较. 遗传学报, 7（1）: 72-77.

曾国权, 吕耀平, 黄佩佩, 等. 2012. 餐条、大眼华鳊含肉率和肌肉营养成分分析. 温州大学学报（自然科学版）, 33（5）: 1-7.

张繁荣, 雷刚. 2000. 几种不同体色黄鳝的酯酶同工酶分析. 江汉大学学报, 17（6）: 8-11.

张辉, 董new红, 叶玉珍, 等. 1998. 三个三倍体鲫鱼品系及野鲫 mtDNA 的比较研究. 遗传学报, 25（4）: 330-336.

张觉民, 何志辉. 1991. 内陆水域渔业自然资源调查手册. 北京: 农业出版社.

张君, 汤俊, 沈颂东, 等. 2010. 河川沙塘鳢染色体核型研究. 江苏农业科学, 2: 253-256.

张克俭, 高健, 张景龙, 等. 1995. 杂交鲫（白鲫♀×散鳞镜鲤♂）及其双亲染色体组型的研究. 水产学报, 19（4）: 305-309.

张克俭. 1989. 长体鳜、黑鳍鳈及塘鳢的染色体组型研究. 水产学报, 13（1）: 52-57.

张芹, 宋威, 惠筠, 等. 2009. 斑点叉尾鮰染色体组型的研究. 河南水产,（1）: 35-36.

张伟明, 吴萍, 吴康, 等. 2003. 两种鱼类染色体制片方法的比较研究. 水生态学杂志, 23（5）: 9-10.

张宪中, 胡海彦, 曹晓东, 等. 2010. 五里湖鱼类资源群落结构及生物多样性的时空分析. 大连海洋大学学报, 25（4）: 314-319.

张燕, 张鹗, 何舜平. 2003. 中国鳋科鱼类线粒体 DNA 控制区结构及其系统发育分析. 水生生物学报, 27（5）:

463-467.

张耀光, 王德寿. 1996. 短尾拟鲿分类地位的探讨. 水生生物学报, 20（4）：379-382.

赵春霞, 唐德江, 张旭. 2008. 兴凯湖翘嘴红鲌染色体组型分析初报. 黑龙江八一农垦大学学报, 20（5）：48-50.

赵俊, 陈湘粦, 李文卫. 1997. 光唇鱼属鱼类一新种. 动物学研究, 18（3）：243-246.

中国水产科学研究院珠江水产研究所. 1991. 广东淡水鱼类志. 广州：广东科学技术出版社.

周国平. 2005. 中国斑点叉尾鮰产业的现状和展望. 渔业科技产业, （2）：20-21.

朱树人, 孟庆磊, 孙玉旋, 等. 2015. 基于线粒体 16S rRNA 基因序列的鳠属鱼类系统进化探讨. 长江大学学报
（自然版）, 12（27）：25-29.

朱松泉. 1995. 中国淡水鱼类检索. 南京：江苏科学技术出版社.

朱元鼎, 伍汉霖. 1965. 中国鰕虎鱼类动物地理学的初步研究. 海洋与湖沼, 7（2）：122-140.

庄吉珊, 刘凌云. 1982. 乌鳢的染色体组型分析. 北京师范大学学报（自然科学版）, （3）：81-83.

邹桂伟, 潘光碧, 梁拥军, 等. 1997. 大口鲶染色体组型和 DNA 含量的研究. 中国水产科学, 4（5）：96-99.

Anuradha B. 2003. Diversity and composition of freshwater fishes in river systems of Central Western Ghats, India. Environmental Biology of Fishes, 68: 25-38.

Bin K, Daming H, Lisa P, et al. 2009. Fish and fisheries in the Upper Mekong: current assessment of the fish community, threats and conservation. Rev Fish Biol Fisheries, 19: 465-480.

Chen DQ, Xiong F, Wang K, et al. 2009. Status of research on Yangtze fish biology and fisheries. Environ Biol Fish, 85: 337-357.

Chu YT. 1931. Index Piscium Sinensium. New York: Boil Bull St John's Univ.

Drastik V, Kubecka J, Tuser M, et al. 2008. The effect of hydropower on fish stocks: comparison between cascade and non-cascade reservoirs. Hydrobiologia, 609: 25-36.

Eschmeyer WN. 2014. Catalog of Fishes: Genera, Species, References// http://researcharchive. calacademy. org/research/Ichthyology/catalog/fishcatmain. Asp [2017-10-12].

Fan LC, Yang ST, Gui JF. 2001. Differential screening and characterization analysis of the egg envelope glycoprotein ZP3 cDNAs between gynogenetic and gonochoristic crucian carp. Cell Res, 11(1): 17-27.

Fowler HW. 1972. A Synopsis of the Fishes of China. Lochen: Suborder Gobiina.

Iwata A, Jeon SR, Mizuno N. 1985. A revision of the eleotrid toby genus *Odontobutis* in Japan, Korea and China. Japan J Ichthyl, 31(4): 373-388.

Kang ZJ, ChenYX, He DK. 2016. *Pareuchiloglanis hupingshanensis*, a new species of the glyptosternine catfish (Siluriformes: Sisoridae) from the middle Yangtze River, China. Zootaxa, 4083(1): 109-125.

Kansal ML, Arora S. 2012. Biodiversity and present status of freshwater fishes in Lohit river basin of India. Environmentalist, 32: 58-69.

Kreyenberg M. 1911. Eine neue Cobitinen-Gattung aus China. Zool Anz, 38: 417-419.

Levan A, Tred K, Sandberg AA. 1964. Nomenclature for centromeric position on chromosomes. Hereditas, 52(2): 201-220.

Manna GK, Prasad R. 1974. Cytological evidence for two forms of *Mystus vittatus* (Block) as two species. Nucleus, 17: 4-8.

Maolin H, Zhiqiang W, Yinlan L. 2009. The fish fauna of mountain streams in the Guanshan National Nature Reserve, Jiangxi, China. Environ Biol Fish, 86: 23-27.

Merona B, Vigouroux R, Tejerina-Garro FL. 2005. Alteration of fish diversity downstream from Petit-Saut Dam in French Guiana. Implication of ecological strategies of fish species. Hydrobiologia, 551: 33-47.

Nichols JT. 1928. Chinese fresh-water fishes in American Museum of Natural History's collections. Bull Am Mus Nar Hist, 58(1): 1-62.

Ojima YS. 1970. A blood culture method for fish chromosomes . Jap Jour Genet, 45(2):161-162.

Ueno K. 1974. Chromosome polymorphism and variant of isozymes in geographical population of *Pseudobagrus aurantiacus*, Bagridae. Japan J Jchthyl, 21(3): 158-164.

Wu HW. 1930. Notes on some fishes collected by the Biological Laboratory. Cont Biol Lab Sic Soc China, 6(5): 45-57.

Zhou L, Gui JF. 2002. Karytypic diversity in polyploid gibel carp, *Carassius auratus gobelio* Bloch. Genetica, 115: 223-232.

Zhou L, Wang Y, Gui JF. 2000. Genetic evidence for gonochoritic reproduction in gynogenetic silver crucian carp (*Carassius auratus gobelio* Bloch) as revealed by RAPD assays. J Mol Evol, 51: 498-506.

Zhou L, Wang Y, Gui JF. 2001. Molecular analysis of silver crucian carp (*Carassius auratus gobelio* Bloch)clones by SCAR markers. Aquaculture, 201: 219-228.

附　　录

沅水、澧水和资江现有鱼类物种名录

种名	分布区域		
	沅水	澧水	资江
鲟形目 ACIPENSERIFORMES			
鲟科 Acipenseridae			
1. 中华鲟 *Acipenser sinensis*	+	+	+
匙吻鲟科 Polyodontidae			
2. 匙吻鲟 *Polyodon spathula* *	+		
鲑形目 SALMONIFORMES			
银鱼科 Salangidae			
3. 短吻间银鱼（长江银鱼）*Hemisalanx brachyrostralis*	+		
4. 太湖新银鱼 *Neosalanx taihuensis* *	+	+	
鲱形目 CLUPEIFORMES			
鳀科 Engraulidae			
5. 短颌鲚 *Coilia brachygnathus*	+	+	+
鲤形目 CYPRINIFORMES			
鲤科 Cyprinidae			
雅罗鱼亚科 Leuciscinae			
6. 草鱼 *Ctenopharyngodon idellus*	+	+	+
7. 青鱼 *Mylopharyngodon piceus*	+	+	+
8. 赤眼鳟 *Squaliobarbus curriculus*	+	+	+
9. 鳡 *Elopichthys bambusa*	+	+	+
10. 丁鱥 *Tinca tinca* *	+		
鲌亚科 Cultrinae			
11. 鳘 *Hemiculter leucisculus*	+	+	+
12. 贝氏鳘 *H. bleekeri*	+	+	+

续表

种名	分布区域		
	沅水	澧水	资江
13. 张氏鳘 *H. tchangi*	+	+	+
14. 飘鱼 *Pseudolaubuca sinensis*	+	+	+
15. 南方拟鳘 *Pseudohemiculter dispar*	+	+	
16. 红鳍原鲌 *Cultrichthys erythropterus*	+	+	
17. 伍氏华鳊 *Sinibrama wui*	+	+	
18. 鳊 *Parabramis pekinensis*	+	+	
19. 团头鲂 *Megalobrama amblycephala*	+	+	+
20. 翘嘴鲌 *Culter alburnus*	+	+	+
21. 达氏鲌 *C. dabryi dabryi*	+	+	+
22. 蒙古鲌 *C. mongolicus mongolicus*	+	+	+
23. 拟尖头鲌 *C. oxycephaloides*	+	+	+
24. 似鲚 *Toxabramis swinhonis*	+		
鲴亚科 Xenocyprinae			
25. 细鳞鲴 *Xenocypris microlepis*	+	+	+
26. 黄尾鲴 *X. davidi*	+	+	
27. 银鲴 *X. argentea*	+	+	+
28. 似鳊 *Pseudobrama simoni*	+	+	
鲢亚科 Hypophthalmichthyinae			
29. 鳙 *Aristichthys nobilis*	+	+	+
30. 鲢 *Hypophthalmichthys molitrix*	+	+	+
鮈亚科 Gobioninae			
31. 花䱻 *Hemibarbus maculatus*	+	+	+
32. 唇䱻 *H. labeo*		+	
33. 华鳈 *Sarcocheilichthys sinensis sinensis*	+	+	+
34. 江西鳈 *S. kiangsiensis*	+	+	
35. 黑鳍鳈 *S. nigripinnis*	+	+	+
36. 麦穗鱼 *Pseudorasbora parva*	+	+	+
37. 棒花鱼 *Abbottina rivularis*	+	+	
38. 洞庭小鳔鮈 *Microphysogobio tungtingensis*	+	+	
39. 铜鱼 *Coreius heterodon*	+	+	
40. 蛇鮈 *Saurogobio dabryi*	+	+	+
41. 银鮈 *Squalidus argentatus*	+	+	+

续表

种名	分布区域		
	沅水	澧水	资江
42. 吻鮈 *Rhinogobio typus*		+	
43. 似刺鳊鮈 *Paracanthobrama guichenoti*	+		
鱊亚科 Acheilognathinae			
44. 高体鳑鲏 *Rhodeus ocellatus*	+	+	+
45. 彩石鳑鲏 *R. lighti*	+		+
46. 大鳍鱊 *Acheilognathus macropterus*	+	+	+
47. 多鳞鱊 *A. polylepis*	+	+	+
48. 越南鱊 *A. tonkinensis*	+	+	+
49. 寡鳞鱊 *A. hypselonotus*	+		
50. 短须鱊 *A. barbatulus*	+	+	
51. 无须鱊 *A. gracilis*		+	
52. 广西副鱊 *Paracheilognathus meridianus*	+		
鲃亚科 Barbinae			
53. 光倒刺鲃 *Spinibarbus hollandi*	+		
54. 中华倒刺鲃 *S. sinensis*	+		
55. 带半刺光唇鱼 *Acrossocheilus hemispinus cinctus*	+	+	+
56. 吉首光唇鱼 *A. jishouensis*	+		+
57. 麦瑞加拉鲮 *Cirrhinus mrigala**	+	+	
野鲮亚科 Labeoninae			
58. 泸溪直口鲮 *Rectoris luxiensis*	+	+	
59. 异华鲮 *Parasinilabeo assimilis*			+
鲤亚科 Cyprininae			
60. 鲤 *Cyprinus carpio*	+	+	+
散鳞镜鲤 *C. carpio* var. *mirror**	+	+	+
61. 鲫 *Carassius auratus*	+	+	+
青鲫 *Carassius auratus indigentiaus*		+	
鳅鮀亚科 Gobiobotinae			
62. 南方鳅鮀 *Gobiobotia meridionalis*	+		
鲌亚科 Danioninae			
63. 马口鱼 *Opsariichthys bidens*	+	+	+
64. 宽鳍鱲 *Zacco platypus*	+	+	+
胭脂鱼科 Catostomidae			
65. 胭脂鱼 *Myxocyprinus asiaticus*		+	
鳅科 Cobitidae			
花鳅亚科 Cobitinae			
66. 泥鳅 *Misgurnus anguillicaudatus*	+	+	+

续表

种名	分布区域		
	沅水	澧水	资江
67. 大鳞副泥鳅 *Paramisgurnus dabryanus*	+	+	
68. 中华花鳅 *Cobitis sinensis*	+	+	+
69. 大斑花鳅 *C. macrostigma*	+		
沙鳅亚科 Botiinae			
70. 武昌副沙鳅 *Parabotia banarescui*	+	+	+
71. 洞庭副沙鳅 *P.* sp.	+		+
72. 点面副沙鳅 *P. maculosa*	+		
73. 花斑副沙鳅 *P. fasciata*	+	+	+
74. 漓江副沙鳅 *P. lijiangensis*	+	+	+
75. 紫薄鳅 *Leptobotia taeniops*	+	+	
76. 长薄鳅 *L. elongata*	+		
77. 桂林薄鳅 *L. guilinensis*	+	+	+
78. 汉水扁尾薄鳅 *L. tientaiensis hansuiensis*		+	+
平鳍鳅科 Homalopteridae			
平鳍鳅亚科 Homalopterinae			
79. 下司华吸鳅 *Sinogastromyzon hsiashiensis*	+	+	
80. 犁头鳅 *Lepturichthys fimbriata*		+	
鲇形目 SILURIFORMES			
鲇科 Siluridae			
81. 鲇 *Silurus asotus*	+	+	+
82. 大口鲇 *S. meridionalis*	+	+	+
胡子鲇科 Clariidae			
83. 胡子鲇 *Clarias fuscus*	+	+	+
鲿科 Bagridae			
84. 黄颡鱼 *Pelteobagrus fulvidraco*	+	+	+
85. 瓦氏黄颡鱼 *P. vachelli*	+	+	+
86. 光泽黄颡鱼 *P. nitidus*	+	+	+
87. 长须黄颡鱼 *P. eupogon*	+	+	+
88. 粗唇鮠 *Leiocassis crassilabris*	+	+	+
89. 长吻鮠 *L. longirostris*	+		+
90. 乌苏拟鲿 *Pseudobagrus ussuriensis*	+	+	+

种名	分布区域		
	沅水	澧水	资江
91. 圆尾拟鲿 *P. tenuis*	+	+	+
92. 细体拟鲿 *P. pratti*	+	+	+
93. 长脂拟鲿 *P. adiposalis*	+	+	
94. 大鳍鳠 *Mystus macropterus*	+	+	+
鮰科 Ictaluridae			
95. 斑点叉尾鮰 *Ictalurus punctatus* *	+	+	+
96. 云斑鮰 *I. nebulosus* *	+	+	+
钝头鮠科 Amblycipitidae			
97. 白缘𫚈 *Liobagrus marginatus*	+	+	
98. 司氏𫚈 *L. styani*	+	+	+
鮡科 Sisoridae			
99. 中华纹胸鮡 *Glyptothorax sinense*	+		+
颌针鱼目 BELONIFORMES			
鱵科 Hemiramphidae			
100. 鱵 *Hemiramphus kurumeus*	+	+	+
合鳃鱼目 SYNBRANCHIFORMES			
合鳃鱼科 Synbranchidae			
101. 黄鳝 *Monopterus albus*	+	+	+
鲈形目 PERCIFORMES			
鳢科 Channidae			
102. 乌鳢 *Channa argus*	+	+	+
103. 斑鳢 *C. maculata*	+	+	+
104. 月鳢 *C. asiatica*			+
鮨科 Serranidae			
105. 鳜 *Siniperca chuatsi*	+	+	+
106. 大眼鳜 *S. kneri*	+	+	+
107. 斑鳜 *S. scherzeri*	+	+	+
108. 暗鳜 *S. obscura*	+	+	+
109. 中国少鳞鳜 *Coreoperca whiteheadi*	+		
太阳鱼科 Centrarchidae			
110. 加州鲈 *Micropterus salmoides* *	+	+	

续表

种名	分布区域		
	沅水	澧水	资江
塘鳢科 Eleotridae			
111. 中华沙塘鳢 *Odontobutis sinensis*	+	+	+
112. 黄黝 *Hypseleotris swinhonis*	+	+	+
斗鱼科 Belontiidae			
113. 圆尾斗鱼 *Macropodus chinensis*	+		+
114. 叉尾斗鱼 *M. opercularis*			+
鰕虎鱼科 Gobiidae			
115. 子陵吻鰕虎鱼 *Rhinogobius giurinus*	+	+	+
116. 溪吻鰕虎鱼 *R. duospilus*		+	
刺鳅科 Mastacembelidae			
117. 刺鳅 *Mastacembelus aculeatus*	+	+	+
118. 大刺鳅 *M. armatus*		+	
合计	107 种	95 种	81 种

* 代表引进种

彩　　图

彩图 5-1　中华鲟（全长 116cm）

彩图 5-2　匙吻鲟（全长 95cm）

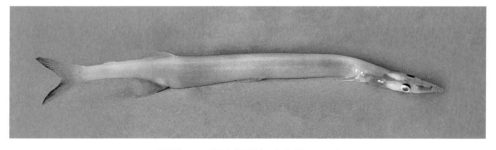

彩图 5-3　短吻间银鱼（全长 18cm）

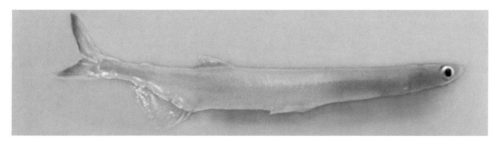

彩图 5-4　太湖新银鱼（全长 10cm）

彩图 5-5 短颌鲚（全长 26cm）

彩图 5-6 草鱼（全长 50cm）

彩图 5-7 青鱼（全长 75cm）

彩图 5-8 赤眼鳟（全长 38cm）

彩图 5-9 鱤（全长 62cm）

彩图 5-10-1 丁鱥（全长 31cm）

彩图 5-10-2 丁鱥（全长 25cm）

彩图 5-11 鳘（全长 14cm）

彩图 5-12 贝氏鳌（全长 12cm）

彩图 5-13 张氏鳌（全长 16cm）

彩图 5-14 飘鱼（全长 15cm）

彩图 5-15 南方拟鳌（全长 14cm）

彩图 5-16　红鳍原鲌（全长 20cm）

彩图 5-17　伍氏华鳊（全长 18cm）

彩图 5-18　鳊（全长 29cm）

彩图 5-19　团头鲂（全长 26cm）

彩图 5-20　翘嘴鲌（全长 47cm）

彩图 5-21　达氏鲌（全长 28cm）

彩图 5-22　蒙古鲌（全长 29cm）

彩图 5-23　拟尖头鲌（全长 31cm）

彩图 5-24　似鲚（全长 15cm）

彩图 5-25　细鳞鲴（全长 30cm）

彩图 5-26　黄尾鲴（全长 26cm）

彩图 5-27　银鲴（全长 16cm）

彩图 5-28　似鳊（全长 13cm）

彩图 5-29　鳙（全长 52cm）

彩图 5-30　鲢（全长 39cm）

彩图 5-31　花鲬（全长 24cm）

彩图 5-32　唇䱗（全长 18cm）

彩图 5-33　华鲮（全长 12cm）

彩图 5-34　江西鲮（全长 12cm）

彩图 5-35　黑鳍鳈（全长 13cm）

彩图 5-36　麦穗鱼（全长 8cm）

彩图 5-37　棒花鱼（全长 10cm）

彩图 5-38　洞庭小鳔鮈（全长 9cm）

彩图 5-39　铜鱼（全长 17cm）

彩图 5-40　蛇鮈（全长 19cm）

彩图 5-41　银鮈（全长 16cm）

彩图 5-42　吻鮈（全长 21cm）

彩图 5-43　似刺鳊鮈（全长 26cm）

彩图 5-44　高体鳑鲏（全长 7cm）

彩图 5-45　彩石鳑鲏（全长 7cm）

彩图 5-46-1　大鳍鱊♀（全长 10cm）

彩图 5-46-2　大鳍鱊♂（全长 9cm）

彩图 5-47　多鳞鱊（全长 9cm）

彩图 5-48　越南鱊（全长 8cm）

彩图 5-49　寡鳞鱊（全长 7cm）

彩图 5-50　短须鱊（全长 7cm）

彩图 5-51　无须鱊（全长 6cm）

彩图 5-52　广西副鱊（全长 9cm）

彩图 5-53　光倒刺鲃（全长 18cm）

彩图 5-54　中华倒刺鲃（全长 22cm）

彩图 5-55　带半刺光唇鱼（全长 17cm）

彩图 5-56-1　吉首光唇鱼幼体（全长 12cm）

彩图 5-56-2　吉首光唇鱼成体（全长 13cm）

彩图 5-57　麦瑞加拉鲮（全长 14cm）

彩图 5-58　泸溪直口鲮（全长 15cm）

彩图 5-59　异华鲮（全长 10cm）

彩图 5-60-1　鲤（全长 25cm）

彩图 5-60-2　散鳞镜鲤（全长 26cm）

彩图 5-61-1　鲫（全长 13cm）

彩图 5-61-2　青鲫（全长 20cm）

彩图 5-62　南方鳅鮀（全长 15cm）

彩图 5-63　马口鱼（全长 12cm）

彩图 5-64　宽鳍鱲（全长 12cm）

彩图 5-65　胭脂鱼（全长 14cm）

彩图 5-66　泥鳅（全长 10cm）

彩图 5-67　大鳞副泥鳅（全长 12cm）

彩图 5-68　中华花鳅（全长 10cm）

彩图 5-69　大斑花鳅（全长 12cm）

彩图 5-70　武昌副沙鳅（全长 12cm）

彩图 5-71　洞庭副沙鳅（全长 12cm）

彩图 5-72　点面副沙鳅（全长 12cm）

彩图 5-73　花斑副沙鳅（全长 12cm）

彩图 5-74　漓江副沙鳅（全长 12cm）

彩图 5-75　紫薄鳅（全长 9cm）

彩图 5-76　长薄鳅（全长 13cm）

彩图 5-77　桂林薄鳅（全长 10cm）

彩图 5-78　汉水扁尾薄鳅（全长 9cm）

彩图 5-79　下司华吸鳅（全长 12cm）

彩图 5-80　犁头鳅（全长 13cm）

彩图 5-81　鲇（全长 31cm）

彩图 5-82　大口鲇（全长 44cm）

彩图 5-83　胡子鲇（全长 33cm）

彩图 5-84　黄颡鱼（全长 17cm）

彩图 5-85　瓦氏黄颡鱼（全长 20cm）

彩图 5-86　光泽黄颡鱼（全长 15cm）

彩图 5-87　长须黄颡鱼（全长 16cm）

彩图 5-88　粗唇鮠（全长 15cm）

彩图 5-89　长吻鮠（全长 89cm）

彩图 5-90　乌苏拟鲿（全长 16cm）

彩图 5-91　圆尾拟鲿（全长 17cm）

彩图 5-92　细体拟鲿（全长 17cm）

彩图 5-93　长脂拟鲿（全长 17cm）

彩图 5-94　大鳍鳠（全长 20cm）

彩图 5-95　斑点叉尾鮰（全长 30cm）

彩图 5-96　云斑鮰（全长 28cm）

彩图 5-97　白缘鰳（全长 8cm）

彩图 5-98　司氏鰳（全长 8cm）

彩图 5-99　中华纹胸鲱（全长 15cm）

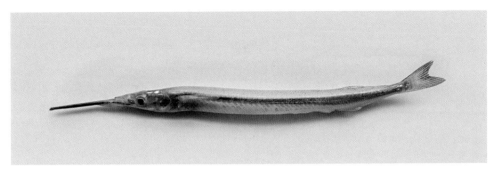

彩图 5-100　鱵（全长 19cm）

彩图 5-101　黄鳝（全长 35cm）

彩图 5-102　乌鳢（全长 38cm）

彩图 5-103　斑鳢（全长 25cm）

彩图 5-104　月鳢（全长 20cm）

彩图 5-105　鳜（全长 33cm）

彩图 5-106　大眼鳜（全长 19cm）

彩图 5-107　斑鳜（全长 16cm）

彩图 5-108　暗鳜（全长 12cm）

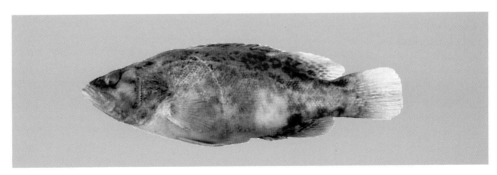

彩图 5-109　中国少鳞鳜（全长 11cm）

彩图 5-110　加州鲈（全长 22cm）

彩图 5-111　中华沙塘鳢（全长 11cm）

彩图 5-112　黄黝（全长 3cm）

彩图 5-113　圆尾斗鱼（全长 7cm）

彩图 5-114　叉尾斗鱼（全长 7cm）

彩图 5-115　子陵吻鰕虎鱼（全长 6cm）

彩图 5-116　溪吻鰕虎鱼（全长 4cm）

彩图 5-117　刺鳅（全长 20cm）

彩图 5-118　大刺鳅（全长 31cm）